Ihre Arbeitshilfen zum Download:

Die folgenden Arbeitshilfen stehen für Sie zum Download bereit:

- Vorlagen und Arbeitsblätter für Kreativitäts- und Bewertungstechniken
- Übersichten und Mindmaps
- Daily Creativity Scoreboard
- Arbeitshilfen für Ihr Kreativmuskel-Training

Den Link sowie Ihren Zugangscode finden Sie am Buchende.

Kreativitätsboost für Ihr Marketing

Sarah Remmel

Kreativitätsboost für Ihr Marketing

Neue Wege der Ideenfindung

1. Auflage

Haufe Group
Freiburg · München · Stuttgart

Bibliografische Information der Deutschen Nationalbibliothek

Die Deutsche Nationalbibliothek verzeichnet diese Publikation in der Deutschen Nationalbibliografie; detaillierte bibliografische Daten sind im Internet über http://dnb.dnb.de/ abrufbar.

Print: ISBN 978-3-648-13741-3 Bestell-Nr. 10464-0001
ePub: ISBN 978-3-648-13742-0 Bestell-Nr. 10464-0100
ePDF: ISBN 978-3-648-13743-7 Bestell-Nr. 10464-0150

Sarah Remmel
Kreativitätsboost für Ihr Marketing
1. Auflage, September 2020

www.haufe.de
info@haufe.de

Bildnachweis (Cover): © master1305, Adobe Stock
Innenillustrationen und Grafiken: © Katharina Netolitzky

Produktmanagement: Judith Banse
Lektorat: Peter Böke

Für Maila und Björn

Inhaltsverzeichnis

Kreativität: Warum soll ich mich damit befassen? – ein Geleitwort von Andreas K. Giermaier

Warum sollten Sie Ihre wertvolle Zeit investieren, um die Kreativität fördernden Übungen, die Ihnen Sarah Remmel in diesem Buch vorschlägt, auch tatsächlich zu trainieren? Gute Frage. Um sich der Antwort auf diese Frage zu nähern, bekommen Sie gleich drei weitere hinterher:

1. Welcher Bereich trägt (finanziell) am meisten zum Wohlstand einer Region bei?
   a) Handel/Dienstleistungen
   b) Industrie
   c) Kultur- und Kreativwirtschaft
2. Was zeichnet kreative Menschen aus?
   a) Originalität
   b) Talent
   c) künstlerische Fertigkeit
   d) Fleiß
3. Was braucht es für Kreativität am meisten?
   a) Wissen
   b) Wissen
   c) Wissen

Sie ahnen, in welche Richtung das gehen könnte. Generell möchte ich vorausschicken, dass wir bei kreativen Prozessen nicht über ein Phänomen sprechen, das nur in Menschen auftritt. Neugierde ist der wohl treibende Faktor, um etwas Neues, Kreatives zu tun. Und diese Neugierde finden wir schon bei Fadenwürmern, die sich nicht nur um die Nahrungsaufnahme kümmerten, sondern auch ihre Umwelt erkundeten …

Unsere Gehirne sind wohl um ein Milliardenfaches komplexer in ihrer Arbeitsweise und ihrer Fähigkeit zur Abstraktion. Doch lieben wir auch die sogenannte »Sicherheit«, das Konservative, das Festhalten am Bewährten. Denn immerhin hat es uns dahin gebracht, wo wir jeweils stehen.

High on drugs?

Dann braucht es manch »Ver-rückte«, die sich trauen, noch nie Gedachtes zum ersten Mal zu denken. Noch nie Getanes zum ersten Mal zu tun. Und just da landen wir bei dem »kreativen Funken«, den manche als göttlichen Prozess bezeichnen mögen. Ob das irgendwas mit einer spirituellen Welt zu tun haben mag, darf jeder mit seinem eigenen Weltbild vereinbaren, aber dass wir uns einfach auf unsere Yogamatte setzen und drauflos meditieren sollen, dazu vielleicht auch noch Drogen nehmen ... das scheint nicht »the way to go« zu sein.

All you need is ...

Um aber überhaupt erst kreativ wirken zu können, braucht es ... Sie ahnen es ob der Antwortmöglichkeiten der dritten Frage: **Wissen**. Wissen und dazu noch einiges an Wissen. Denn wie soll das Unterbewusstsein werkeln können, wenn es keinerlei Substanz dazu bekommen hat? Wie soll all das von Sarah Remmel in diesem vor Ihnen liegenden Werk zu einem neuen kreativen Netz verknüpft werden, wenn da nichts ist, was verbunden werden kann?

Daher: lernen Sie! Nicht wie in der Schule. Sondern **spielerisch**. Es darf, kann, nein es **muss** Spaß machen. Dazu finden Sie mittlerweile recht viele Wege unter anderem auch bei mir **auf www.lernenderzukunft.com**. Aber auch in Büchern, den Untiefen des Internets oder bei großartigen Vordenkern wie meiner langjährigen persönlichen Mentorin Vera F. Birkenbihl.

Aufstieg der kreativen Klasse

Um die Fragen vom Anfang aufzugreifen. Wenn wir uns die Studienergebnisse von Richard Florida (publiziert in *Rise of the Creative Class Revisited*, 2012) anschauen, können wir erkennen, dass sich der Aufstieg der Gruppe der »neuen Kreativen« – *der* Innovations- und Wirtschaftsmotor innerhalb von Regionen – weltweit beobachten lässt. Beginnend mit dem berühmten Silicon Valley in Kalifornien bis hin zu manchen Regionen in China oder Indien ebenso wie in Deutschland beispielsweise Berlin, bekannt als ein »Melting Pot« nicht nur der diversesten Subkulturen, sondern eben auch für seine kreative Szene. Diese »kreative Klasse« ist zum Teil hoch bezahlt, sie kann Arbeitszeiten vorgeben und ihr Gehalt fast selbst bestimmen. Kurz: Sie leben nach »ihrer Facon« (vgl. Florida, 2012).

Also können wir aus finanziellem, monetären, volkswirtschaften Fokus heraus schon mal begründen, warum Sie dieses Buch von Sarah Remmel gründlich durcharbeiten sollten.

Kreativität führt zu Wohlstand

Und damit landen wir auch gleich bei der zweiten der drei oben gestellten Fragen, nämlich der nach dem verbindenden Hauptfaktor aller erfolgreichen Kreativen der Weltgeschichte, von einem Wolfgang Amadé Mozart, Ludwig van Beethoven, Johann Wolfgang von Goethe, Isaac Newton, Leonardo da Vinci und auch die genialen Erfinder Thomas Alva Edison und Nicola Tesla. All dies waren Menschen, die sich durch einen immensen Output auszeichneten. Wobei hier Output für den großen Fleiß steht, den sie jeweils an den Tag gelegt haben.

Ver-rückte Zweifler und im Flow

Sie alle waren eigentlich Ver-rückte. Abseits der Norm. Einige waren absonderliche Typen, die sozial zu Beginn ihrer Karriere nicht geschätzt wurden. Sie stellten in Frage, was gerade als »So ist es eben« anerkannt worden war. Denken Sie an Albert Einstein, der mit seinen Gedanken bis heute die Wissenschafts- und sogar die Wirtschaftswelt in Atem hält, wenn wir zum Beispiel auf die neueste Entwicklung der Quantenwirtschaft schauen.

Diese Querdenker waren stets in der **Lust-Zone** unterwegs. Wissenschaftlich hat dies unter anderem Mihály Csíkszentmihályi belegt, der in wissenschaftlichen Studien nachgewiesen hat, dass wir uns im **Flow-Bereich** am besten fühlen und den größten kreativen Output hervorbringen. Diese Zone muss zwischen dem Zustand des »Schaff ich locker« und »Das geht nicht mehr« liegen.

All diese Anstrengungen, die diese großen Denker der Weltgeschichte dafür in Kauf nahmen, bedeuteten aber keineswegs, dass sie sich ihr Leben vermiesen lassen mussten und ob der vielen Arbeit fortwährend gelitten haben. Im Gegenteil: Sie waren so entzündet von der unstillbaren Neugier nach Erkenntnis (da sind wir wieder beim »göttlichen Funken«), dass sich dies einfach »geil« angefühlt haben muss.

Intuition und Wahr-Nehmung im Business

Im Rahmen meiner wissenschaftlichen Abschlussarbeit an der Universität Innsbruck habe ich mich mit der **Intuition im unternehmerischen Kontext** befasst, und eben dort tritt auch dieser Effekt auf. Intuition »geschieht« selten einfach so. Man muss Vorarbeit leisten, um dann zu einer Erkenntnis (wo auch immer diese herkommen mag, vielleicht aus dem **Unterbewusstsein**) zu gelangen: der **Magic Moment**. Allein wenn wir uns die Größe des unbewussten Wissens vorstellen könnten, würden wir uns vor Demut (vor uns selbst) verneigen. Dabei ist es die hohe Kunst, dieser Intuition dann auch zu lauschen und sie eben nicht zu **überhören**, weil eine Messenger-Nachricht schon wieder gequiekt hat oder der nächste Termin uns davon abhält.

Warum Kreativität Sie in orgiastische Höhen hieven könnte

Wenn ich die etwas obszöne Vokabel »geil« hier verwende, dann mit Intention. Denn **neurobiologisch** ist es genaus das. Wir setzen uns ein Ziel und bei jedem erledigten Zwischenschritt belohnt uns unser Hirn mit einem immensen Ausstoß an Dopamin (das körpereigene, motivationsfördernde »Drogen« enthält). Natürlich stoßen wir immer wieder auf Fehler. Am bekanntesten wurde Thomas Edison, der angeblich gesagt haben soll, dass er 1.000 Mal feststellte, welcher Weg ihn eben **nicht** ans Ziel bringen würde, eine funktionierende Glühbirne zu erfinden.

Aufgeben ist keine Option

Diesen Zwischenschritt nennt man eine **ERN-Welle** (error related negativity). Dabei ist es wichtig, dass wir **lernen**, diese ERN-Wellen nicht als Niederlage hinzunehmen und unser Projekt ad acta zu legen, sondern den nächsten Versuch zu starten, um unserem Ziel näherzukommen: dem kreativen Moment der Erkenntnis, das Aah-Erlebnis, der Insight für die Lösung unseres Problems.

Spielerisch tänzelnd zum Erfolg

Viel Freude beim Kreativtraining mit diesem Buch! Denn das ist der letzte, wichtige Aspekt: Kreativität braucht genau das: **Training**. Wenn Sie sich ein dünnes atrophiertes Beinchen vorstellen, das lange im Gips ruhig gestellt worden war, was braucht dieses Beinchen, um wieder richtig starke Muskeln zu bilden, um wieder geradeaus laufen zu können, geschweige denn, irgendwann einmal zu **tanzen**? Muskeln. Mit diesem Buch können Sie Ihren Kreativmuskel trainieren.

Also um zusammenzufassen: Kreativität bringt Geld, Anerkennung und Glücksgefühle. Reicht das?

Alles Liebe Ihr

Andreas K. Giermaier

Einleitung

Was bietet Ihnen dieses Buch?
Das Buch verbindet umfassendes Kreativitätswissen mit Insights aus den Bereichen Mentaltraining und Coaching. Es liefert vielseitige Impulse, um insbesondere im Marketingalltag neue Wege der Ideenfindung aufzuzeigen. Das stark praxisorientierte Buch bietet zahlreiche Marketingbeispiele und Tipps. Mit seinen Übungsmöglichkeiten und Online-Arbeitshilfen bildet es eine Art Kreativitätstraining. Anschauliche Illustrationen helfen dabei, die Inhalte noch leichter verständlich zu machen und sich das Wichtigste einzuprägen. Dabei begleitet Sie **Miss Creativity** durch das Buch, die Sie hier am Seitenrand sehen.

Für wen ist das Buch geschrieben?
Zielgruppe des Buchs sind insbesondere Marketingverantwortliche, Marketingmanager, Marketingteams, Kreative als auch Führungskräfte, Unternehmer und Selbstständige.

Wie ist das Buch aufgebaut?
Ebenso wie in der Kreativität iterative Prozesse üblich sind, können Sie als Leser oder Leserin ebenfalls nach Bedarf durch die Kapitel springen und sich situativ Ihre Wissenshäppchen herausgreifen, die Sie gerade benötigen oder interessieren. Grundsätzlich folgt das Buch einem klaren Leitfaden von einem breiten Grundlagenwissen (Kap. 1) bis hin zu einem individuellen Trainingsprogramm für Ihren »Kreativitätsmuskel« (Kap. 6).

So starten wir mit den Grundlagen rund um Kreativitätsmythen, den bedeutendsten Erklärungsansätzen zu Kreativität und ihren wichtigsten Zusammenhängen. Sie sind eingeladen, Kreativität aus verschiedenen Blickwinkeln zu betrachten. Wir tauchen unter anderem in die unbewussten Potenziale des menschlichen Schaffensdrangs ein und Sie erfahren auch, inwieweit Künstliche Intelligenz (KI) im Marketing kreativ sein kann.

In den Kapiteln 2 und 3 wird der Blick für das Fundament bzw. die optimalen Rahmenbedingungen der Kreativität geschärft, ohne die Innovationen kaum Raum hätten, erfolgreich entwickelt zu werden. Praktische Impulse unter anderem zur Reduktion von Kreativitätskillern und zur Nutzung von kreativen Erfolgsfaktoren helfen den Leserinnen und Lesern, diese zielführend und praxisnah in die Tat umzusetzen – sowohl im Marketingteam als auch alleine.

Wertvolles Handwerkzeug finden Sie zudem in den Kapiteln 4 und 5, um Ihre kreative und mentale Toolbox zu erweitern: Eine bunte Vielfalt an Mental- und Selbstcoachingtechniken aus den Bereichen Emotionscoaching und NLP helfen Ihrer Kreativität als Booster auf die Sprünge (Kap. 4). In Kapitel 5 werden Ihnen in einem »Best of« 20 unterschiedliche Kreativitätstechniken mit praktischen Tipps für den Marketingalltag vorgestellt, die Sie alleine oder im Team anwenden können. Mithilfe der Methodenmatrix in Kapitel 5.1.5 sehen Sie auf einen Blick, für welche konkreten Einsatzgebiete im Marketing Sie welche Technik am besten nutzen können. Das Design-Thinking-ABC (Kap. 5.1.4) sowie Workshop- und Prozesstipps (Kap. 5.1.6) runden dieses Kapitel ab.

»Just do it!« heißt es dann in Kapitel 6: Mithilfe von Kreativmuskel-Impulsen und Tipps zum Etablieren von kreativen Gewohnheiten können Sie zum Schluss einen eigenen Trainingsplan bzw. Ihr individuelles Creativity-Scoreboard entwickeln, um Ihre persönliche Buchessenz im Marketingalltag zu verankern und gewinnbringend für sich zu nutzen.

Warum ist das Thema Kreativität relevant?

In den letzten hundert Jahren und darüber hinaus stand ein Handeln im Fokus, das von den Aktivitäten der linken Gehirnhälfte geprägt war: Logische und analytische Fähigkeiten waren vor allem gefragt. Heute brauchen wir mehr Erfindergeist und Einfallsreichtum, Fähigkeiten, deren neurologische Steuerung der rechten Gehirnhälfte zugeordnet wird.

Insbesondere im Marketing sind täglich neue Ideen gefragt. Zudem ist in einer Welt der Unsicherheit Kreativität zur wichtigsten Führungskompetenz geworden. Aufgrund der Erfahrung eines kontinuierlichen Wandels haben immer mehr Menschen das Gefühl, der zunehmenden Komplexität und den schnellen Veränderungen nicht mehr gewachsen zu sein. Erfolgsdruck und Stress sind auch im Marketing allgegenwärtig. Das Problem ist, dass sie uns Menschen zusetzen und zudem unsere Kreativität hemmen. Genau in dieser Zeit sind eine kreative Problemlösekompetenz und mentale Stärke wertvoller denn je, um innovativ zu sein und die Zukunftsfähigkeit der Unternehmen zu sichern.

Der Bedarf an kreativen Menschen ist im Zeitalter der Digitalisierung und Künstlichen Intelligenz demzufolge wichtiger denn je. Künstliche Intelligenz dringt zunehmend in unseren Arbeitsalltag ein. Im Marketing und in fast allen Unternehmensbereichen nutzen wir die Digitalisierung, um immer mehr Prozesse zu automatisieren. Und das hat auch Konsequenzen für unsere Kreativität: Maschinen übernehmen mehr und mehr analytische und logische Tätigkeiten für uns. Das neue Zeitalter verlangt von uns Kreativität und eben genau jene menschlichen Fähigkeiten, die keine Maschine liefern kann: Empathie – für sich selbst und für andere. Das spielt auch in kreativen Prozessen eine wichtige Rolle.

Dieses Buch soll insbesondere Marketingverantwortlichen, die unter besonderem kreativen Druck stehen, dabei helfen, das Potenzial ihrer rechten Gehirnhälfte auszuschöpfen und es für ihren persönlichen wie unternehmerischen Erfolg zu nutzen.

1 Grundlagen der Kreativität

Was Sie in diesem Kapitel erwartet!
Was ist denn überhaupt Kreativität? Diese vermeintlich einfache Frage ist gar nicht so leicht zu beantworten. Sie ist sehr vielschichtig. Und so existieren auch zahlreiche Definitionsansätze, Ansichten und Blickwinkel. Ebenso geistern allerhand Kreativitätsmythen durch die Welt. In diesem Grundlagenkapitel lernen Sie die häufigsten Mythen über Kreativität kennen. Ebenso beleuchten wir einige Definitionsansätze näher und schauen uns die bedeutendsten Modelle an, die durch ihre einfache Darstellung hilfreich sind, um das Phänomen menschlicher Kreativität noch greifbarer zu machen. Die Modelle repräsentieren verschiedene Blickwinkel auf die Kreativität und haben jeweils einen anderen Fokus.

Da Kreativität im Kopf beginnt, lernen Sie in Kapitel 1.4 die wichtigsten sich ergänzenden drei Denkweisen kennen, die die Basis von kreativen Erfolgen ausmachen. So ist neben dem gewohnten analytischen oder auch konvergenten Denken in kreativen Prozessen auch ein spielerisches divergentes Denken als auch ein paralleles Denken gefragt.

In Kapitel 1.5 »Das Unbewusste und die Kreativität« tauchen wir noch tiefer in das Phänomen der menschlichen Kreativität ein. Hier beleuchten wir, warum wir kreativ sind und was es mit dem kreativen Schaffensdrang auf sich hat. Zudem erkunden wir, welche Zusammenhänge zwischen Kreativität und unseren Emotionen bestehen und warum Empathie oder auch unsere Emotionserkennungsfähigkeit so wichtig für kreative Erfolge ist.

In Kapitel 1.6 »Kreativität und Innovationen« stellen wir einen Zusammenhang zwischen Kreativität und Innovationsarten her.

Zum Abschluss des Kapitels werfen wir einen Blick in die Zukunft und gehen der Frage nach, inwieweit Künstliche Intelligenz kreativ sein kann (Kap. 1.7).

1.1 Mythen der Kreativität

Es kursieren zahlreiche Mythen über Kreativität und darüber, was kreative Menschen auszeichnet. An dieser Stelle macht es Sinn, damit aufzuräumen, bevor wir uns den weiteren Grundlagen der Kreativität nähern. Vielleicht ist Ihnen ja auch der eine oder andere Mythos begegnet. Lassen Sie uns hier die häufigsten mythischen Kreativitätstheorien entzaubern und so Licht ins Dunkle bringen.

1.1.1 »Kreativität ist reine Talentsache«

»Ich glaube nicht, dass Kreativität die Gabe einer guten Fee ist. Ich glaube, sie ist eine Fertigkeit, die wie Autofahren geübt und gelernt werden kann. Wir halten die Kreativität nur für eine Gabe, weil wir uns nie bemüht haben, sie als Fertigkeit zu üben.«

Edward de Bono

Wenn wir Kinder beobachten, erleben wir eine Menge Kreativität: Sie sind voller Neugier und spielerischer Experimentierfreude – ganz ohne Angst vor Fehlern. Und genau diese Fähigkeit steckt in uns allen, ganz gleich wie alt wir sind.

Kreativität ist keine reine Talentsache, sondern es ist auch eine Frage des Trainings, unsere kreativen Fähigkeiten zu stärken und für den Arbeitsalltag zu nutzen. Ebenso wie wir im Fitnessstudio unsere Muskeln trainieren, können wir unseren »Kreativitätsmuskel« trainieren. Auch wenn diese Fähigkeiten bei Menschen unterschiedlich ausgeprägt sind: Jeder Mensch verfügt über kreative Potenziale, die er wieder entdecken und auch entfachen kann.

Häufig lassen wir uns durch Glaubenssätze bremsen, die aufgrund von Erfahrungen in Kindheit oder Jugend entstanden sind und unbewusst fortwirken. Und dann festigt sich so ein Glaubenssatz – wie zum Beispiel der Satz »Ich bin nicht kreativ« – und wirkt wie eine Bremse, die ständig aktiviert ist (vgl. Kap. 2.1.4).

Wenn ich beispielsweise in meinen Seminaren oder Vorträgen dazu einlade, in ein bis zwei Minuten ein Selbstportrait zu zeichnen, sind die Reaktionen oft bezeichnend: Ausrufe wie »Ohje! Ich kann nicht malen …« und besorgte Gesichter zeigen, dass Malen eine ungewohnte und fast schon befremdliche Tätigkeit ist. Für manche scheint bei der »Paint«-Einladung der letzte Buchstabe »t« zu fehlen – als ob es eine schmerzvolle Einladung (»pain«) wäre …

Auf die Frage, wer denn meint, etwas Kreatives vollbracht zu haben, melden sich meist nur die Wenigsten. Denn wir beurteilen unsere Ergebnisse allzu kritisch. Aber Zeichnen und Malen kann jeder – um schön zu malen, kann man Malkurse besuchen. Das Gleiche gilt fürs Singen oder andere künstlerische Bereiche.

Doch geht es in der Kreativität nicht darum, »schön« zu malen, sondern es geht um einen schöpferischen Prozess und das daraus etwas Neues entsteht, was Nutzen bringt. Und bei einem solchen kurzen Experiment muss das Ergebnis eben nicht ideal sein. Kreativität braucht Zeit und Training, denn Ideen und Innovationen werden eben nicht über Nacht geboren.

Video-Tipp

In einer spannenden Key Note auf der Internationalen Fachtagung für Public Relations, dem Kommunikationskongress 2012, geht der bekannte Hirnforscher Prof. Dr. Manfred Spitzer, Leiter des Transferzentrums für Neurowissenschaften und Lernen, der Frage nach, ob sich Kreativität erlernen lässt (Spitzer, 2012).
Siehe: https://www.youtube.com/watch?v=bv16azw2MVo

!

1.1.2 »Kreativität ist was für Künstler«

Natürlich gibt es auch Menschen mit stark ausgeprägten künstlerischen Talenten, doch Kreativität ist weit mehr als eine künstlerische Ausdrucksfähigkeit. Ohne Rezept zu kochen ist beispielsweise kreativ, denn wir finden eine neue Lösung und kombinieren Zutaten miteinander, um ein köstliches Essen zuzubereiten.

Und wir alle kennen den Ausdruck »Not macht erfinderisch«: Der Beamer fällt aus und nun heißt es zu improvisieren, also mit den bestehenden Mitteln eine Lösung herbeizuzaubern. Oder wir müssen kurzfristig einen Vortrag halten und haben kaum Zeit für die Vorbereitung.

In all diesen gefühlten Notsituationen suchen wir nach anderen, neuen Ideen und Wegen, unsere Ziele trotzdem zu erreichen. Die Ausnahmesituation der Corona-Krise zeigt die vielseitige Kreativität, die Unternehmen und Menschen entwickeln, um Existenzen zu sichern und trotz der herausfordernden Umstände beispielweise soziale Bedürfnisse auf andere, kreative Weise zu stillen.

Auch im Marketing ist Kreativität täglich gefragt: Neue Kampagnenideen, neue Produkte und Produktnamen, technische Störungen sind nur einige Beispiele, die die Bedeutung von Kreativität im Arbeitsalltag zeigen.

1.1.3 »Kreativität lebt von Geistesblitzen«

Auch hält sich der Kreativitätsmythos, dass eine Innovation »vom Himmel fällt«, so wie manche Erfinder oder Künstler von einer plötzlichen, genialen Eingebung sprechen. Es fällt uns »wie Schuppen von den Augen« und wir sehen die Lösung. In diesem Zusammenhang wird auch häufig der »Heureka-Effekt« beschrieben als ein »Aha-Moment«. Heureka ist altgriechisch (ηὕρηκα) und heißt »Ich habe (es) gefunden«.

Doch schauen wir den Tatsachen ins Auge: Innovationen und Kreativität bedeuten auch harte Arbeit, Schweiß, Fleiß, Fehlschläge und sie brauchen Zeit. Der Erfinder

Thomas Alva Edison drückte es wie folgt aus: »Genius ist zu 1% Inspiration und zu 99% Transpiration.«

Das Phänomen »Innovationen und kreativer Erfolg« lässt sich mit einem Eisberg vergleichen. Häufig sieht man von außen nur die Innovation selbst, doch ein genauerer Blick verrät, dass unter der Wasseroberfläche viel mehr verborgen ist, das einen ebenso großen Anteil am kreativen Erfolg hat: etwa Ausdauer, Fleiß, aber auch Fehlschläge (vgl. Abb. 1).

Abb. 1: Der Eisberg der Innovation

Um einen solchen »Heureka-Moment« zu erleben, ist es also wichtig, sich intensiv mit der Fragestellung bzw. dem Problem zu beschäftigen und sich auf der anderen Seite Zeit zu lassen und das Thema auch einmal eine Weile liegen zu lassen, damit es im Unterbewusstsein gären kann. Diesen Prozess bezeichnet man auch als **Inkubation im Kreativprozess**. Dann gibt es für den sprichwörtlichen Gedankenblitz auch eine größere Wahrscheinlichkeit, einzuschlagen.

1.1.4 »Kreative Menschen sind chaotisch«

»Wenn ein unordentlicher Schreibtisch einen unordentlichen Geist widerspiegelt, was sagt dann ein leerer Schreibtisch aus?«
Albert Einstein

Pauschalisierungen in jede Richtung sind mit Vorsicht zu genießen. So müssen kreative Menschen nicht gezwungenermaßen chaotisch sein, ebenso wenig wie alle Professoren verrückt sind. Es ist nämlich nicht unbedingt ein chaotischer Arbeitsstil, der kreatives Arbeiten ausmacht, sondern vielmehr ein offener und spielerischer Umgang mit Themen und Problemstellungen.

Natürlich hat jede Fähigkeit auch meist eine Schattenseite. So mag es sein, dass insbesondere sehr ordnungsliebende Menschen einen »Ordnungswahn« entwickeln. Auf der anderen Seite besteht für besonders kreative Menschen vielleicht eine größere Gefahr, ins Chaos abzurutschen. Doch das muss nicht zwingend der Fall sein. Und gerade diese kreativen Menschen können sich wunderbar mit einer guten Zeitplanung und Organisation behelfen, um sich nicht in einem (kreativen) Chaos zu verlieren. Denn für kreative Erfolge braucht es neben dem spielerischen Denken und Handeln vor allem auch die Eigenschaften Organisationsfähigkeit, Disziplin und Fokus.

Diese beiden unterschiedlichen Pole – spielerisches Denken und Handeln auf der einen Seite und eine logische, analytische Ausrichtung auf der anderen – werden auch als **divergierendes und konvergierendes Denken** bezeichnet (vgl. Kap. 1.4). Beide Denkweisen sind für die Kreativität wichtig.

1.1.5 »Kreative Menschen sind überall kreativ«

Vielleicht kennen Sie das: Sie werden von Kollegen in Ihrer Arbeit als kreativ geschätzt und dann plötzlich auch zu »fachfremden« Themen wie selbstverständlich interviewt: »Du bist doch kreativ – du hast bestimmt eine Idee oder eine Lösung für mein Problem?«

Ein Künstler oder ein Wissenschaftler, der auf seinem Gebiet als sehr kreativ gilt, ist nicht unbedingt automatisch auf allen Gebieten kreativ. Wer weiß, wie Mozarts Gemälde aussehen würden, wenn er gemalt hätte, oder wie es sich angehört hätte, wenn da Vinci gesungen hätte.

So gilt es, ein Stück weit auch sein Talent für etwas zu entdecken und gleichzeitig seine kreativen Fähigkeiten auf einem Gebiet auszubauen und zu trainieren. Meisterwerke vieler Künstler entstehen meist erst nach jahrlangem Training und harter Arbeit. So sagt man vielen Genies nach, dass sich keiner von ihnen auf seinem besonderen Talent einfach ausgeruht habe, sondern viele Jahre hart und fokussiert daran gearbeitet hat.

1.1.6 »Experten sind weniger kreativ«

Nach einer verbreiteten Vorstellung würden Experten – einerlei auf welchem Gebiet – zu tief in einem Thema stecken und daher nicht auf neue und kreative Ansätze kommen. So hört man, dass Laien – wie etwa Praktikanten, die in einen für sie neuen Bereich noch unwissend reinschnuppern – besser kreative Lösungen entwickeln können. Auch das ist mit Sicherheit nicht der Fall. Zwar kann es sehr hilfreich sein, auch Laien zu einer Fragestellung unterstützend einzusetzen, doch braucht es vor allem Expertise und Erfahrungen, um Probleme zu lösen (vgl. auch Kap. 1.3.2 »Das Systemmodell der Kreativität nach Csikszentmihalyi«).

1.1.7 »Kreativitätstechniken sind unnütz«

Gelegentlich begegnet mir in Seminaren die Aussage, dass Kreativitätstechniken unnütz seien und zu keinem Erfolg führen. Ich stimme zu, dass eine Technik kein Erfolgsgarant für kreative Ergebnisse ist. Das Erfolgsgeheimnis liegt vielmehr in der Anwendung selbst und auch in der Haltung der Anwender und der Prozessbegleiter. Mit Neugier und einer offenen Haltung lassen sich erfolgreich Techniken anwenden, die das sogenannte divergente, offene Denken fördern, Denkblockaden abbauen und so die Bahn für geniale Ideen frei machen können. Meiner Erfahrung nach lassen sich sogar auch skeptische Teilnehmer durch die Anwendung und das Erleben neuer Methoden überzeugen. Einige Methoden wie beispielsweise die Kopfstand-Methode (Kap. 5.3.7) führen zu einer lockeren Atmosphäre, in der leichter kreative Ideen entstehen. Und was kann mehr überzeugen, als eine Technik selbst anzuwenden und sich dann über die guten Ergebnisse zu freuen?

1.2 Und was ist dann Kreativität?

Ein ganzes Buch, das sich dem Thema Kreativität widmet sowie der Frage, wie man die eigene und unternehmerische Kreativität fördert und »boosted«. Doch was ist denn Kreativität überhaupt, nachdem wir die Mythen bereits entzaubert haben?

Starten wir bei der Wortherkunft – *creatio* aus dem Lateinischen bedeutet Schöpfung. Es geht also darum, etwas zu erschaffen. Definitionen zu Kreativität gibt es wie Sand am Meer. Bei den zahlreichen Ansätzen schimmert diese gemeinsame Formel hervor: Kreativität bezeichnet unsere menschliche Fähigkeit, Probleme durch neue, originelle oder ungewöhnliche Ansätze zu lösen.

Schauen wir noch etwas weiter:

Robert J. Sternberg (2006) drückt es so aus: »Kreativität ist die Fähigkeit, etwas sowohl Neues als auch Wertvolles oder zumindest Angemessenes zu erschaffen.«

Der Gehirnforscher Prof. Dr. Singer (2015) definiert Kreativität wie folgt: »Kreativität ist die Chance, der vorgefundenen Welt neue Dimensionen hinzuzufügen. Sie lässt uns Lösungen finden und neue Möglichkeiten austesten. Deshalb müssen Gehirne kreativ sein.«

Kreativität besteht also insbesondere darin, konventionelle, feste Denk- und Lösungsstrukturen aufzubrechen und auch einmal – im wahrsten Sinne des Wortes – »verrückte« Wege zu gehen, die Sinn bringen, auch wenn das vielleicht nicht immer auf den ersten Blick so erscheint.

1.2.1 Alltagskreativität und herausragende Kreativität

Weiterhin lässt sich bei der Definition von Kreativität auch das Kriterium der Verwertbarkeit der Lösungen heranziehen. So können wir zwischen Alltagskreativität und herausragender Kreativität unterscheiden.

Alltagskreativität ließe sich durch eine Situation beschreiben, in der jemand für sich eine Lösung entwickelt, die für ihn selbst bedeutsam ist (Schuster, 2016). Dazu gehören zum Beispiel Problemlösungen, wie die Idee, bei einem Technikausfall auf ein anderes Medium zurückzugreifen, ohne Rezept zu kochen oder irgendwie im Alltag zu improvisieren, wenn man etwas braucht, was gerade fehlt, oder etwas nicht funktioniert.

Lösungen, die sich als herausragend kreativ einordnen lassen, sind hingegen Lösungen, die für viele Menschen von großer Bedeutung sind. Werfen wir einen Blick auf die TV-Show »Die Höhle der Löwen«, in der Erfindungen gefördert werden. In der Show zeigt sich, dass die gefundenen, kreativen Lösungen für viele Menschen von Bedeutung sind. Die großen Erfindungen und Innovationen unserer Zeit stellen Lösungen dar, die vielen Menschen oder sogar einer ganzen Gesellschaft einen Nutzen schenken (vgl. Kap. 1.6 »Kreativität und Innovationen«).

1.2.2 Kombinatorische, explorative und transformative Kreativität

Eine weitere Kategorisierung ist die Unterteilung in eine kombinatorische, explorative und transformative Kreativität.

Dabei ist die explorative Kreativität die erste Stufe. Sie benutzt bekannte Regeln und findet in ihrem Rahmen neue Lösungen für bestehende Probleme. Kombinatorische Kreativität ist eine Steigerung. Hier werden zwei komplett unterschiedliche Ideen verbunden, um mithilfe von Assoziationen Neues zu erschaffen. Die Idee, Telefonie und Fotografie im Smartphone zu verknüpfen, ist ein solches Beispiel. Von diesen beiden Arten ist die transformative Kreativität abzugrenzen, die an der kreativen Spitze steht: Sie bricht mit bestehenden Regeln wie zum Beispiel Einsteins Relativitätstheorie.

In Kapitel 1.7 »Kann Künstliche Intelligenz im Marketing kreativ sein?« werden wir beleuchten, inwieweit Computersysteme Kreativität ersetzen können …

1.3 Kreativitätsmodelle zur weiteren Erklärung

Um das Phänomen der Kreativität in seiner Komplexität zu erfassen, ist es hilfreich, einen Blick auf die wichtigsten Modelle zu werfen. Denn sie helfen angesichts der großen Komplexität, die Kreativität mit sich bringt, diese begreifbar zu machen und ihre Zusammenhänge zu erkennen.

1.3.1 Das 4P-Modell der Kreativität

Schauen wir uns ein sehr nützliches und umfassendes Modell zur Kreativität an, das der amerikanische Psychologieprofessor Mel Rhodes bereits in den 60er Jahren entwickelt hat (Rhodes, 1962).

In seinem 4P-Modell beschreibt er, dass vier Faktoren an der Kreativität beteiligt sind: Person, Klima (Press), Prozess und Produkt. Mit diesen vier Faktoren zeigt das Modell gleich die wichtigsten Stellschrauben auf, an denen Marketingabteilungen, Unternehmen und auch der Einzelne drehen können, um Kreativität zu entfachen und ihr Potenzial auszuschöpfen.

Faktor 1: Person
Der Mensch besitzt kreative Fähigkeiten, somit entsteht Kreativität in der Person selbst. Sie wird unmittelbar durch Persönlichkeitseigenschaften, Werte, Verhaltensweisen, Einstellungen, Wissen usw. beeinflusst. Genau hier setzen einige der Boosting-Tools an, seien es Mentaltechniken oder auch das Wissen über die Kreativitätstools und deren Einsatz (vgl. Kap. 5). Die Person bzw. Personen wiederum haben einen starken Einfluss auf die drei anderen Ps: Prozess, Press und Produkt.

Faktor 2: Prozess
Kreativität lebt nicht nur von plötzlichen »Geistesblitzen«. Der Weg von der Ausgangsfrage hin zur innovativen Lösung bedeutet Arbeit und Zeit. Um es in den Worten von Ralf Langwost auszudrücken: »Die Muse küsst, aber sie muss Dich beim Arbeiten erwischen« (vgl. Kap. 1.1 »Mythen der Kreativität«). Es gibt hilfreiche Prozessmodelle, die beschreiben, welche Schritte sich für den kreativen Prozess als sinnvoll herausgestellt haben. Mehr dazu in Kapitel 5.1.3 »Der Kreativitätsprozess«.

Faktor 3: Press
Der englische Begriff »Press« steht für das Umfeld oder auch den Rahmen und die Kultur, in der sich Person und Prozesse befinden und die sie prägen. Der »Druck« der Umwelt formt also gewissermaßen ein kreatives Individuum. Auch bei diesen Umfeldfaktoren gibt es viele Möglichkeiten für einzelne Personen ebenso wie für Unternehmen, diesen Rahmen so zu gestalten, dass er Kreativität fördert. So kennen Sie sicher

aus der eigenen Erfahrung, dass Sie an gewissen Orten oder auch in gewissen Situationen sehr kreativ sind und es in anderen Situationen nicht so gelingen will. Zu diesem Kreativitätsfaktor finden Sie hilfreiche Überlegungen in den Kapiteln 2 und 3.

Faktor 4: Produkt

Das vierte P – das Produkt – bezeichnet das Ergebnis der Kreativität. Mit diesem P wird das Kreativitätsmodell vervollständigt. Denn Kreativität ist eben nicht nur kreatives Denken, sondern führt zu einem Ergebnis. Und diese Ergebnis hängt von allen anderen drei Ps ab: die Personen, die sich auf den Prozess einlassen, die Rahmenbedingungen, die Kreativität fördern und damit das Ergebnis bzw. die Qualität des Ergebnisses maßgeblich beeinflussen. Und auch der Prozess prägt das Ergebnis. Somit findet sich das Produkt als Schnittmenge der anderen drei Ps in der Mitte des 4P-Modells (vgl. Abb. 2).

Abb. 2: Das 4P-Modell der Kreativität

1.3.2 Das Systemmodell der Kreativität nach Csikszentmihalyi

Betrachten wir ein weiteres bedeutungsvolles Modell zur Kreativität nach Mihaly Csikszentmihalyi. Falls Sie sich fragen, wie sein Name ausgesprochen wird – genau so: Mie-hai Tschick-cent-mie-hai. Im Unterschied zur traditionellen Vorstellung, Kreativität sei die Schöpfung nur eines genialen Individuums, blickt Csikszentmihalyi auf ein ganzes System der Kreativität. Seiner Ansicht nach gibt es drei Faktoren, die das Zusammenspiel von Kreativität erklären: Die **Domäne** – sprich das Wissensgebiet, das **Feld** –, die Experten des Wissensgebietes und das **Individuum** als Ideengeber (siehe Abb. 3).

Innovationen, die Teile unserer Kultur verändern (wie zum Beispiel Smart Devices), finden also nicht nur in den Köpfen der einzelnen Schöpfer statt. Es braucht Experten auf dem Gebiet und auch die Kunden, die wie Türsteher agieren und die Idee oder das Produkt akzeptieren oder nicht. Aber ebenso braucht es das »alte« Wissen, damit innovative Kreationen auf einem bestimmten Gebiet entstehen können. Nach Csikszentmihalyis Ansicht sind alle drei Faktoren notwendig für das Entstehen kreativer Erfolge – genauso wie die drei Elemente, der Funke, die Luft und das Brennmaterial erst gemeinsam zu einer Explosion führen.

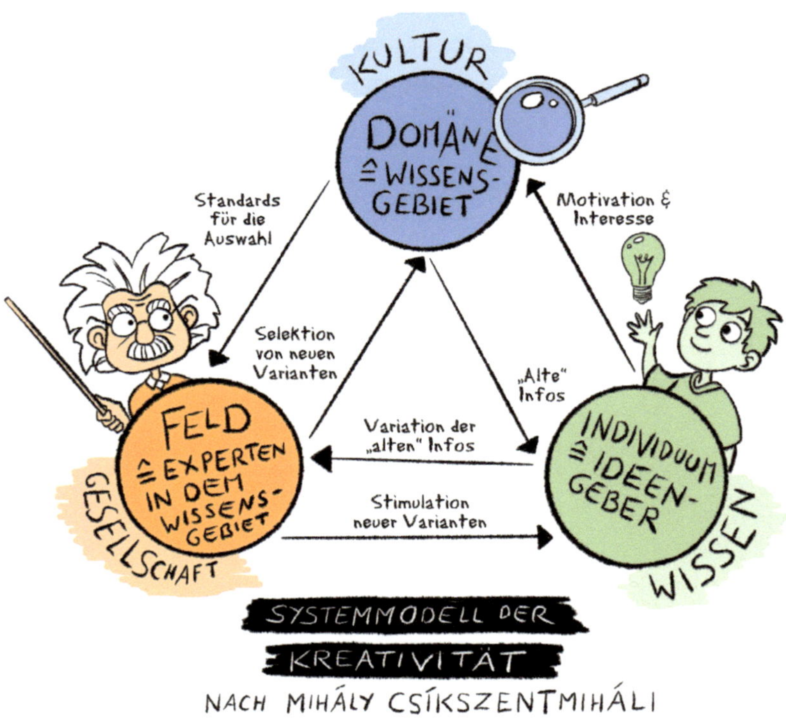

Abb. 3: Das Systemmodell der Kreativität

Schauen wir uns die drei Erfolgsfaktoren noch genauer an einem Marketingbeispiel an.

Faktor 1: Domäne

Die **Domäne** ist das Gebiet für die Kreativität. Das kann eine bestimmte Wissenschaft wie Mathematik sein oder auch, wie in unserem Fall, Marketing als Wissensgebiet. Diese »Meta-Domänen« ließen sich noch weiter unterteilen – am Beispiel Marketing in CRM, Online Marketing usw.

Das Wissensgebiet selbst ist dann wiederum in unserer »Kultur« verankert. Die Kultur bildet ein symbolisches Wissen, das von einer Gruppe Menschen oder einer Gesellschaft geteilt wird. Es geht darum, neue Ideen in eine bestimmte Domäne einzubringen. Das wiederum erfordert, sich in der Domäne auszukennen. Für jemanden, der keine Erfahrung im Marketing hat, ist es schwer, auf diesem Gebiet erfolgsversprechende Ideen einzubringen. Zudem ist es häufig auch wertvoll, nicht nur Spezialist in einem Wissensgebiet zu sein. Viele Innovationen sind erst durch die Verknüpfung mehrerer Wissensgebiete entstanden (vgl. Kap. 1.3.3 »Assoziation vs. Bisoziation und die Bionik«).

Faktor 2: Feld

Der zweite Faktor, das sogenannte **Feld**, bezeichnet die Experten in dem Wissensgebiet, die das Wissen der Domäne inne haben, den Zugang zur Domäne kontrollieren und somit auch neue Ideen bewerten. An unserem Beispiel Marketing können das beispielsweise Marketing-Verbände oder anerkannte Marketing-Professoren sein. Auf Unternehmensebene können das genauso erfahrene Experten im Bereich Marketing sein, die eine große Expertise auf ihrem Wissensgebiet besitzen und entsprechend anerkannt sind. Wichtig auf Unternehmensebene ist es, diese Stakeholder zu identifizieren und sie von den neuen Ideen zu überzeugen. Denn nach diesem Modell kann sich eine neue Erkenntnis oder Idee in einer Domäne nur durchsetzen, wenn sich die entsprechenden Experten für sie interessieren, sie bewerten und schließlich akzeptieren. Sie kennen sicher auch solche Situationen, in denen ein Mitarbeiter (Ideengeber) seine Idee äußert und sie »überhört« wird, sobald sich aber ein Experte mit derselben Idee äußert, findet sie Gehör ...

Faktor 3: Individuum

Das **Individuum** ist der dritte Faktor in dem Modell. Es bezeichnet den Ideengeber. Hier geht es um die Persönlichkeiten und Wesensmerkmale, die kreative Menschen ausmachen. Grundsätzlich vereint viele bekannte Ideengeber, dass sie eine große Flexibilität, Neugier und Offenheit für neue Erfahrungen besitzen. Doch Csikszentmihalyi stellte nach jahrelangem Studium kreativer Persönlichkeiten fest, dass es für kreative Persönlichkeiten keine einfache Formel gibt. Vielmehr vergleicht er Kreativität mit einer Beteiligung an einem Verkehrsunfall. So gebe es Persönlichkeitszüge, die es wahrscheinlicher machen, dass jemand in einen Unfall verwickelt wird, die jedoch nicht allein dafür verantwortlich sind. Genauso erkennt er kreative Leistungen eher als systemische Leistungen an, denn also solche von Einzelnen (Csikszentmihalyi, 2018).

Dieses systemische Modell lässt sich auch ganz konkret auf **Unternehmen oder auch Teams übertragen**. Das Modell zeigt auf, dass Kreativität nicht nur als Wesensmerkmal zu sehen ist, sondern als zusammenhängendes System. Und das gibt kreativen Teams, Unternehmen und Verantwortlichen die Möglichkeit, Kreativität gezielt zu fördern, indem sie alle drei Stellschrauben in Betracht ziehen und sie entsprechend verändern.

Konkret heißt das beispielsweise:

- Die richtigen Individuen einstellen und fördern, die sich durch kreative Wesensmerkmale auszeichnen.
- Eine Wohlfühlatmosphäre schaffen, in der sich einzelne Mitarbeiter sicher fühlen, auch die ver-rücktesten Ideen zu äußern und agil zu arbeiten (vgl. Kap. 3.1.2).
- Experten beschäftigen, die die Ideengeber im Unternehmern fördern, neu kreierte Ideen von ihnen einfordern, sie konstruktiv bewerten und auswählen.
- Kunden als Entscheidungsträger mit in die Ideenentwicklung einbeziehen. Denn sie entscheiden letztendlich über die Ideen bzw. die Produkte, indem sie das Produkt kaufen bzw. auf die Kampagnen reagieren oder nicht.

Mehr zu konkreten Impulsen, also zu der Frage, was ein Unternehmen und auch einzelne Personen zur Förderung von Kreativität tun können, lesen Sie in den Kapiteln 2 und 3.

1.3.3 Assoziation vs. Bisoziation und die Bionik

Eine kleine Übung zur Einführung: Was fällt Ihnen alles zum Thema »Wald« ein? Nehmen Sie sich kurz Zeit und halten Sie einfach Ihre Gedanken schriftlich fest.

Assoziation

Sie haben gerade assoziiert, also Dinge, Wahrnehmungen, Gedanken und Sinneseindrücke miteinander verknüpft, die Sie aus Ihren persönlichen Erfahrungen in irgendeiner Weise gedanklich zusammengebracht haben. Die Kreativitätsexpertin Vera F. Birkenbihl sprach hier auch von dem sogenannten gigantischen Wissensnetz, das wir über die Zeit bilden. Darin symbolisiert jeder Faden einen Inhalt, etwas, das wir wissen oder können. Es stellt nach Birkenbihl die Grundlage unserer gesamten geistigen Fähigkeiten dar, wie zum Beispiel unserer Wahrnehmung, der Interpretation des Wahrgenommenen oder auch unserer Fähigkeit, Probleme zu lösen (Birkenbihl, 2002).

In diesem Wissensnetz (vgl. auch »Wissensgebiet« nach Csikszentmihalyi in Kap. 1.3.2) existieren folglich Verbindungen, die eine Person in irgendeiner Weise kennt und als Verknüpfung abgespeichert hat, zum Beispiel »Wald und Spaziergang«, »Wald und Vogelgezwitscher« oder auch ein bestimmter »Waldgeruch«. Zum Assoziieren gehört auch das gleichzeitige Wahrnehmen mit unterschiedlichen Sinnen: Wenn jemand beispielweise einen Zimtduft riecht und dabei gleichzeitig an Weihnachten denkt.

Diese Wissensnetze können ganz unterschiedliche Dimensionen und Detailtiefen haben. Birkenbihls Metapher von »Lücken und Mücken« hilft zur Verdeutlichung der unterschiedlichen Assoziationsmöglichkeiten aufgrund der »Netzgröße«: Wenn jemand zu einem Thema gar nichts weiß, weil es zum Beispiel fachfremd ist, dann hat er dort eine »Lücke« – also findet er keine Assoziationen bzw. Verbindungen. Wenn ihm zu dem Thema relativ wenig einfällt, spricht Birkenbihl von einer »Mücke« – also wenig Verbindungen. Und auf einer dritten Stufe: Wenn jemand viel zu einem Thema weiß, hat er ein großes Wissensnetz und damit »Mücken«. Mücken zu haben ist die Voraussetzung dafür, dass uns das Assoziieren leicht fällt. Birkenbihl nennt dieses Assoziieren auch Kreativität hoch eins (Birkenbihl, o. J.).

Bewusstes Assoziieren ist die Basis vieler Kreativitätstechniken und Ideenrunden. Besonders genial ist es, die Wissensnetze mehrerer Personen zu nutzen, die sich dann wiederum vernetzen können. Ideen werden so weitergesponnen. Teamwork lohnt sich also auch theoretisch (vgl. Kap. 2.2.5).

Bisoziation

Kommen wir nun zum Begriff der **Bisoziation**, den Arthur Koestler in seinem Werk »The Act of Creation« in Anlehnung an das Wort Assoziation erfunden hat. Heute gilt Bisoziation als ein Grundbegriff in der Kreativitäts- und der Humorforschung (Köstler, 1964). Zum Wortursprung: Der Begriff »Bisoziation« enthält die Wortbestandteile »Bi« (= »zwei«) und »soz« (= »gemeinsam« oder »zusammen«). Bisoziation bezeichnet das Durchbrechen von Routinen, denn es werden zwei Begriffe aus eben nicht zugeordneten Bereichen bzw. unterschiedlichen Wissensgebieten miteinander verknüpft. Und genau darin besteht der Unterschied zur Assoziation, die ausschließlich Bekanntes miteinander verbindet. Bisoziation geht somit einen Schritt weiter und macht damit eine »höhere Kreativität« aus. Dabei werden vermeintlich nicht verknüpfbare Elemente miteinander verbunden und so etwas völlig Neues kreiert (vgl. Abb. 4). Deswegen nannte Birkenbihl diese Form der Kreativität auch Kreativität hoch 2 (Birkenbihl, o. J.).

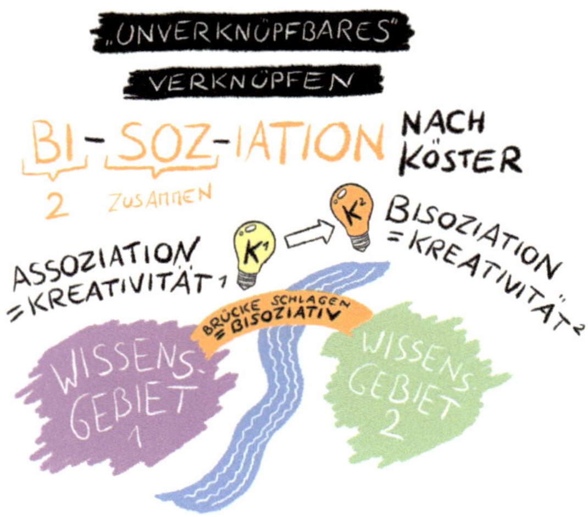

Abb. 4: Assoziation vs. Bisoziation

Beispiele für das Phänomen der Bisoziation

Auch große Erfindungen lassen sich auf die Bisoziation zurückführen: Gutenberg kombinierte zum Beispiel die Eigenschaften der Weinpresse mit denen eines Stempels, um Münzen zu prägen, woraus der Buchdruck entstand. Ein weiteres bekanntes Beispiel für Bisoziation ist die Bionik, also das Lernen und die Inspiration für Problemlösungen durch die Natur. So geht die Erfindung des Klettverschlusses auf die Kletten zurück und die Erfindung des Flugzeuges auf Leonardo da Vincis Idee, den Vogelflug auf Flugmaschinen zu übertragen.

Die Kernfrage bei der Bionik lautet: »Wie hat die Natur dieses Problem gelöst?« Es werden somit auch hier zwei unterschiedliche Wissensgebiete der Natur und eine Anwendungs- oder Zieldisziplin wie z. B. Technik, Ingenieurwissenschaften, Medizin, Architektur oder Design kreativ miteinander verknüpft. Auch hier ist genaues Fachwissen der beiden Bereiche notwendig. Die Bionik liefert wertvolle Anregungen und öffnet die Augen für ungewöhnliche, radikal neue Lösungen.

In Ihrem Marketingalltag können Sie die Bisoziation ganz konkret nutzen, denn Koestlers Überlegungen haben zu praktischen Anwendungen geführt: So werden Sie in Kapitel 5 beispielsweise die Reizwortmethode oder die ABC-Methode nach Birkenbihl kennenlernen, die genau auf diesem Prinzip beruhen und Ihnen somit helfen, wirklich ver-rückte neue Ideen zu kreieren.

1.3.4 Bisoziation als Humor und Kreativitätsboost

Humor hilft dabei, unsere Ideen zu befeuern. Aber Kreativität und Humor haben noch viele weitere Gemeinsamkeiten (vgl. Kap. 3.1.3 und 4.2).

Arthur Köstler (1964) setzt Kreativität mit Humor gleich:

> »So steht Bisoziation immer auf der Seite dessen, was wir als nicht rational, un-logisch, ver-rückt (weggerückt vom Normalen) kategorisieren und genau dies ist die Domäne des Kreativen! [...] Die Kreativität des Menschen ist Teil eines einzigen Grundschemas, zu dem wohl die wissenschaftliche Entdeckung als auch die komische Inspiration gehören.«

Komiker und Speaker nutzen beispielsweise das Prinzip der Bisoziation als Humor-Boost. Diese Humortechnik kann sich für Sie genauso im Marketingalltag auszahlen – sei es im Meeting oder auch bei der Kampagnenkonzeption oder -gestaltung.

Lassen Sie uns das Prinzip der Bisoziation erleben. Nehmen wir hierzu einfach eine bunte Auswahl an Witzen:

Auswahl an Witzen !

»Was hindert dich daran, bei der Arbeit du selbst zu sein?«
»Das Strafgesetzbuch!«

Was macht ein Pirat am Computer?
Er drückt die Entertaste!

Wie viele Lehrer braucht man, um eine Glühbirne auszuwechseln?
Zwei. Einen der sie wechselt und einen, der es besser kann.

Vielleicht lachen oder schmunzeln Sie gerade über die Witze – über den einen mehr, über den anderen weniger. In jedem Fall finden Sie in allen Witzen das Phänomen der Bisoziation wieder: In den Witzen werden zwei »Welten« oder »Bereiche« miteinander verbunden, die normalerweise so nicht verbunden werden. Dadurch kommt es zu einem Überraschungseffekt und wir empfinden diese neue Zusammensetzung als komisch. Doch die Grundtechnik dieser »bisoziativen Witze« läuft genauso ab: Humor – genauso wie Kreativität – entsteht aus dem Zusammenprall unterschiedlicher Ebenen oder Bereiche. Nutzen Sie die Bisoziation doch einfach für Ihren nächsten Vortrag, eine Kampagnengestaltung oder Marketingaktion.

Video- und Buch-Tipp

Haben Sie vielleicht Lust auf ein ca. zweistündiges Humorseminar? In einem Livemitschnitt von Birkenbihls Humorseminar an der TU München führt Birkenbihl ihre 1.000 Teilnehmer gehirngerecht in die Gelotologie (Wissenschaft vom Gelächter) ein und spricht über die Rolle von Humor in unserem Leben. Spaß ist vorprogrammiert (Birkenbihl, 2000)!
Wenn Sie das Humortraining lieber in den Händen halten wollen: Vera F. Birkenbihl hat mit ihrem Buch »Humor – an Ihrem Lachen soll man Sie erkennen« ein Buch-Seminar verfasst, in dem es auch darum geht, die eigene Humor-Fähigkeit zu stärken (Birkenbihl, 2003).

1.4 Die wichtigsten Denkweisen zur Förderung der Kreativität

Systematische Kreativität beruht auf zwei unterschiedlichen Denkweisen und beide Formen werden im Kreativprozess angewandt, um letztendlich zu kreativen Lösungen zu gelangen: das divergierende und das konvergierende Denken. Wichtig ist: Beide Denkweisen sind wertvoll und essenziell für den Kreativprozess, jedoch können sie nicht gleichzeitig angewandt werden, sondern nur nacheinander. Sie ergänzen sich gegenseitig.

Das parallele Denken ist eine weitere wichtige Denkweise, die von Edward de Bono geprägt wurde und in seinen sechs »Denkhüten« Anwendung findet (vgl. Kap. 5.5.1).

1.4.1 Divergierendes Denken

Starten wir mit dem divergierenden Denken: Divergierendes oder auch laterales Denken bezeichnet das, was umgangssprachlich unter Querdenken bekannt ist. Den Begriff divergierendes, wörtlich »auseinandergehendes« Denken hat Joy Paul Guilfords geprägt. Der Ausdruck laterales Denken kommt aus dem Lateinischen *latus* für »Seite« und wurde 1967 von Edward de Bono eingeführt. Es heißt *lateral*, da man eine Fragestellung oder ein Problem in der Tat von allen Seiten beleuchtet.

Diese spielerische Denkweise ist insbesondere am Anfang eines Kreativprozesses hilfreich: Es geht um die Entwicklung von neuen Optionen und darum, Bestehendes in Frage zu stellen, »ver-rückte« Ideen zu entwickeln, die abseits der Norm liegen. Konventionelle Denkmuster und auch Rahmenbedingungen werden dabei in Frage gestellt und nicht als gegeben hingenommen. Gedankliche Sprünge werden gefördert. Dabei wird intuitiv und weniger analytisch vorgegangen. Folgende Regeln sind für das divergierende Denken hilfreich:

Die vier Regeln des divergierenden Denkens

1. Quantität vor Qualität: Suche viele Ideen (Goodbye Perfektionismus).
2. Experimentier- und Spielfreude: Ver-rückte Ideen fördern.
3. Präsent sein und zuhören: Auf Bestehendem aufbauen und Verbindungen herstellen.
4. Beurteilung und Bewertung zurückstellen. Kein »Ja, aber & Co.«

Kinder sind vor allem Experten in dieser Denkweise. Erst wenn wir in die Schule kommen, lernen wir den Fokus stärker auf logisches Denken zu setzen. Doch das heißt nicht, dass die kindliche Kreativität die einzig wahre ist. Kinder sind Erwachsenen durch ihre kindliche Neugier und durch ihre Experimentierfreude voraus. Doch sobald ein Kind das Interesse an einer Sache verliert, widmet es sich etwas Neuem. Die kreative Produktivität verlangt an dieser Stelle auch ein zielgerichtetes konvergierendes Denken, das die Ideen weiterführt und anhand geeigneter Kriterien bewertet und schließlich zu einem Ergebnis bzw. einer Problemlösung kommt.

YouTube-Filmtipp

John Cleese beschreibt in einem 37-minütigen Vortrag über Kreativität den sogenannten offenen und geschlossenen Geist (»closed and open mode«). Der offene Geist beschreibt das divergierende Denken. Nach Cleese ist es für Kreativität besonders wichtig, häufiger mal in den offenen Modus zu wechseln und einfach zu spielen (Cleese, 1991).

1.4.2 Konvergierendes Denken

Das »erwachsene Denken« wird auch als lineares, vertikales oder auch konvergierendes Denken bezeichnet. Alle drei Begriffe werden synonym verwendet, konvergierendes Denken geht auf Joy Paul Guilford und vertikales Denken auf Edward de Bono zurück. Auch diese Denkweise ist bedeutsam für den kreativen Prozess. Denn gehen wir am Anfang in eine breite Suche nach »ver-rückten« Ideen und nutzen dafür das konvergierende Denken, gibt es einen Zeitpunkt im Prozess, an dem wir genau diese Ideen analytisch aufgreifen und konkrete Produkte aus ihnen formen. In dieser Phase bewerten wir die entstandenen Ideen. Dabei gilt es auch, bestimmte Regeln einzuhalten. Denn Bewerten ist nicht gleich Bewerten!

Wichtig ist es, eine positive und bejahende Haltung einzunehmen und den Fokus zu wahren. Ganz konkret sind in der Praxis die folgenden »Gebote« hilfreich für die Prozessschritte des konvergierenden Denkens:

! **Die fünf Regeln des konvergierenden Denkens**

1. Positive Beurteilung: Konstruktiv kritisch sein, sich selbst und anderen gegenüber
2. Fokussiert und analysierend: Bewusst und überlegt handeln
3. Das Ziel im Blick haben: Was ist die Ausgangsfrage?
4. Neuigkeitswert bedenken: Inkrementell, radikal oder disruptiv?
5. Ideen verbessern wollen: Aus abstrusen Ideen konkret umsetzbare Ideen entwickeln

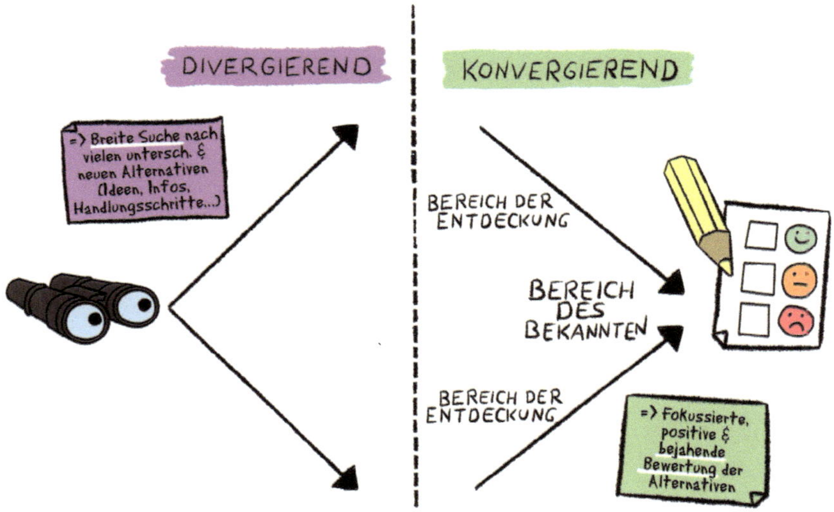

Abb. 5: Divergierendes vs. konvergierendes Denken

Herausforderungen in der Praxis

Meist lässt sich beobachten, dass es nicht jedem gleich leicht fällt, beide Denkweisen direkt anzunehmen und umzusetzen. Insbesondere das Querdenken ist für viele Menschen sehr ungewohnt. Die eigene Persönlichkeit, Erziehung, Sozialisierung und das aktuelle Umfeld sind sehr prägend für die Frage, ob wir dieser Denkweise mit Leichtigkeit begegnen. Und die meisten Bildungssysteme setzen den Fokus auf analytische und logische Fertig- und Fähigkeiten. So sagen einige Experten wie zum Beispiel Sir Ken Robinson, dass Schulen Kreativität sogar abtöten.

! **Filmtipp: Do schools kill creativity?**

Zu unserem Thema der verschiedenen Denkweisen empfehle ich den inspirierenden TED-Talk von Sir Ken Robinson mit dem Titel »Do schools kill creativity?« (Robinson, 2006). Siehe: https://www.ted.com/talks/sir_ken_robinson_do_schools_kill_creativity

In der Tat widerspricht eine starre Ausrichtung der Schulerziehung auf ein »Richtig oder Falsch« dem divergierenden Denken, bei dem es darum geht, mehrere Optionen zu entwickeln, ohne sie gleich zu bewerten. Der ureigene innere Kritiker ist zudem jemand, der die divergierenden Denkprozesse oftmals bei Erwachsenen stört. Denn wir erlauben uns meist nicht direkt, jeden Gedanken auszusprechen, sondern wägen ab, wie etwas ankommen könnte und was »erlaubt« oder »angemessen« ist. Leichter ist es, etwas nicht auszusprechen, als den Mut zu haben, »ver-rückte« Ideen zu äußern. Das heißt, es braucht einen Raum, in dem sich jeder wohlfühlt und mit der Zeit lernt, seine Vorsicht zurückzustellen.

Fakt ist, dass sich beide Denkweisen trainieren lassen – Neugier und Experimentierfreude sind gefragt!

Praxistipp: Kreativitätsgebote für Kreativsessions

Nutzen Sie die Kreativitätsgebote für Ihre Kreativsessions. Sie können diese beispielweise einfach visualisieren (oder die passende Vorlage auf mybook.haufe.de nutzen) und im Raum aufhängen, damit sie für jeden sichtbar sind. Dann reicht schon ein Augenzwinkern und Verweis auf die Regeln, falls jemand gegen sie »verstößt«.

Abb. 6: Kreativitätsgebote (→ Arbeitshilfen online)

1.4.3 Paralleles Denken

Edward de Bono hat mit dem sogenannten »parallelen Denken« eine weitere wichtige Denkweise beschrieben, die ebenfalls bedeutsam und förderlich für kreative Prozesse ist. Paralleles Denken bezeichnet die Fähigkeit, systematisch verschiedene Wahrnehmungsperspektiven einzunehmen. Diese Denkweise kann jeder Einzelne für sich selbst anwenden, um sich systematisch einem Ergebnis zu nähern. Sie funktioniert gleichermaßen in Teams, die Lösungen zu einer Fragestellung suchen. Paralleles Denken hilft uns, kontroverse Prozesse zu vermeiden und zu beschleunigen. Diese Denkweise zeigt sich ganz wunderbar in der Kreativitätstechnik »Die sechs Denkhüte«, die de Bono entwickelt hat (Kap. 5.5.1). In der Praxis hat sich diese Technik insbesondere für Meetings bewährt, in den es bislang »kontrovers« zuging. So hilft sie je nach Methodenvariante, unterschiedliche und bereichernde Perspektiven nacheinander und gemeinsam einzunehmen. Wie das genau funktioniert, erfahren Sie in Kapitel 5.5.1.

1.5 Das Unbewusste und die Kreativität

Nachdem wir die häufigsten Mythen entzaubert und uns die wichtigsten Modelle sowie Denkweisen zur Kreativität angesehen haben, werden wir in diesem Abschnitt noch tiefer in das Phänomen der menschlichen Kreativität eintauchen. Denn in unserem Unbewussten schlummern kreative Kräfte.

Dabei starten wir im ersten Abschnitt »Der menschliche Kreativitätsdrang« mit der Frage, warum der Mensch überhaupt kreativ ist. Sie klingt so einfach, doch bringt die Frage nach dem menschlichen Schaffensdrang sehr unterschiedliche Antworten mit sich. Der Regisseur und ehemalige Werber Hermann Vaske hat mit seinem einzigartigen Filmprojekt »Why are we creative?« in über 30 Jahren eine große Vielfalt an Antworten zusammengetragen. Dazu hat er über 1.000 Künstler, Wissenschaftler und Politiker interviewt wie zum Beispiel den Dalai Lama, Hans Zimmer, John Cleese und Quentin Tarantino.

So beschreibt der berühmte Komponist Hans Zimmer Kreativität als einen meditativen Prozess. In besonders kreativen Situationen sei er fast nicht er selbst ist und plötzlich ist eine Komposition entstanden, als hätte er sie nicht selber erschaffen. Diese Beschreibung entspricht auch dem sogenannten Flow – ein Tätigkeitsrausch mit Glücksgefühlen, den wir im Folgeabschnitt näher beleuchten.

Ferner erkunden wir, welche weiteren Zusammenhänge neben dem Flow zwischen Kreativität und unseren Emotionen bestehen. Hierzu werfen wir einen Blick auf die Funktionen von Emotionen und wie wir diese gezielt in kreativen Prozessen nutzen können.

Da das Gesicht die Bühne unserer Emotionen ist, werden wir den Zusammenhang von Mimik, Kreativität und Empathie als Fähigkeit zur Emotionserkennung betrachten. Denn in einer gesteigerten Emotionserkennungsfähigkeit lassen sich kreative Prozesse noch erfolgreicher gestalten.

1.5.1 Der menschliche Kreativitätsdrang

»Wenn Sie kreative Leute fragen, wie Sie etwas getan haben, fühlen sie sich ertappt, weil sie es gar nicht wirklich getan haben. Sie haben nur etwas gesehen, das ihnen nach einer Weile offensichtlich erschien.«
Steve Jobs

Der Regisseur, Künstler, Autor, Produzent und ehemalige Werber Hermann Vaske hat sich mit einem Filmprojekt auf eine einzigartige über 30-jährige Reise gemacht, um Antworten auf die Frage zu finden, warum wir Menschen kreativ sind. Dazu hat er über 1.000 Künstler aus den unterschiedlichsten Bereichen sowie Wissenschaftler und Politiker interviewt wie zum Beispiel Ai Weiwei, Ben Kingsley, Björk, den Dalai Lama, David Hockney, Frank Gehry, Hans Zimmer, John Cleese, Marija Aljochina, Mario Adorf, Milla Jovovich, Nelson Mandela, Neo Rauch, Stephen Hawkins, Toney Kaye, George R.R. Martin und Quentin Tarantino.

Vaske scheint sich die geistige Aufgabe gestellt zu haben, herauszufinden, was die »großen Kreativen« unserer Zeit antreibt, ihre Ideen in Werke umzusetzen und ihre Kreativität auszuleben. In seiner Reise betrachtet er auf tiefgründige und faszinierende Weise mit seinen Gesprächspartnern künstlerische, intellektuelle, philosophische und auch wissenschaftliche Facetten der Kreativität. Die Antworten seiner Gesprächspartner sind dabei so vielfältig wie auch ihre kreativen Ausdrucksformen und Persönlichkeiten.

So sieht der berühmte Filmregisseur Quentin Tarantino Kreativität als ein Geschenk Gottes an. Der berühmte Filmkomponist Hans Zimmer sieht einen Zusammenhang zwischen Spiritualität und Kreativität. Er beschreibt Kreativität als einen meditativen Prozess. In besonders kreativen Situationen sei er fast nicht er selbst ist, und plötzlich ist eine Komposition entstanden. Doch dann gäbe es ebenso viele Stunden, in denen er viel schreibt, aber nach seinem Gefühl nichts Wertvolles dabei herauszukommen scheint.

Wiederum andere Künstler beschreiben ihren Drang zur Kreativität als eine Art Sucht. Es geht nicht ohne, einige fühlen sich gezwungen oder getrieben, besser zu werden. Der Künstler David Hockney sagt beispielweise, er werde vermutlich kreativ sein, bis er umfällt. »I need to be. I love life«, schreibt Hockney als Antwort auf die Frage »Warum bin ich kreativ?«.

Die Schauspielerin und Musikerin Milla Jovovich beantworte die Frage, warum sie kreativ ist, impulsiv und lachend mit »Ich bin hungrig«. Der Schauspieler Ben Kingsley hebt die Bedeutung seiner Tätigkeit hervor, da er nicht schauspielert, um seinen Lebensunterhalt zu verdienen, sondern um zu leben (»I do not act to make a living – I act to live«).

Diesen Kreativitäts- oder auch Schaffensdrang beschreiben auch weitere Persönlichkeiten: Der Architekt Frank Gehry sagt, er könne mit dem kreativen Erschaffen nicht aufhören. Gehry meint, er wäre süchtig nach dem kreativen Prozess, und ist einverstanden, sich als »Creaholic« bezeichnen zu lassen. Gehry führt weiter aus, dass für ihn – im Unterschied zu einem Schriftsteller, der alleine sein Werk kreiert – die Interaktion mit anderen Menschen im Kreativprozess bedeutsam ist.

Auch der Regisseur Toney Kaye sagt, dass ihm Kreativität im Blut liegt. Er fühlt sich ebenfalls getrieben, Dinge zu erschaffen, um sich besser zu fühlen. Mario Adorf bringt es in seinen Worten auf den Punkt: »Ich kann kein weißes Blatt Papier sehen« (Vaske, 2018).

Neben diesem Drang, etwas zu erschaffen, spielt auch die empfundene Freiheit der kreativen Persönlichkeiten ein große Rolle: Der Künstler Neo Rauch spricht von »[...] inneren Zonen des Ungesonderten, denen der Impuls entspringt, gestalten zu wollen, sich eigene Welten zu schaffen, in denen ich den Ton angebe, in denen [...] ich herrsche einschränkungslos. Die Grenzen setze ich selbst fest. Niemand sonst. Das ist ein hochgradig befriedigender, aber dauerhaft beunruhigender Zustand« (Vaske, 2018).

Kreativität scheint also auch mit einem höchst emotionalen Erleben einherzugehen. Viele sprechen immer wieder von ihren angenehmen, aber auch unangenehmen Empfindungen. Sie sprechen von einem guten Gefühl, das sie mit ihrem kreativen Schaffen erreichen wollen, oder auch, wie Neo Rauch, von einer Beunruhigung, also gewissermaßen einem Drang nach Sicherheit, der die Emotion Angst oder Sorge ausmacht.

Der Dalai Lama antwortet auf die Frage nach dem Grund seiner Kreativität mit den einfachen Worten, dass er ein lebendiger Mensch sei und das Bedürfnis, kreativ zu sein, immer da ist – selbst in der Meditationsperiode. Das spirituelle Oberhaupt betont dabei die Vorstellungskraft des Menschen, die dem Menschen das kreative Potenzial verleiht und ihn von anderen Spezies unterscheidet (Vaske, 2018).

Kreativität scheint viele der Interviewten anzutreiben, neue Welten zu kreieren und auch in Parallelwelten zu leben. Und genau diese Vorstellungskraft und Spielfreude können wir wunderbar bei Kindern beobachten. Auch bei uns Erwachsenen kann Kreativität eine Art intellektueller Abenteuerspielplatz sein und Freiheit bedeuten: So betont John Cleese in seinem Interview den spielerischen Aspekt der Kreativität und sagt, dass es hauptsächlich ums Spielen geht (Vaske, 2018).

Die Musikerin Björk betont, dass jeder Mensch kreativ ist in seinem Tun: Nicht nur sie als Sängerin, sondern jeder Mensch in den unterschiedlichsten Berufen (Vaske, 2018).

Weiterhin scheinen auch die Phänomene Wandel und Kreativität eng zusammenzuhängen. Andere Künstler beschreiben oder nutzen ihre Kreativität als eine Waffe der Revolution und betonen den provozierenden und auch rebellischen Ausdruck und die Macht von Kreativität. So wie die russische Aktivistin Marija Aljochina von den Pussy Riots oder auch Ai Weiwei, der selbstbewusst sagt, wenn man jemanden wie ihn nicht stoppt, der die Regeln bricht, wird der Wandel kommen. Daher könne er Menschen verstehen, die seine Ideen als gefährlich empfinden. Kunst ist seiner Meinung nach immer provokativ und Kreativität ein natürlicher Akt (Vaske, 2018).

Und auch der ehemalige Präsident von Südafrika Nelson Mandela stimmt Vaske darin zu, dass kreatives Denken wichtig ist, die Probleme unserer Zeit zu lösen. Er sagt ganz selbstverständlich, dass »kreatives Denken [...] immer absolut notwendig ist. Wir wollen keine stereotypen Ansichten und Klischees, die nichts mit unserer Situation zu tun haben. Wenn wir relevant bleiben wollen, müssen wir kreativ sein« (Vaske, 2018).

Der Wissenschaftler Stephen Hawking betont die Bedeutung von Kreativität und Wissenschaft. Seines Erachtens müssen Wissenschaftler kreativ sein, um gute Wissenschaft zu betreiben und Neues zu erschaffen. Zudem wäre es seiner Ansicht nach viel besser, voller Hoffnung zu reisen als anzukommen (Vaske, 2018).

Bei all diesen unterschiedlichen Facetten und Faktoren für Kreativität, die die diese großen Persönlichkeiten unserer Zeit aus ihrer Sicht beschreiben, ist vielen Antworten gemeinsam, dass kaum einer die Frage so leicht und schnell beantworten konnte. Vielen scheint also die eigene Kreativität und der kreative Prozess nicht ganz bewusst zu sein. Kreativität scheint demnach komplex und tief in unserem Unterbewusstsein verankert zu sein oder, wie der Autor George R.R. Martin sagt, »ein Mysterium unserer Zeit« (Vaske, 2018).

Der suchende Regisseur Hermann Vaske hält nach seiner Reise durch die Welt der Kreativität einen gemeinsamen Gedanken fest. Alle seine Interviewpartner drücken in ihrer Weise aus: »Ich bin wer ich bin und ich habe keine Angst davor, anders zu sein.« (Vaske, 2018)

An Vaskes Beispiel lässt sich erkennen, dass er selbst in über drei Jahrzehnten mit einer besonderen Neugier, einer gewissen Hartnäckigkeit und Geduld an dem Projekt festhält, mit dieser Reise und Filmdokumentation ein eigenes Meisterwerk zu erschaffen und der menschlichen Kreativität auf den Grund zu gehen. Und das aus unterschiedlichsten Perspektiven, die er mit seinen Gesprächspartnern einnimmt.

In den nachfolgenden Abschnitten werden wir noch tiefer in das menschliche Unbewusste eintauchen und den Zusammenhang von Kreativität, Emotionen und Empathie näher beleuchten.

!

Trailer und Video-Tipp »Why Are We Creative?«

Offizieller deutscher Kino-Trailer zum Film »Why Are We Creative?«. Originaltitel: Why Are We Creative? Dokumentarfilm, DE 2018 (Vaske, 2018).
Siehe: YouTube https://www.youtube.com/watch?v=VPP5LtzAbKA

1.5.2 Kreativität und der Flow-Zustand

Der Begriff Flow wird häufig im Zusammenhang mit Kreativität erwähnt. Zurecht: Denn im Flow zu sein bedeutet so viel wie, sich in einem selbstvergessenen kreativen Zustand zu befinden oder auch in einem Schaffens- oder Tätigkeitsrausch. Menschen im Flow sind vollkommen vertieft in ihre Tätigkeit, die wie von selbst abläuft, und sie erleben das Gefühl als Glücksgefühl. Dabei behält die Person die Kontrolle und blendet auch aus, was andere denken können.

Entdeckerfreude, Begeisterung und Neugier trotz gelegentlichen Misserfolgen sind die Grundzutaten, die zum Flow führen. Zudem ist es wichtig, dass die Aufgabe den Fähigkeiten entspricht und herausfordernd ist (vgl. Abb. 7).

Mihaly Csikszentmihalyi, der den Begriff Flow geprägt hat, beschreibt den Zustand wie folgt: »Vergnügen tritt an der Grenze zwischen Langeweile und Angst auf, wenn die Herausforderungen mit der Handlungsfähigkeit der Person in Einklang gebracht werden.«

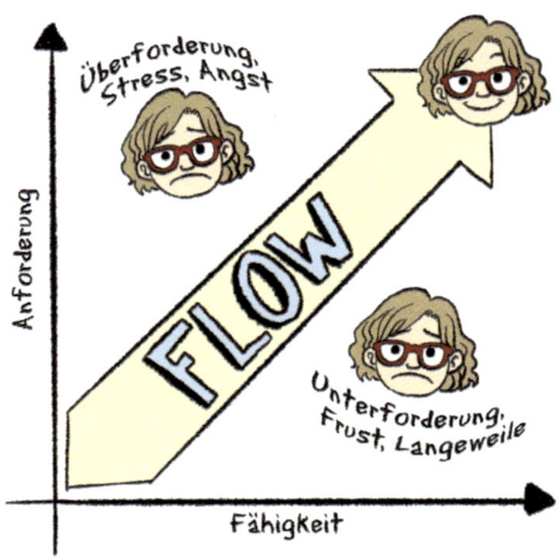

Abb. 7: Der Flow-Kanal

Der Autor und emeritierte Professor für Psychologie an der University of Chicago Mihaly Csikszentmihalyi gilt als Schöpfer der Flow-Theorie. Er beschäftigte sich vor ihrer Entwicklung hauptsächlich mit positiver Psychologie.

Csikszentmihalyi entdeckte in seiner Glücksstudie, dass Glück von innen kommt und viele berühmte und erfolgreiche Persönlichkeiten dann besonders glücklich und auch am kreativsten sind, wenn sie Flow-Zustände erleben. Mihaly Csikszentmihalyi sagt hierzu:

> »The best moments in our lives are not the passive, receptive, relaxing times ... The best moments usually occur if a person's body or mind is stretched to its limits in a voluntary effort to accomplish something difficult and worthwhile.«

In seinem Buch »Flow und Kreativität – wie Sie Grenzen überwinden« hat Csikszentmihalyis über 91 berühmte Persönlichkeiten in über 30 Jahren interviewt, um dem Phänomen der Kreativität auf den Grund zu gehen. Denn wir können den Flow für den kreativen Schaffensprozess und für die Entwicklung von Innovationen nutzen und noch mehr Kreativität in all unseren Tätigkeiten erleben.

Csikszentmihalyi beschreibt Kreativität als eine zentrale Sinnquelle in unserem Leben. So sind die meisten menschlichen Phänomene ein Ergebnis von Kreativität, und genau diese Kreativität unterscheidet uns vom Affen. Darüber hinaus übt Kreativität eine Faszinationskraft aus, da sie es schafft, uns aus dem Alltag herauszuheben, und uns das tiefe Gefühl gibt, Teil von etwas zu sein, das größer ist als wir selbst. Und sie hat die Macht, ein Ergebnis zu hinterlassen, das dem Wohl der Zukunft dienen kann.

Die Erfolgsfaktoren, um in einen solchen kreativen Flow zu gelangen – aus Sicht eines Unternehmens und aus Sicht jedes Einzelnen –, werden wir in Kapitel 2.2 genauer unter die Lupe nehmen.

1.5.3 Kreativität und unsere Emotionen

Im vorangegangenen Abschnitt haben wir uns den Flow-Zustand als besonders emotionalen und selbstvergessenen Zustand angeschaut, der kreative Schaffensprozesse begleiten kann (vgl. Kap. 1.3.2 und 1.5.2). Auf den folgenden Seiten nehmen wir den Bereich der Emotionen noch genauer unter die Lupe. Denn Emotionen bilden die Grundlage all unseren Handelns und somit auch des kreativen Handelns.

Woher kommt unsere Kreativität? Welche Emotionen fördern Kreativität? Was hat sie mit unseren Emotionen zu tun? Immer mehr Wissenschaftler gehen diesen Fragen nach.

Definition und Bedeutung von Emotionen

Starten wir mit einer Definition von Emotionen: Emotionen bedeuten wortwörtlich »heftige Bewegungen« (von latein. *emotio*). Sie lassen sich definieren als kurze, bio-psycho-soziale Reaktionen auf spezifische Ereignisse, die Konsequenzen für unser Wohlbefinden haben und meist eine sofortige Handlung erfordern. Emotionen sind nach dieser Definition sehr schnelle Informationsverarbeitungssysteme, die sich unter anderem durch folgende Merkmale auszeichnen:

- **Kurz:** Emotionen dauern im Vergleich zu Stimmungen nur ein paar Sekunden oder Minuten und ihr Auslöser liegt entsprechend kurz vor dem Auftreten der Emotionszustände.
- **Biologisch:** Es entstehen physiologische Reaktionen im zentralen und autonomen Nervensystem, z. B. Rötung der Gesichtshaut, Veränderung der Atmung.
- **Psychologisch:** Es werden mentale Prozesse wie Aufmerksamkeit, Wahrnehmung, Motivation usw. aktiviert.
- **Sozial:** Wir drücken Emotionen nach außen aus, weil wir soziale Wesen sind. Die Evolution hat gezeigt, dass es günstig für unser Überleben ist, wenn andere mitbekommen, wie es uns geht!

Weiterhin sind unsere Emotionen als Schlüssel zu unserem Unbewussten im limbischen System verankert – der älteste Teil in unserem Gehirn. Sie sind (meist unbewusste) Antreiber für all unser Verhalten. Schauen wir uns das einmal mithilfe des Eisberg-Modells an (vgl. Abb. 8): Unser Unterbewusstsein samt Emotionen, Werten, Bedürfnissen usw. macht 90 % aus – d. h. dieser Teil ist für uns und andere nicht direkt sichtbar. Indirekt sind sie wahrnehmbar über unsere Mimik und Körpersprache, die die restlichen 10 % des Eisberges ausmachen.

Abb. 8: Das Eisberg-Modell und die Emotionen

Emotionen im kreativen Arbeitsalltag nutzen

Emotionen steuern uns und sind wichtig für uns Menschen – natürlich auch im Arbeitsalltag. Wichtig sind dabei alle Emotionen, nicht nur die als positiv empfundenen. So erlebe ich häufig in Seminaren und Coachings, dass Menschen angenehm empfundene Emotionen wie Freude oder Liebe bevorzugen. Doch ist es sehr bedeutsam, die Funktionen von *allen* Emotionen anzuerkennen und wertzuschätzen – auch für den Kreativprozess. So mag es sein, dass sich Angst und Ärger nicht immer gut anfühlen, doch auch sie haben eine wertvolle Funktion. Wenn wir beispielsweise Angst, Sorge oder auch Panik verspüren, will uns diese Emotion veranlassen, uns in Sicherheit zu bringen. Wenn wir zum Beispiel Sorge vor einem anstehenden Pitch haben, sorgt diese Emotion dafür, dass wir uns vorbereiten, Energie in den Pitch stecken, bis wir ein sicheres Gefühl haben.

Nehmen wir den Ärger – beispielsweise darüber, dass Ihr Kollege Ihre Idee nicht weiterverfolgen möchte oder jemand Ihre »ver-rückte Idee« in einem Kreativmeeting kritisiert. Auch diese negative Emotion ist sehr bedeutsam für Sie. Denn Ärger ist nichts anderes als ein Zielhindernis, mit der Funktion, dieses Hindernis zu »beseitigen« oder zu »reduzieren«. Das kann bedeuten, weiter für Ihre Idee(n) zu kämpfen und sich nicht von einem Kritiker abschrecken oder aufhalten zu lassen.

Für den kreativen Prozess sind alle Emotionen wichtig und besitzen eigene Funktionen. So können Sie die Emotionen im Arbeitsalltag nutzen:

- Ärger, um sich durchzusetzen und für Ihre Ideen zu kämpfen
- Freude, um sich für die Zukunft zu motivieren und Kooperationspartner zu finden
- Ekel und Verachtung, um sich abzugrenzen und beispielsweise Ideengegnern Grenzen aufzuzeigen
- Trauer, um sich bei Bedarf Unterstützung zu suchen
- Angst, um Erfolge möglichst »sicher« zu machen z. B. durch eine gute Vorbereitung auf das Meeting
- Überraschung, um sich bei unerwarteten Ereignissen neu zu orientieren und Informationen zu gewinnen

Was sind »kreative Erfolgsemotionen«?

Es gibt Thesen, die besagen, dass insbesondere große Künstler in unglücklichen und traurigen Momenten besonders kreativ waren. Andere behaupten, Freude ist die Erfolgsemotion für Kreativität. So wird auch der Flow als vergnügter Zustand beschrieben, zu dem Freude als Erfolgsemotion gehört. Die Emotion Freude fördert demnach kreatives Denken und Handeln.

Auch Interesse ist eine notwenige Emotion, die mit Kreativität Hand in Hand geht. Denn ohne Interesse bzw. Neugier wird es schwer möglich sein, Niederlagen zu überwinden, Fehlschläge zu verkraften und motiviert zu bleiben, um etwas Neues zu kreieren.

Doch auch eine als negativ empfundene Emotion wie **Trauer** kann durchaus die Kraft haben, Kreativität zu fördern. So gibt es auch viele Künstler, die durch ihre Trauer Meisterwerke in Form von Musik, Gemälden oder Gedichten erschaffen haben. Wie kann also Trauer helfen? Trauer entsteht, wenn wir etwas sehr Wertvolles verlieren. Das kann bezogen auf den Marketingalltag zum Beispiel ein verlorener Pitch sein, die

Gehaltserhöhung, die wir uns gewünscht, aber nicht bekommen haben, oder auch die Kritik an unserer Idee, die wir jemanden präsentiert haben.

Trauer besitzt wie alle anderen Emotionen auch eine wertvolle Funktion. Sie hilft uns, die »verlorenen Ressourcen« wiederzuerlangen. Diese Ressourcen können zum Beispiel Stolz, Selbstbewusstsein oder Selbstvertrauen sein. Trauer hilft uns, über ein entsprechendes Verhalten – wie zum Beispiel dem Schreiben eines Gedichts, eines Songtextes oder dem Malen eines Bildes – unsere Kraft zurückzugewinnen und das »traurige« Erlebnis zu verarbeiten oder, bezogen auf das Beispiel »Kritik an einer Idee«, einen schlagfertigen Spruch als Entgegnung auf die Kritik zu äußern, uns Unterstützung zu suchen für ein konstruktives Umsetzen der Kritik.

In dieser Perspektive kann auch ein negatives Gefühl wie Trauer ein wirksamer Antreiber für kreatives Schaffen sein.

Funktionale vs. dysfunktionale Emotionen

Trauer ist jedoch nicht immer gleich Trauer. Das gilt auch für alle anderen Emotionen. In der Emotionsforschung unterscheidet man zwischen funktionalen und dysfunktionalen Emotionen. Funktional ist sie dann, wenn die Emotion ihre Funktion erfüllen kann. In unserem Beispiel: Der Trauernde tut etwas, um nach dem Meeting den Rückschlag zu verkraften und so auch in Zukunft seine Ideen zu äußern. Eine dysfunktionale Reaktion könnte darin bestehen, dass man den »Kopf in den Sand« steckt, sich in der Trauer im Kreis dreht und dabei die »Abfahrt« aus der Trauerspirale verpasst …

Diese Überlegungen sollen zeigen, dass es gesund ist und sogar kreativer macht, seine Emotionen wahrzunehmen und sie nicht zu verdrängen, sondern sich mit ihnen zu beschäftigen. Dies belegt auch eine Studie nach Roger Beaty, die zeigt, dass Menschen, die dazu bereit sind, tiefer in ihre Emotionen einzutauchen, offener für Inspirationen sind (Adams, 2019).

Der Psychologe Dr. Hans-Georg Häusel (2019) beschreibt drei Emotionssysteme oder auch »emotionale Betriebsprogramme« in unserem Gehirn, die uns steuern: das Stimulanzsystem, das Dominanzsystem sowie das Balancesystem. Letztendlich sichert das Zusammenspiel dieser drei Systeme unser Überleben. In diesem Modell kann Kreativität dem Bereich Stimulanz zugeordnet werden. Jeder Mensch hat einen Drang zur Exploration und zur Entdeckung.

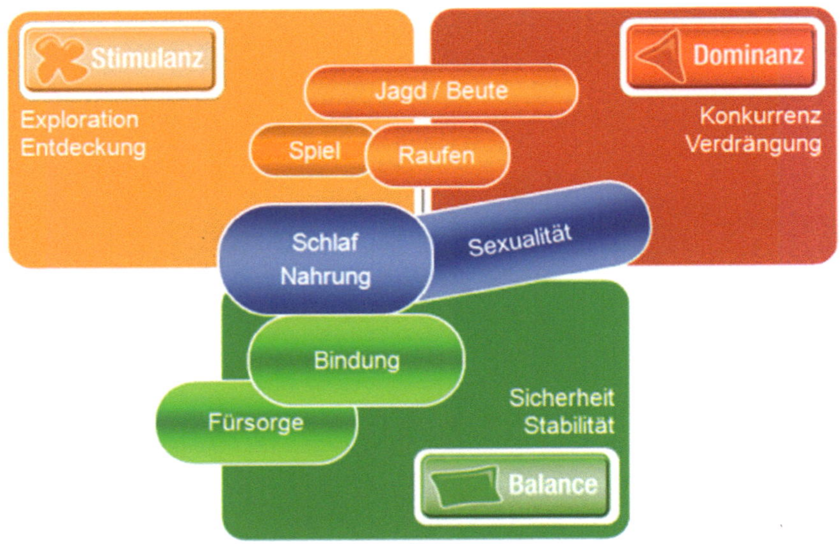

Abb. 9: Die wichtigsten Emotionssysteme im menschlichen Gehirn (© Gruppe Nymphenburg Consult AG / Dr. H.-G. Häusel)

Fazit
Es gibt einen sehr engen Zusammenhang zwischen Kreativität und unseren Emotionen. Daher ist es für kreative Schaffensprozesse wichtig, auch eine Achtsamkeit für unsere Emotionen zu entwickeln und sich die Frage zu stellen: Wie bin ich gerade gestimmt? Wie sind die Teilnehmer der Kreativitätsrunde gestimmt?

Zudem können wir Atmosphären im Marketingalltag schaffen, die die kreativen Emotionen Freude und Interesse bzw. Neugier zulassen und uns in einen Flow-Zustand bringen (vgl. Kap. 1.3.2 und 1.5.2). Hierzu finden Sie Tipps in Kapitel 2.2.

Weiterhin können wir dysfunktionale Emotionen in funktionale umwandeln, beispielweise indem wir den Ärger über einen Kollegen, der unsere Idee kritisiert, zu einem »angemessenen« Ärger drosseln, damit dieser emotionale Zustand uns nicht blockiert, sondern nach vorne bringt. Hierzu finden Sie in Kapitel 4 einen Blumenstrauß an Tools, der hilft, negativen Stress zu vermeiden und zu reduzieren.

Das Gesicht ist die Bühne unserer Emotionen: Wenn wir achtsam die Gefühle unserer Mitmenschen wahrnehmen – sei es im Innovationsworkshop oder im Arbeitsalltag –, können wir Menschen besser verstehen, unsere Beziehungen verbessern und damit auch kreative Prozesse fördern (vgl. Kap. 5.1.6).

Filmtipp

!

Der Animationsfilm von Pixar »Alles steht Kopf« (im englischen Original »Inside out«) zeigt auf humorvolle Art, wie fünf Emotionen der elfjährigen Riley in ihrem Kontrollzentrum im Kopf Schwerstarbeit leisten: Die optimistische Freude als Anführerin voran, die sich sorgende und zittrige Angst, die nur Sicherheit für Riley will, die gerechtigkeitsliebende Wut, die regelmäßig förmlich zu platzen scheint und den Weg frei macht, der aufmerksame Ekel, der das Mädchen davor schützt, sich körperlich wie mental zu vergiften, und der traurige Kummer, der den Kopf hängen lässt. Der Film ist ein großartiges Zusammenspiel, das die Welt der menschlichen Emotionen und ihre jeweiligen Funktionen wunderbar darstellt.
Siehe: https://www.youtube.com/watch?time_continue=5&v=wWTQZkD5FAQ&feature=emb_logo

1.5.4 Kreativität, Mimik und Empathie

Bereits Charles Darwin wusste: »Die Bewegungen der Mimik enthüllen die Gedanken und Absichten eines Menschen mehr als Worte.« Das Gesicht ist die Bühne unserer Emotionen – die Mimik ist ein zuverlässiges Signalsystem. Das Gesicht kann das volle Spektrum der Emotionen ausdrücken. Sei es der Ärger darüber, dass eine Idee nicht umgesetzt wird, oder die Freude über einen erfolgreichen Workshop.

Auch wenn jemand seine Emotionen unterdrückt oder sie der Person noch nicht bewusst ist, zeigt sie sich als Mikroexpression in 40 bis 500 Millisekunden im Gesicht oder auch als subtile Expression (Haggard, 1966). Mikroexpressionen treten in Situationen auf, in denen eine Person gefühlsmäßig stark involviert ist. Subtile Expressionen werden auch partielle Expressionen genannt. Sie können länger als Mikroexpressionen sichtbar sein, tauchen aber nur als Teilausdruck auf. Sie treten bei Beginn eines Gefühls auf, bei geringerer Gefühlsintensität oder wenn die Person versucht, das Gefühl zu verbergen oder zu kontrollieren. Und genau hier kommt Empathie – unsere Fähigkeit, Emotionen zu erkennen – ins Spiel. Sie ist von essenzieller Bedeutung für kreative Erfolge.

Empathie ist ein vielschichtiger Begriff und scheint für viele Menschen auch unterschiedliche Bedeutungen zu haben: Für den einen ist es so etwas, wie die Fähigkeit, mit jemanden zu fühlen oder sogar mitzuleiden, für den anderen das Erkennen, wie es dem Gegenüber geht bzw. welche Emotionen er oder sie zeigt. Häufig sprechen wir auch von Einfühlungsvermögen, Mitgefühl, Verständnis, Empfindsamkeit, Anteilnahme, Sympathie, soziale Kompetenz oder auch eine Fähigkeit, Gedanken zu lesen.

Zum Begriff Empathie

!

»Empathie ist die Fähigkeit, die Gedanken und Empfindungen anderer Personen wahrzunehmen und zu verstehen.« (Dorsch, 2017)

Dabei geht es zunächst nur um die reine Wahrnehmung und das Verstehen des Wahrgenommenen. Was danach geschieht, ist eine Reaktion auf das Wahrgenommene. Die Reaktionen auf das empathisch Wahrgenommene zeigen sich meist in Form von Gefühlen wie beispielsweise Mitleid, Trauer, Freude, Angst oder Glück. Dadurch wird auch klar, was Empathie nicht ist: Empathie ist kein Gefühl, sondern sie bezeichnet nur die Fähigkeit, die Gefühle anderer Personen zu erkennen. Oft wird Empathie als Mitgefühl bezeichnet. Dies ist genau genommen nicht richtig, da das Mitgefühl bereits die Reaktion auf das empathisch Wahrgenommene ist.

a) Kognitive Empathie

Von kognitiver Empathie ist die Rede, wenn die Gedanken und Empfindungen des Gegenübers wahrgenommen und verstanden werden, im Anschluss aber keine (emotionale) Reaktion erfolgt. So erkennen Sie beispielsweise eine ablehnende Haltung eines Kollegen durch das Hochziehen der Oberlippe oder Sie sehen Sorgen im Gesicht Ihrer Kollegin durch einen breit gezogenen Mund und wellenförmige Falten auf der Stirn. Diese Art von Empathie ist analytisch und dissoziiert. Sie verstehen in diesem Fall, was im Gegenüber vorgeht, grenzen sich aber von den Gedanken und Empfindungen ab und reagieren nicht (emotional) auf das Wahrgenommene. Das heißt, Sie bewahren einen kühlen Kopf und können so einlenken und den emotional Betroffenen unterstützen.

Hier ein paar Kreativ-Praxisbeispiele aus dem Bereich Marketing, in denen kognitive Empathie von großer Bedeutung ist:

- Ideenfindungsmeetings bzw. Kreativsessions
- Gespräche mit Auftraggebern, Kunden, Dienstleistern, Vorgesetzten, Mitarbeitern, Kollegen usw.
- Ideenpräsentationen vor Entscheidungsträgern wie zum Beispiel Fachbereichsleitern, Geschäftsführern, Vorständen
- Kreativmeetings mit Kollegen, anderen Fachbereichen usw.
- Interviews in der Marktforschung
- Pitch vor einem Kunden
- Vorstellung eines Prototyps im Design-Thinking-Prozess (vgl. Kap. 5.1.4)

b) Emotionale Empathie

Im Gegensatz zur kognitiven Empathie findet bei der emotionalen Empathie eine Reaktion auf das Wahrgenommene statt. Diese Reaktion spiegelt oftmals die Empfindungen des Gegenübers wider. Wenn ein empathischer Mensch erkennt, dass eine andere Person sehr traurig ist – zum Beispiel jemand seine Idee schlecht geredet hat – und darauf empathisch reagiert, dann wird dieser Mensch meist auch traurig. In diesem Fall ist »Mitgefühl« ein sehr treffendes Synonym für die emotionale Empathie. Und genau das wäre in einem Workshop nicht unbedingt zielführend, da die Person dann ebenfalls »emotional angesteckt und betroffen« ist und weniger in der Lage ist, unterstützend zu agieren wie im Fall der kognitiven Empathie.

c) Unbewusste emotionale Empathie

Bei der emotionalen Empathie ist es nicht zwingend nötig, die Empfindungen des Gegenübers zu verstehen. So kann es sein, dass sehr empathische Menschen die Gefühle des Gegenübers nachempfinden, ohne zu verstehen, warum das Gegenüber so fühlt. Wenn beispielsweise ein Kind fröhlich ist und lachend auf seine Mutter zu rennt, dann zaubert das oftmals sofort ein Lächeln auf das Gesicht der Mutter, obwohl die Mutter vielleicht gar nicht weiß, warum das Kind fröhlich ist.

Entstehung von Empathie

Aus wissenschaftlicher Sicht lässt sich die Entstehung von Empathie wie folgt erklären: Durch sogenannte Spiegelneuronen im Gehirn schaltet sich die Intuition ein und der Mensch ahmt automatisch das Wahrgenommene nach. Als hochsensible Spezies nimmt der Mensch auch unbewusst bestimmte Signale wahr, welche dann verknüpft mit bestimmten Assoziationen ein dazugehöriges Gefühl auslösen. In gewisser Weise kann man die Empathie auch als »emotionale Intelligenz« bezeichnen, da wir nicht wissen, welche Gefühle andere Menschen haben. Dennoch ist unser Gehirn durch eben diese emotionale Intelligenz in der Lage, einzelne Signale bestimmten Gefühlen zuzuordnen.

Fähigkeit zur Empathie gesunken

Wir begegnen auf der Arbeit, in Videotelefonaten und in unserer Freizeit jeden Tag Hunderten von Menschen – und nehmen uns dennoch selten Zeit für einen aufmerksamen Blick in ihre Gesichter. Dadurch hat unsere Fähigkeit zur Emotionserkennung, die feinen Nuancen emotionaler Ausdrücke zu erkennen, zu deuten und empathisch zu beantworten, stark abgenommen. Auch die sozialen Medien und mobilen Technologien tragen dazu bei, dass wir uns seltener wirklich aufmerksam ins Gesicht schauen. Studien zeigen, dass fast jede zweite Emotion im Gespräch übersehen wird.

Doch gerade die Emotionserkennung, zum Beispiel mit Blick auf den beruflichen und kreativen Kontext, beeinflusst signifikant den Erfolg von kreativen Prozessen, unsere Innovationsfähigkeit und die Zufriedenheit aller Beteiligten und wirkt sich nachweislich auf eine bessere Teamperformance aus.

Emotionserkennung, die Grundlage von Empathie, ist neben Kreativität eine der wichtigsten Währungen des 21. Jahrhunderts. So erkennen wir, ob dem Kunden das Produkt wirklich gefällt, was Kollegen wirklich von der Idee halten und ob auf der Tonspur etwas gesagt wird, während im Gesicht etwas anderes zum Ausdruck kommt. Oder in der Marktforschung sagt der Kunde im Interview, dass ihm die Anzeige oder das

Werbemittel sehr gut gefällt, während er zugleich einen Ausdruck des Ekels im Gesicht zeigt.

Der Widerspruch von Gesagtem und Gezeigtem kann sehr viele Gründe haben und häufig stecken keine schlechten Absichten hinter dieser Inkongruenz. Die Gründe können wir dabei nur durch Kommunikation erforschen. Mit einer trainierten Emotionserkennungsfähigkeit haben wir die Chance, auf unausgesprochene Einwände empathisch einzugehen.

Hier finden Sie ein paar Impulse, die zeigen, wie Sie insbesondere kognitive Empathie für Kreativprozesse im Marketingalltag nutzen können.

- **Selbstempathie:** Das bewusste Wahrnehmen des eigenen Befindens und der eigenen Bedürfnisse steht an erster Stelle. Denn wenn ich bei allem Trubel und aller Arbeitshektik gar nicht in meinem eigenen »Eisberg« hineinhorche, kann ich auch keine entsprechenden förderlichen Maßnahmen und Strategien für mich selbst entwickeln, um so wiederum auf die eigene kreative Power zuzugreifen. Maßnahmen, um die eigenen Bedürfnisse zu erfüllen, könnten zum Beispiel eine kurze Pause, eine Bewegungseinheit, ein Gespräch oder auch ein kurzes Durchatmen sein. Denn wenn ich selbst gestärkt bin, kann ich auch wieder empathisch mit anderen umgehen, was die Basis einer erfolgreichen Zusammenarbeit ausmacht. Zudem kann ich gestärkt noch besser auf das eigene kreative Potenzial zugreifen (vgl. Kap. 1.1.3 und Kap. 4).
- **Wahrheiten entdecken:** Durch eine genaue Wahrnehmung von Feedback – ganz gleich ob von Kunden, Ideensuchenden Kollegen, Auftraggebern oder anderen Gesprächspartnern – können Sie unausgesprochene Einwände oder andere mimische Signale erkennen, die Sie zu den wahren Empfindungen Ihrer Gesprächspartner führen. So geben Ihnen nonverbale Reaktionen zum Beispiel von Kollegen Rückschlüsse auf ihre wahren Empfindungen.
- **In Resonanz gehen:** Mit dem Erkennen der Emotionen haben Sie die Chance, sich mithilfe einer empathischen Kommunikation auf einer tieferen Ebene mit Ihren Gesprächspartnern zu verbinden und Ihr Gegenüber empathisch zu unterstützen.
- **Vertrauen:** Für den Erfolg eines Kreativteams sind ein gewisses Maß an Vertrauen sowie ein harmonischer Umgang sehr wichtig. Durch ein achtsames und empathisches Miteinander bauen Sie Vertrauen bei Ihrem Gegenüber auf – das kann sowohl im Kreativteam, beim Gespräch mit Kunden, Dienstleistern oder anderen Gesprächspartnern sein. Sie pflegen dadurch auch langfristig gute Beziehungen und schaffen beste Voraussetzungen für vertrauensvolle und freudige Kreativsessions.
- **Verständnis:** Durch das Erkennen von unausgesprochenen Einwandsignalen (Tonspur nicht gleich Mimik und/oder Körpersprache) können Sie Missverständnisse und Konflikte vermeiden.

- **Zielerreichung:** Sie gewinnen Zeit auf dem Weg zu Ihrem »Kreativziel« (z. B. erfolgreiche Ideensammlung, »wahre« Marktforschungsergebnisse, Innovationen kreieren), wenn Sie Emotionen, offene und verdeckte Einwände oder Konflikte direkt und empathisch ansprechen. Am Beispiel eines Marktforschungsprojekts können Sie Widersprüche, die Sie bei den Kunden sehen, ansprechen und so ohne Schleifen und Umwege zu den »wahren« Kundenmeinungen und Mafo-Ergebnissen gelangen.

Wie Sie Ihre Empathie im Workshop gezielt einsetzen können, lesen Sie in Kapitel 5.1.6.

1.5.5 Experteninterview mit Andreas K. Giermaier

Seit 2000 befasst sich Andreas K. Giermaier wissenschaftlich mit gehirngerechten Strategien für Erfolg und Kreativität beim Lernen, im Business und in der Psychologie. Mit seinem zusammen mit Vera F. Birkenbihl gegründeten großen Online-Coaching-Magazin Blog »LernenDerZukunft« erreicht er Zehntausende Leserinnen und Leser und ist dadurch ein Guide durch den Dschungel des Wissens geworden. In seiner HappyBrain-Coachingshow interviewt er zudem regelmäßig die »Großen« der Trainer, Speaker und Coaches. Mehr zu Andreas K. Giermaier finden Sie auf https://lernenderzukunft.com/.

Sarah Remmel: Lieber Andreas, ich habe dich als sehr wissbegierigen und höchst kreativen Menschen kennengelernt. So bist du Experte auf gleich mehreren Gebieten: Du hast einen wirtschaftswissenschaftlichen Hintergrund mit der Spezialisierung in deinem Master auf Online-Marketing, besitzt eine große Expertise in Psychologie und Neurobiologie und hast zugleich auch tiefes Wissen rund um die Themen gehirngerechtes Lernen und gelingendes Leben. Als Wirtschaftspädagoge hast du Konzepte für gehirngerechtes E-Learning analysiert. Du führst regelmäßig Interviews mit führenden Experten auf unterschiedlichsten Gebieten wie beispielsweise Manfred Spitzer, Klaus Bernhardt, Matthias Strolz oder Patric Heizmann. Du schreibst äußerst wissenswerte und kreative Blogbeiträge und bist auch als Coach, Trainer und Speaker sehr gefragt. Ich sehe ganz viel Kreativität in deinem alltäglichen Sein – also starten wir doch mit der Frage, was Kreativität für dich ist.

Andreas K. Giermaier: Das **Ergebnis von Kreativität** ist, etwas Neues, bisher Ungedachtes, Innovatives noch nie in der Form Zusammengeführtes zu erschaffen.

Kreativität als Prozess einerseits ist ein Handwerk, bei dem etwas herauskommt – ob etwas Gutes oder nicht, kann derjenige bewerten, der es erzeugt hat. Allerdings glaube ich, dass der göttliche Funke erst durch die Menge überspringen kann. Denn die kreativsten Menschen sind häufig die fleißigsten: Erst beim 525. Versuch kommt etwas heraus, nicht wenn jemand ein Buch zur Hand nimmt und etwa erwartet, dass mit einer Übung sofort die perfekte Marketingstrategie gelingt – das ist, glaube ich, der falsche Zugang.

Kreativität ist für mich eine **Art Haltung** im Alltag – sich also auch im sogenannten Privatleben bewusst dem kreativen Erschaffen zu widmen.

Und einen weiteren, wichtigen Aspekt sehe ich darin, dass du nicht allwissend sein musst, du musst aber Themen haben, bei denen du wirklich **viel Ahnung** hast. Und das Wissen kann aus allen möglichen Bereichen sein. Das können die Spielzeug-Eisenbahn, Autos, Kindererziehung oder irgendein Hobby sein, wichtig ist eben nur, dass derjenige darin Experte ist. Und neben dem Wissen aus einem Hobbybereich, brauchst du auch ein großes Wissen in deinem Fachbereich, um wirklich kreativ zu sein. Denn es geht darum, diese Bereiche miteinander verbinden zu können. Und für eine solche Verknüpfung braucht es häufig auch solche Techniken, die du in deinem Buch beschreibst.

Sarah Remmel: Vielleicht hast du für die Leserinnen und Leser ein Beispiel für eine solche Verknüpfung von zwei Wissensgebieten?

Andreas K. Giermaier: Wenn man in die Geschichte der Kreativität schaut – viele Erfindungen sind solche sogenannten **Zufallsfunde**. Wie zum Beispiel die Pockenimpfung. Ihre Entdeckung war ein Ergebnis aus der Kombination von Medizin und Melken.

Wie kam es dazu? Bis ins 18. Jahrhundert waren Menschen Infektionskrankheiten wie den Menschenpocken schutzlos ausgeliefert. Der Arzt Edward Jenner hörte, dass Melkerinnen zwar oft an Kuhpocken erkranken, aber nur selten an Menschenpocken! Und so kommt Jenner über Experimente zu dem Ergebnis, dass die Kuhpocken vor den tödlichen Menschenpocken schützen.

Das war ein unglaublich kreativer Prozess, über die Kuhpocken auf die Heilung der Menschenpocken zu kommen. Denn zu dem Zeitpunkt gab es ja noch kein Konzept von »Antikörper«. Man wusste nicht, dass spezifische Abwehrmechanismen im Körper gebildet werden. Deswegen hat es viele Untersuchungen – also Fleiß – und andererseits das Wissen um die medizinischen Komponente gebraucht ... sehr faszinierend. Und solche Beispiele gab es viele in der Geschichte. Du gehst ja auch auf einige in deinem Buch ein.

Und ebenso wichtig war es, dass Jenner die logisch denkenden Schranken unseres Frontalhirns durchbrochen hat. Denn wie sollten rein rational die verschiedenen Bereichen also einerseits Melken und anderseits Medizin zusammenpassen ...

Drogen wie LSD haben genau den Effekt, diese Schranken zu durchbrechen. Daher wird Kreativen auch häufig nachgesagt, sie könnten nur unter Drogen kreativ sein. In gewisser Weise braucht es Drogen tatsächlich. Doch diese können wir uns selbst bauen. Wir brauchen dazu Neugierde und die richtigen Aminosäuren (Tryptophan als Vorläufer von Serotonin und Tyrosin als Vorläufer von Dopamin). Ohne diese beiden geht nichts. Aber mit ausreichender Versorgung und den Mentaltechniken, die du in deinem Buch vorstellst, wird das Drogenlabor im Gehirn aktiviert.

Sarah Remmel: Ja, das stimmt. Auf die Mentaltechniken kommen wir gleich noch zu sprechen. Was sich bei Jenner auch erkennen lässt, ist seine neugierige Haltung, die ihn ebenfalls angetrieben hat.

Andreas K. Giermaier: Ja, Neugier gegenüber dem Leben generell und gegenüber neuen Wissensgebieten. Dieses Zufallsglück tritt häufiger ein, wenn du dem Leben eine Chance dazu gibst. Das heißt auf neudeutsch **Grit**. Grit bezeichnet die Beharrlichkeit (perseverance) und die Leidenschaft (passion) einer Person, langfristige Ziele zu verfolgen, auch wenn diese nur mühselig zu erreichen sind – also Durchhaltevermögen (vgl. Duckworth, 2017; Giermaier, o. J.).

Sarah Remmel: Dran bleiben mit einer wissbegierigen Haltung und dem Ziel vor Augen, frei nach Pippi Langstrumpf: »Das habe ich noch nie vorher versucht, also bin ich völlig sicher, dass ich es schaffe!«

Andreas K. Giermaier: Drei mal drei macht vier ... Ja, ganz genau. Und es kann auch hilfreich sein, sich mit dem Thema zu befassen und dann tatsächlich **etwas anderes zu tun** und das Unterbewusstsein weiter an dem Thema arbeiten zu lassen.

Sarah Remmel: Oh ja, der sogenannten Inkubationszeit vertrauen und sie zu nutzen, indem man das Problem eine längere Zeit »links liegen lässt«.

Andreas K. Giermaier: Ja. Das Beste ist, drüber zu schlafen. Es kann auch eine andere Beschäftigung sein. Dinge sind möglich die **dich ins Jetzt holen** wie zum Beispiel Sport. Das ist besonders gut wegen der schnellen Atmung. Also bei einer kniffligen Aufgabe: Befass dich intensiv damit, such nach allen möglichen Lösungen, informiere dich und mach deinen Kopf komplett voll ... und dann geh schwimmen.

Sarah Remmel: Genau – Schwimmen als Metapher, doch auch als wirkliche sportliche Betätigung. Bewegung ist ja ein Kreativitätsboost. Da finden die Leserinnen und Leser auch einige Tipps zu den Rechts-links-Impulsen oder auch Bewegungen in Kapitel 4.9 »Kreativitäts-Selbstcoaching mit EMDR« und im gesamten Buch.

Andreas K. Giermaier: Kraulschwimmen ist neben den Rechts-links-Impulsen auch wegen der Haptik so wertvoll. Diese Hautmassage regt den gesamten Lymphfluss an. Stell dir zwei Holzschubladen nebeneinander vor, die für zwei Wissensbereiche stehen – durch das Schwimmen wird das Holz durchlässig und eine Verknüpfung wird ermöglicht. Sich locker bewegen wie auch Spazierengehen im Grünen, aber kein Leistungssport wie einen Marathon – das schadet dem Körper eher.

Sarah Remmel: All das sind geniale meditative Tätigkeiten.

Andreas K. Giermaier: Und genau diese Hingabe ist so wichtig. Sich also völlig dem Moment hinzugeben und die Gedanken im Kopf loszulassen. Handy aus und **Demut**! Wahrnehmen, was in der Natur los ist, sich **kindliches Staunen** zu gönnen – das ist der direkte Pfad zur Kreativität. Sich in Zustände zu begeben, die wir aus der Kindheit kennen, dann werden Bereiche im Gehirn getriggert, die damals in der Kindheit aktiv waren ... Das Gleiche passiert bei Spielen auf Facebook und Co., bei denen Gehirnbereiche aktiviert werden, die in der Kindheit aktiv waren.

Sarah Remmel: Das sind tolle Wege in die Kreativität. Raus in die Natur zu gehen, mit allen Sinnen wahrnehmen und achtsam sein oder eben zu spielen wie früher als Kind.

Andreas K. Giermaier: Ja und für den spielerischen Weg ist Schaukeln zum Beispiel super geeignet, beim Schaukeln passiert einiges.

Sarah Remmel: Oh ja , Menschen lachen – zumindest in der Regel entstehen Glücksgefühle.

Andreas K. Giermaier: Das ist Regression im positiven Sinne. Der Schaukelnde ist zurückversetzt in seine Kindheit und in diesem Beispiel konstruktiv. Das geht auch mithilfe von vielen anderen Tätigkeiten, die du damals gerne gemacht hast, wie Benjamin Blümchen hören – das ist sozusagen die Torö-Formel für Kreativität (*lacht*).

Sarah Remmel: (*lacht*) Super, somit haben wir schon einige Erfolgskomponenten, um die Kreativität gehirngerecht und gesund zu entfachen. Da wird für jeden Leser etwas Passendes dabei sein. Über Spielen, kindliches Wahrnehmen und Staunen sich die kindliche Kreativität zurückerobern, zusätzlich über den Aufbau von umfassendem Wissen zu seinem eigenen Fachgebiet sowie auch der Beschäftigung mit fremden Wissensgebieten wie auch Hobbys und auch die meditative Bewegung in der Natur. Und Grit nicht zu vergessen, also dran bleiben und Fehler als Lernerfolge betrachten.

Andreas K. Giermaier: Mangel ist auch gut: sich selber beschränken, wie zum Beispiel beim Kochen mit wenigen Zutaten ...

Sarah Remmel: Das haben wir ja auch in den jüngsten Corona-Zeiten erlebt (vgl. Kap. 2.2.1 »Not macht erfinderisch«). In Sachen Wissensaufbau bist du ja auch Experte. Welche Tipps hast du hier für unsere Leserinnen und Leser?

Andreas K. Giermaier: Die Art und Weise, wie man sich Wissen aneignet, ist entscheidend für den Erfolg. Hier kannst du wunderbare Methoden zur Wissensaneignung nutzen wie ein KAWA (Kap. 5.3.10), Clustering oder auch Zeichnungen – auf neudeutsch Sketchnotes. Im Vergleich zum Auswendiglernen vernetzt sich das Wissen und verankert sich langfristig.

Ein weiterer ganz wichtiger Aspekt fürs Lernen ist, dass wir beim Lernen immer auch Gefühle mit abspeichern. Deshalb gibt es so viele Menschen, die noch Angst vor Mathe haben, weil sie als Kinder Angst oder Sorgen hatten, als sie Mathe gelernt haben. Sich nicht gut zu fühlen und dann versuchen, kreativ zu sein, wird demnach schwer.

Sarah Remmel: Ja, absolut. Angst und Stress sind Gegenspieler von Kreativität. Also braucht es Freude und Spaß bei allem, was wir lernen und kreieren wollen. Auch in meiner Erfahrung ist die gute Stimmung ein wesentlicher Erfolgsfaktor für erfolgreiche Kreativitätsworkshops und Trainings.

Eine einfache Frage möchte ich dir stellen, die auch Hermann Vaske in einem großartigen Filmprojekt, das sich über einen Zeitraum von 30 Jahren erstreckte, kreativen Genies gestellt hat (vgl. Kap. 1.5): Warum bist du kreativ, Andreas?

Andreas K. Giermaier: Das ist der Grund unseres Daseins. Kreativität ist in unseren Gehirnen angelegt, wir sind geboren, um kreativ zu sein.

Neurobiologisch sind wir alle darauf ausgerichtet. Während wir im Erschaffensprozess sind, wird Dopamin als Lustbringer ausgeschüttet. Wenn wir das Ziel erreicht haben, folgt der Serotoninrausch. Wir fühlen uns wie Helden. Dagegen wird der negative Zustand im Körper begleitet durch zu viel Adrenalin und vor allem Cortisol. Das sind unglaublich Rushes über den Tag hinweg. Alleine schon, wenn wir irgendwelche Listen abhaken hat das den gleichen Effekt. Auch im Online-Marketing wird dieser neurobiologische Effekt genutzt – jedes Like etc. ist ein kleines Stößchen Dopamin.

Und wenn dieses neurobiologische Zusammenspiel aufhört, dann befinden wir uns entweder in einem Burn-out oder in einem Bore-out-Zustand. Oder möglicherweise in einer Depression, denn da geht eben auch nichts mehr mit Kreativität. Im Bore-out-Zustand langweilst du dich so sehr, dass du nichts mehr spannend findest.

Sarah Remmel: Ziel ist es also wieder, in den sogenannten Flow (vgl. Kap. 1.5.2) zu kommen, um die eigene Kraft zurückzugewinnen. Und damit auch in die kreative Kraft.

Andreas K. Giermaier: Es gibt natürlich auch Zustände, in denen Kreativität nicht möglich ist. Etwa wenn deine Katze gestorben ist und das alles überschattet. Da hilft dann auch kein Mittel oder Tool. Wenn Kopf und Körper vereinnahmt sind, weil irgend etwas Schlimmes passiert ist, dann hilft in dem Moment eben auch keine Demut oder etwas anderes. Wir können Impulse an die Hand geben, die kreative Lösungen begünstigen.

Sarah Remmel: Du kannst viel selber tun, damit kreative Lösungen wahrscheinlicher werden. Was ist denn dein Geheimnis für mehr Kreativität in besonders stressigen Situationen im Marketingalltag?

Andreas K. Giermaier: Dann mach ich gerne die »Lullsche Leiter«. Raimundus Lullus lebte von 1232 bis 1316. Er hat diese Methode im 14. Jahrhundert niedergeschrieben. Ich verbinde zwei Themen, die absolut nichts miteinander zu tun haben. Nehmen wir mal »Kochen heute Abend« als Problem oder Fragestellung. Wir erstellen dann eine Liste mit Begriffen von A bis Z, wichtig ist dabei, dass wir Ahnung von diesem Thema haben. Nehmen wir einfach mal als Beispiel eine Tierliste. Bei K wie Kochen steht hier etwa Känguru. Und schon kommen Ideen: Känguru, Bauch – da fällt mir ein Gericht mit Teig drumherum ein. Das Känguru lebt in Australien – also australische Spezialitäten kochen usw. Fakt ist, dass wir Wissen über das Känguru haben müssen, denn ohne das könnten wir nicht auf Ideen kommen.

Die Methode hilft für alltägliche Fragestellungen im Job und auch privat. Zum Beispiel »Was mache ich am Wochenende?« – Dann kannst du L wie Langeweile nehmen und in der Tierliste steht L wie Löwe. Löwe ist ein Fleischtiger, wir könnten also ins Steakhouse gehen. Er läuft gerne durch die Steppe, also könnten wir joggen gehen ... Egal, was dir einfällt, es kommt aus dir und ist damit eine wertvolle Idee aus deinem Unterbewusstsein. Denn im Bewusstsein gibt es keine Kreativität. Sonst wäre es nicht neu und damit nicht kreativ.

Sarah Remmel: Super, danke für deine wertvollen Tipps und die Beispiele. Die Leserinnen und Leser finden im Buch sowohl die Reizwortmethode (Kap. 5.3.8) als auch die ABC-Technik (Kap. 5.3.9) nach Vera F. Birkenbihl, die auf das Lullsche-Prinzip zurückgehen.

Du hattest ja auch Mentaltechniken angesprochen, die uns helfen, die rationalen Schranken zu durchbrechen und damit unsere Kreativität anzuzapfen. Welche Mentaltechniken kannst du persönlich den Lesern empfehlen, um im Marketingalltag noch kreativer zu sein?

Andreas K. Giermaier: Hypnose finde ich sehr hilfreich ebenso wie Achtsamkeitsmeditation – Alles, womit wir unseren inneren Kritiker oder Schweinehund ruhigstellen. Mein Tipp ist hier, den inneren Kritiker nicht als Feind anzusehen, sondern Freundschaft mit ihm zu schließen. Dieser Anteil in uns will uns ja eigentlich nur etwas Gutes.

Und wenn wir Frieden mit ihm finden, ist es besser, denn sonst stoßen wir ja Cortisol aus und haben damit Stress.

Und ein weiterer Impuls für die Leserinnen und Leser: Nutzt Spiegelneuronen! Falls ihr euch etwa mit einem vermeintlich langweiligen Thema befassen »müsst«, sucht einfach Menschen, die begeistert von dem Thema sind, und lasst euch davon anstecken. Dann wird jedes Thema spannend ... Science Slams über das Schneckenhirn oder andere abwegige Themen ... Eine verwandte Technik besteht darin, absichtlich Themen auszuwählen, die einen zunächst eher nicht interessieren, um die eigene »Insel zu erweitern«, also Wissensfäden bzw. Neuronenbahnen anzulegen in Gebieten ohne Vorwissen. Das ist ein gutes Mittel gegen Demez und auch genial in Bezug auf unsere Kreativität.

Sarah Remmel: Vielen Dank, lieber Andreas, für deine vielseitigen Insights und wertvollen praktischen Tipps. Damit können die Leserinnen und Leser ihrer Kreativität noch besser auf die Sprünge helfen.

1.6 Kreativität und Innovationen

»Hierzulande musst du so schnell rennen, wie du kannst, wenn du am gleichen Fleck bleiben willst.«
Rote Königin aus »Alice im Wunderland«

Ähnlich wie es die Rote Königin in »Alice im Wunderland« ausdrückt, sind Unternehmen heute mehr denn je gezwungen, sich zu bewegen und zu innovieren, wenn sie nicht vom Markt verschwinden wollen. Doch was heißt eigentlich »innovieren«, wie hängen Innovationen mit Kreativität zusammen und welche Innovationsarten können wir unterscheiden? Das betrachten wir näher in den beiden Folgeabschnitten.

1.6.1 Definitionsansätze

Innovation und Kreativität werden häufig im gleichen Atemzug genannt. Worin besteht hier der Zusammenhang? Eine Innovation kann nur durch einen kreativen Prozess entstehen – Innovation leitet sich aus dem Lateinischen *innovatio* – »neu Geschaffenes« – ab. Der Begriff *Innovation* wird im Sinne von neuen Ideen und Erfindungen und deren wirtschaftlicher Umsetzung verwendet.

Auch hier finden sich zahlreiche Definitionen. Laut dem Business Dictionary ist Innovation der Prozess, durch welchen eine Idee oder eine Erfindung in ein Produkt (oder Service) übersetzt wird, für das die Leute zu zahlen bereit sind (Business Dictionary, o. J.).

Innovation folgt demnach auf Kreativität und liegt dann vor, wenn sie beispielsweise in einen Markt eingeführt wird oder in einem anderen Kontext und auch Nutzen bringt.

1.6.2 Innovationsarten

Auch lassen sich verschiedene Innovationsarten unterscheiden. Dabei werden als Dimensionen meist der Neuigkeitsgrad und die Auswirkungen auf den Markt angelegt.

Die **erste Stufe** ist demnach die **inkrementelle Innovation**: Sie beschreibt eine Veränderung bestehender Produkte, Dienstleistungen, Geschäftsmodelle oder Prozesse. Es geht somit darum, Eigenschaften hinzuzufügen oder zu verbessern, Kostenreduzierungen zu bewirken und Produkte oder Dienstleistungen konkurrenzfähiger zu machen. Die Erweiterung von Speicherkapazitäten für ein Smartphone oder auch die neue Version eines bestehenden Automobilmodells sind Beispiele für inkrementelle Innovationen.

In einer **zweiten Stufe** lassen sich **radikale Innovationen** beobachten. Sie bezeichnen komplett neue Produkte oder Dienstleistungen, die es bis dahin nicht gab. Beispielsweise war die Erfindung und Einführung des iPhones revolutionär für den Markt.

> »Radical innovations transforms the relationship between customers and suppliers, restructures marketplace economics, displaces current products and often creates entirely new product categories« (Leifer, 2000).

Innerhalb der radikalen Innovationen lassen sich weitere, feinere Unterscheidungen treffen, nämliche **semiradikale Innovationen**, die sich entweder auf die Technologie oder den Neuigkeitswert allgemein beziehen. So sind Car-Sharing-Modelle eine semiradikale Innovation, denn sie sind vom Geschäftsmodell und nicht von der Technologie getrieben. Genauso existieren semi-radikale Innovationen, die technologiegetrieben sind, wie beispielsweise die Einführung eines Elektromotors aus Sicht eines Automobilherstellers.

In den vergangenen Jahren wird zunehmend von den **disruptiven Innovationen** – die **dritte Stufe** – gesprochen. In diesem Zusammenhang wird auch häufig die sogenannte schöpferische Zerstörung als Basis für Innovation, unternehmerisches Wachstum und Wohlstand genannt, die auf den österreichischer Ökonom Joseph A. Schumpeter zurückgeht (vgl. Frambach et al., 2019). Ursprünglich bezog sich die schöpferische Zerstörung auf Volkswirtschaften, sie lässt sich aber ebenso auf einzelne Unternehmen, Technologien oder Produkte und Dienstleistungen anwenden.

Die Kernaussage lautet, dass »*jede ökonomische Entwicklung (im Sinne von nicht bloß quantitativer Entwicklung) auf dem Prozess der schöpferischen bzw. kreativen Zerstörung aufbaut. Durch eine Neukombination von Produktionsfaktoren, die sich erfolgreich durchsetzt haben, werden alte Strukturen verdrängt und schließlich zerstört. Die Zerstörung ist also notwendig – und nicht etwa ein Systemfehler –, damit Neuordnung stattfinden kann*« (vgl. Frambach et al., 2019).

Somit wird deutlich, dass disruptive Innovationen weitreichende Veränderungen im gesamten Markt oder auch in der Gesellschaft hervorrufen. Sie greifen Bestehendes an und verändern so grundlegend die alten Spielregeln, erfinden komplett neue Märkte und verändern auch das Kundenverhalten. Oftmals waren es in jüngster Vergangenheit Start-ups, die zu solchen disruptiven Veränderungen in den Märkten geführt haben. Dieser Prozess kann soweit gehen, dass bestehende Produkte und Dienstleistungen nicht mehr benötigt und nachgefragt werden und somit bestehende Player vom Markt verdrängen. Nehmen wir Netflix als Beispiel: Mit dem innovativen Geschäftsmodell geraten Videoverleihe, Presswerke in massive Existenzschwierigkeiten, während Netflix und andere Anbieter riesige Markterfolge verzeichnen. Als weiteres Beispiel für disruptive Innovationen sei die Digitalfotografie genannt, die die klassische Filmfotografie vom Markt verdrängt hat. Musik-Streamingdienste haben ebenfalls ihren Markt verändert: Mit der Erfindung des MP3-Formats zur Digitalisierung von Musik brauchte es ferner keine CDs mehr, um Musik vom Musiker zum Musikhörer zu bringen. Auch unter dieser disruptiven Veränderung gab es Gewinner wie Napster oder Spotify und bestehende Marktbeteiligte wie Sony, Warner, EMI oder Universal, die auf der Verliererseite standen.

Die folgende Abbildung zeigt die Innovationsarten.

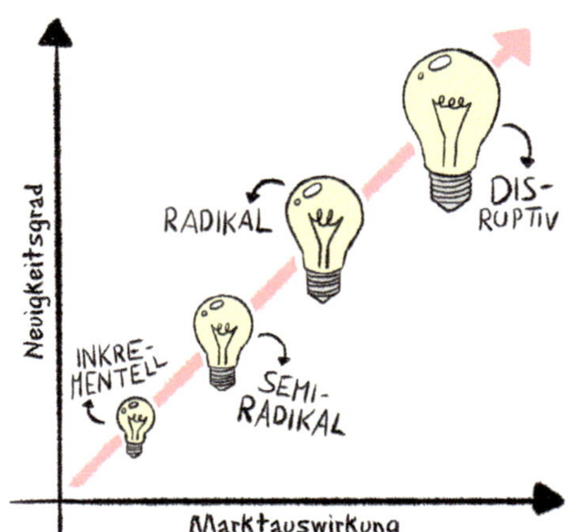

Abb. 10: Innovationsarten

1.7 Kann Künstliche Intelligenz im Marketing kreativ sein?

Bedeutung und Situation im Marketing
Widmen wir uns zunächst der Bedeutung von Künstlicher Intelligenz (KI): Sie ist ein Forschungsgebiet, das Mechanismen entwirft, mit denen Computersysteme intelligentes Verhalten entwickeln können. Diese Systeme sollen befähigt werden, Aufgaben und Probleme zu lösen, die »menschliche« Intelligenz erfordern.

Diese selbstlernenden Maschinen finden auch Einzug in kreative Bereiche. So unterstützt Künstliche Intelligenz (KI) Redakteure bei der Texterstellung, schreibt eigenständig Texte zu Marketing und Werbekampagnen, zeichnet Bilder im Stile bekannter Künstler oder kreiert neue Drehbücher auf der Basis vorhandener Storys.

Kernfrage: Kann KI kreativ sein?
Doch wo liegen die Grenzen von KI in kreativen Bereichen und kann sie so kreativ wie wir Menschen sein?

Kreativität bedeute, etwas Neues und auch Unerwartetes zu erschaffen – doch alles, was programmiert ist, hat ein bestimmtes kalkuliertes Ziel – das scheint im Widerspruch zu wirklicher Kreativität zu stehen.

Das Thema wird kontrovers diskutiert. Ein Lager ist überzeugt, dass KI auch in Zukunft nicht dazu fähig sein wird, die menschliche Schöpferkraft zu ersetzen. Für andere ist es nur eine Frage der Zeit, dass Maschinen vielleicht sogar noch kreativer als wir Menschen sein werden.

Die Art der Kreativität ist entscheidend
Wie wir bereits in Kapitel 1.2 »Und was ist dann Kreativität?« gesehen haben, existieren zahlreiche Definitionen und Kategorisierungen von Kreativität. Und genau die sind bei der Beantwortung der Frage, ob KI kreativ sein kann, entscheidend. Nehmen wir die Unterteilung in die explorative, kombinatorische und transformative Kreativität und schauen uns hierzu KI-Beispiele aus dem Marketing an.

1.7.1 Explorative Kreativität

Werfen wir zunächst einen Blick darauf, wie KI in der ersten Stufe der explorativen Kreativität performt: In einigen Marketingbereichen kann KI auf dieser niedrigen Stufe Kreativität bereits gut simulieren, vor allem überall dort, wo es ein sehr begrenztes Set an Regeln gibt.

Hier ein paar Beispiele für explorative Kreativität (Schwab, 2018): So kann KI Texte erstellen, die nach einem bestimmten Schema aufgebaut sind, und so durchaus auch im Marketing-Texter und Journalisten bei ihrer Arbeit unterstützen. Künstliche Intelligenz kann trainiert werden, um herauszufinden, welche Claims, Werbe- oder Verpackungstexte gut funktionieren, und sie kann selbstständig neue Varianten texten. Die Autoren Dr. Christian Scheier und Dr. Dirk Held führen in ihrem Buch »Künstliche Intelligenz in der Markenführung« unter anderem das Beispiel der Agenturen The&Partnership und Visual Voice auf, die auf dieser Basis einen TV-Spot von Lexus kreierten. Hierzu wurde die KI mit Award-Winning-Kampagnen gefüttert, um die Muster zu verinnerlichen. Die KI hat hier typische Muster einer erfolgreichen Kampagne studiert und konnte daraus eine neue Variante erschaffen (Video: https://www.youtube.com/watch?v=l91ehyqFca8) (Scheier & Held, 2019). Scheier und Held berichten von einem weiteren Erfolgsbeispiel bei JP Morgan Chase: Hier konnte in einem Pilotprojekt eine KI als Texterin für digitale Werbemittel einen vergleichsweise größeren Erfolg als ihre menschlichen Kollegen verzeichnen. Die digitalen Werbemittel erreichten eine bis zu 100 % höhere Klickrate (Scheier & Held, 2019).

Auch eine KI-Assistenz im Bereich Audiomarketing zum Beispiel in der Radiowerbung ist möglich: Adobe VoCo – das Photoshop für Sprache – kann Stimmen komplett nachahmen. Hierzu muss das System dem Menschen 20 Minuten zuhören und kann danach auch Wörter, die nicht eingesprochen wurden, aussprechen.

Darüber hinaus kann KI im Grafikbereich unterstützen: Generative Adversarial Networks können durch Beschreibungen fotorealistische Bilder generieren.

Das Spiel »Malen nach Zahlen« nimmt mithilfe der KI zudem neue Dimensionen an: Das Produktdesign-Unternehmen Cambridge Consultants hat auf Basis des Generative Adversarial Networks ein System namens Vincent entwickelt, das in der Lage ist, auf dem Tablet gemalte Skizzen wie ein Gemälde eines Renaissance-Künstlers aussehen zu lassen. Hierzu wurde es zuvor mit den Stilen der wichtigsten Maler des 15. und 16. Jahrhunderts gefüttert. Diese Beispiel zeigen, dass es denkbar ist, dass die KI das Marketing im Grafikbereich unterstützen könnte.

Produktdesign ist ein weiteres Feld, das bereits von der KI erobert wurde: Bauteile mit einer bestimmten Funktion werden mit dem CAD-System Dreamcatcher von Autodesk in zahlreichen Designoptionen dargestellt.

Die Beispiele beweisen, dass somit einige »einfach kreative« Optionen für Marketingbereiche denkbar sind: Sie können jeweils durch intelligente Computersysteme gefüttert werden, um etwa Grafiken, Texte, TV oder Radio-Spots zu erstellen. So kann etwas »Neues« erschaffen werden, was Nutzen bringt. Dieses Neue bewegt sich jedoch innerhalb eines sehr eng gesteckten Rahmens, es ist somit eben nicht außergewöhnlich kreativ, sondern explorativ.

Dazu kommt: Nicht alle Beispiele auf dieser explorative Ebene scheinen direkt so zu funktionieren, wie es geplant war. Microsoft entwickelte den Twitter-Chatbot Tay.ai, der programmiert wurde, um andere Twitter-Anwender im Teenageralter zu simulieren. Als einige User den Chatbot durch sexistische und hasserfüllte Aussagen zu sabotieren versuchten, fehlte dem System die Möglichkeit, dies zu erkennen. Und genau hier zeigten sich die Grenzen der KI: Das Ersetzen der menschlichen Kreativität ist nur bedingt möglich, weil diese eine zu hohe Komplexität für das programmierte System hat. KI kann nicht wie ein Mensch ethische Entscheidungen treffen und die Komplexität von Sprache in allen Dimensionen begreifen (Jaedtke, 2019).

1.7.2 Kombinatorische Kreativität

Kombinatorische Kreativität nähert sich einer höherer Kreativität. Es werden zwei fremde Ideen miteinander verknüpft, um etwas Neues zu kreieren.

Ein bekannter Ansatz aus dem Jahr 2015 ist der KI-Chefkoch Watson, den IBM entwickelt hat. Das Unternehmen schaffte es gemeinsam mit dem Institute of Culinary Education, dass Watson neue und zugleich zumeist schmackhafte Rezepte kreierte. Dazu wurde Watson entsprechend mit Geschmacksalgorithmen und zahlreichen Rezepten gefüttert (Jaedtke, 2019).

Soweit so gut – doch wie sieht es mit anderen Beispielen aus dem Marketingbereich aus? Kann KI beispielsweise neue und noch nicht vorhandene Namen für Produkte erfinden? Die Forscherin Janelle Shane wollte das herausfinden und zudem die Frage klären, ob KI auch neue und zugleich nützliche Farben kreieren kann. Hierzu fütterte sie die KI mit Namen von insgesamt 7.700 existierenden Farben und den zugehörigen RGB-Farbräumen. Die Ergebnisse waren eher enttäuschend für das Forscherteam. Sie waren zwar kreativ, jedoch nicht passend zu den jeweiligen Farbtönen (Jaedtke, 2019).

1.7.3 Transformative Kreativität

Auf der Stufe der kombinatorischen Kreativität (Kap. 1.7.2) gibt es nur sehr bedingte Erfolge. Entsprechend hat bisher keine KI die höchste Stufe der Kreativität – auf der mit bestehenden Regeln gebrochen wird – erreichen können und wird es vermutlich auch nie. Die transformative Kreativität scheint nur dem Menschen möglich zu sein. Sie liegt dem Mensch im wahrsten Sinne des Wortes im Blut. Als Gründe hierfür werden Körperlichkeit, Individualität und Subjektivität, Bewusstsein, das Unbewusste und Sinnlichkeit genannt, die es braucht, um Regeln zu brechen und transformative Veränderungen zu ermöglichen (Vey, 2018).

Insbesondere der in Kapitel 1.5.3 »Kreativität und unsere Emotionen« beschriebene enge Zusammenhang von Kreativität und Emotionen verdeutlicht, dass nicht-fühlende Computersysteme zu einer solchen Kreativität nicht in der Lage sein können. Und auch empathisches Verhalten lässt sich kaum programmieren. Zwar gibt es bereits KI, die Menschen dabei unterstützt, in Gesichtern zu lesen, doch sind die Systeme nicht in der Lage, in Resonanz mit dem Gegenüber zu gehen. Und gerade Empathie, Einfühlungsvermögen und Kommunikation spielen in kreativen Prozessen eine bedeutende Rolle (vgl. Kap. 5.1.4 »Das Design-Thinking-ABC«). Nachzuempfinden, wie sich der Kunde fühlt, wenn er ein Produkt nutzt oder ein Problem hat, das kann keine Maschine.

Von emotionalen Zuständen in Verbindung mit der Erschaffung ihrer Meisterwerke berichten auch einige der kreativen Interviewpartner von Hermann Vaske (vgl. Kap. 1.5.1 »Der menschliche Kreativitätsdrang«), wie der Regisseur Toney Kaye, der sich als Getriebener beschreibt, der Dinge erschafft, um sich besser zu fühlen. Oder Mario Adorf, der kein weißes Blatt Papier sehen kann (Vaske, 2018).

Steve Jobs geht auf das »Unbewusste« des kreativen Menschen ein, indem er sagt, dass kreative Leute *»nur etwas gesehen haben, das ihnen nach einer Weile offensichtlich erschien«*. Die kreative Inkubationszeit beschreibt dieses »Nichts« bzw. das menschliche Unterbewusstsein, aus dem plötzlich die Ideen zu kommen scheinen (vgl. Kap. 1.1.3 »Kreativität lebt von Geistesblitzen«). Auch Hans Zimmer bekräftigt einen Zusammenhang zwischen Spiritualität und Kreativität, den er in seinen Meisterwerken erfährt.

Fazit

Eine Maschine hat weder diese beschriebenen Gefühle noch ein Unterbewusstsein – und das lässt sich auch nicht programmieren. Daher wird Künstliche Intelligenz nach meiner Überzeugung die höchsten kreativen Fähigkeiten eines Menschen kaum ersetzen können. Zu diesem Konsens finden auch die fünf Nobelpreisträger May-Britt Moser, Edvard Moser, Randy Schekman, Michael Levitt, Carl Wieman, die 2015 diese Frage diskutierten (Nobel Prize, 2015).

Die KI-Experten Kathleen Jaedtke und Nico Litzel betonen zudem, dass es bei der KI nicht darum geht, eine dem Menschen ähnliche Superintelligenz zu schaffen, sondern spezialisierte KIs zu entwickeln, die jeweils in ihrem abgesteckten Feld nützliche Leistungen erbringen (Jaedtke, 2019).

Bei den aufgeführten Beispielen lässt sich erkennen, dass KI auch in einem bestimmten vor allem »explorativen« Maß kreativ sein kann und somit auch in Marketingbereichen gewinnbringend unterstützen kann. Sie kann jeweils neue Versionen oder Varianten innerhalb eines festgesteckten Rahmens entwickeln.

Klaus Schwab – geschäftsführender Gesellschafter der Plan.net-Agenturgruppe – ist davon überzeugt, dass KI als Inspirationsquelle im Marketing dienen kann. Ebenso als eine Art Zuarbeiter, der beispielsweise erste Layout-Vorschläge entwirft. Eine weitere mögliche Rolle sieht er in der KI als Kontrollinstanz, die am Ende eines Kreativprozesses prüft, ob die Werbemittel den CI-Richtlinien entsprechen (Mozart, 2019).

Diese partnerschaftlichen Rollen von KI-Systemen scheinen prädestiniert für das Marketing zu sein, doch wirkliche neue, unerwartete, kreative Werke erschaffen die Menschen, die die Künstliche Intelligenz füttern und als Pinsel und kreative Muse nutzen.

2 Kreativitätskiller und Erfolgsfaktoren der Kreativität

Was Sie in diesem Kapitel erwartet!

Um die Kreativität wirklich zu leben und auszuschöpfen – sei es privat oder im Unternehmen –, braucht es im Grunde nur zwei Zutaten oder auch Bausteine:

1. »**Let it happen!**«: Zum einen gilt es, sämtliche Hürden abzubauen, die kreativem Arbeiten im Weg stehen, um so der Kreativität überhaupt Raum zu geben. Das bedeutet auch, kreative Erfolgsfaktoren zu nutzen. Schauen Sie also nicht nur darauf, was Kreativität verhindert, sondern auch, was sie fördert! Hier gilt das erste Prinzip »Let it happen!« – also **lass** Kreativität zu.
2. »**Make it happen!**«: Zum anderen ist es hilfreich, mit Kreativitätstechniken innovativen Ideen auf die Sprünge zu helfen. Das entsprechende Motto lautet hier »Make it happen!« – also **mach** es geschehen (vgl. Abb. 11).

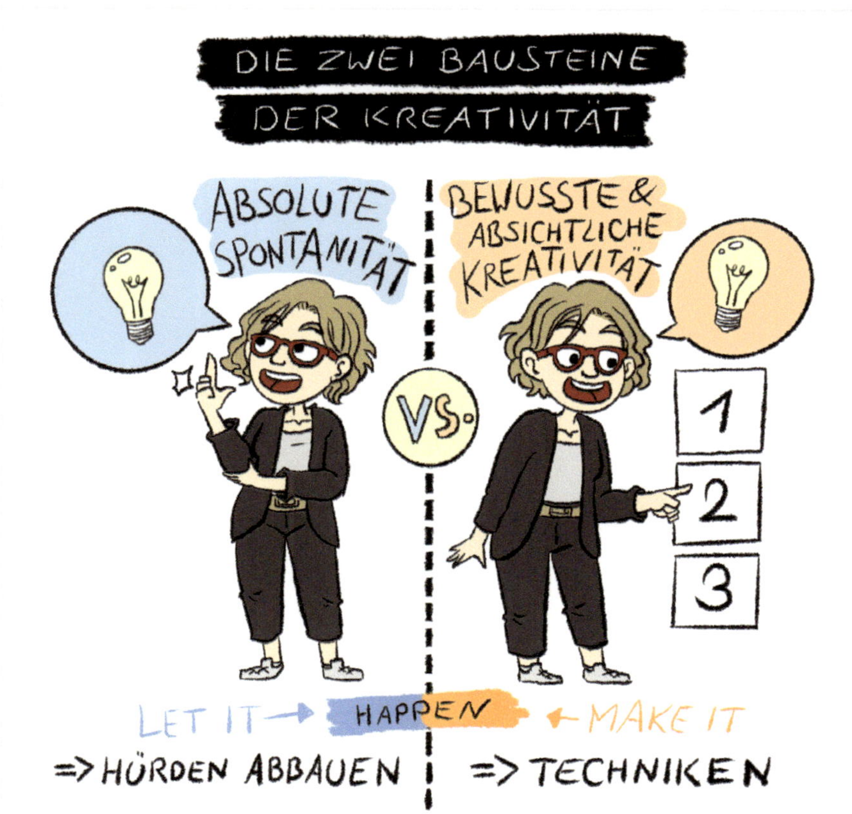

Abb. 11: Die zwei Bausteine der Kreativität

Den ersten Baustein – also die Kreativitätskiller und Erfolgsfaktoren – schauen wir uns in diesem Kapitel genauer an. Im nachfolgenden Kapitel 3 erfahren Sie, wie Sie die entsprechenden Rahmenbedingungen im Unternehmen und auch als Einzelperson schaffen können, um die Hürden aus dem Weg zu räumen und die Erfolgsfaktoren umzusetzen. Mit dem zweiten Baustein der Kreativität – den Techniken – befassen wir uns in Kapitel 5.

2.1 Kreativitätskiller im Arbeitsalltag

Gerade in Unternehmen erlebe ich immer wieder viele »Steine«, die kreativem Arbeiten und damit auch Innovationen in den Weg gelegt werden und die Mitarbeiter und auch das ganze Unternehmen »erdrücken« können. Doch das Gute ist, dass sich diese Steine – selbst wenn es sich um große »Hinkelsteine« handelt – aus dem Weg räumen lassen. Dafür braucht es auch keinen Obelix mit einem Zaubertrank, sondern im ersten Schritt eine bewusste Wahrnehmung jedes Einzelnen. Das verändert bereits sehr viel. Wissen ist die Basis von »bewusster« Wahrnehmung. Schauen wir uns daher die häufigsten »Steine« im Marketing und im Unternehmensalltag genauer an, um zu erfahren, wie Sie diese Hinkelsteine entsprechend zu Kieselsteinen reduzieren oder auch ganz loswerden können.

Abb. 12: Die häufigsten Kreativitätskiller

2.1.1 Kritik

Kritik ist einer der größten Kreativitätskiller überhaupt! Und das gemeine dabei: Sie kann ganz subtil daherschleichen und dies nicht nur in Gestalt einer verbalen kritischen Äußerung des Kollegen oder Vorgesetzten. Sehr häufig wird Kritik nonverbal geäußert, über unsere Mimik und Körpersprache, ganz nach dem Motto »Wenn Blicke töten können ...«. Ein Augenverdrehen oder ein einseitig eingepresster Mundwinkel zeigen Verachtung im Gesicht eines Gegenübers. Dazu gehören auch die Killerphrasen, die in Meetings und Gesprächen omnipräsent sind. Die folgenden Bemerkungen sind Ihnen bestimmt auch schon einmal wie Steine in den Weg gelegt worden:

»Dafür haben wir kein Budget!«

»Das haben wir immer so gemacht!«

»Keine Zeit!«

Warum sollte noch jemand Ideen äußern, wenn er Gefahr läuft, kleingemacht zu werden. Dann lieber auf Nummer sicher gehen und nichts sagen ...

Der innere Kritiker
Nicht zu unterschätzen ist einer der größten Kritiker überhaupt, den es in jedem Unternehmen gibt und dem jeder Mensch bereits persönlich, ob bewusst oder unbewusst, begegnet ist: der innere Kritiker!

Hier nur einige typische Gedanken dieser kritischen, inneren Stimme:
- »Meine Idee ist nicht gut genug!«
- »Ich könnte mich blamieren!«
- »Das lässt sich eh nicht umsetzen!«

Kritik von außen und innen gehen dabei Hand in Hand – das lässt sich auch an diesem Beispiel gut erkennen: Wenn junge Menschen nach ihrem Studium oder ihrer Ausbildung frisch in den Job einsteigen oder Praktikanten erste Berufserfahrungen machen, sprühen sie nur so vor Ideen. Doch was passiert häufig mit der Zeit? Zu viele kritische Stimmen von außen können auch den inneren Kritiker größer machen, der uns davon abhält, neue Ideen zu äußern oder auch zu entwickeln. Teilweise resignieren Menschen in Unternehmen, die dadurch riesige Innovationspotenziale einbüßen. Daher ist es extrem wichtig, die Kritik bewusst wahrzunehmen und damit bereits gegenzulenken. Eine vermeintlich kleine Stellschraube mit großer Wirkung auf den kreativen Erfolg! Kreative Wege, um die Killerphrasen in Meetings und Kreativsessions zu reduzieren, finden Sie in Kapitel 3.2.4 »Killerphrasen vermeiden«.

Beide Formen der Kritik, die innere und die äußere, führen mitunter auch zu Stress und Angst. Schauen wir uns diese beiden Killer im nächsten Abschnitt genauer an.

2.1.2 Angst und Stress

»Kreativität erfordert den Mut, alle Sicherheit fahren zu lassen.«
Erich Fromm

In Kapitel 1.5.3 »Kreativität und unsere Emotionen« haben wir uns bereits die Emotionen näher angeschaut und festgestellt, dass jede Emotion wichtig und wertvoll ist. Und alle Emotionen begleiten uns im Arbeitsalltag ständig und steuern unser Verhalten, Denken und Empfinden. Wir lassen sie schließlich nicht zuhause, sondern sie begleiten uns ins Büro. Insbesondere Angst kann unsere Kreativität stark negativ beeinflussen.

Angemessene Angst schützt, unangemessene blockiert
Angst hat die wichtige Funktion, unser Verhalten so zu steuern, dass wir uns sicher fühlen. Wenn wir Sorge, Angst oder sogar Panik vor einer Präsentation haben, werden wir mit Sicherheit nicht unvorbereitet in den Termin gehen, sondern entsprechend in die Vorbereitung investieren, um unsere Angst zu reduzieren und ein sicheres Gefühl zu bekommen. Hierbei handelt es sich um eine angemessene Angst, die uns schützt!

Sie kennen mit Sicherheit das Gefühl, dass eine Sorge in keinem rationalen Verhältnis zu den Tatsachen steht. Beispielsweise weiß jemand, der unter Redeangst leidet, rein rational, dass eigentlich nichts »Schlimmes« passieren kann. Oder eine Führungskraft, die unter »Druck« steht, weiß, dass hier niemand »stirbt«. Doch die Sorge oder Angst fühlt sich meist schlimmer an, als es in der Konsequenz sein wird. Genau in solchen Situationen ist die Angst nicht mehr funktional bzw. angemessen, denn sie hemmt uns eher, als dass sie uns Sicherheit bringt. Diese unangemessene Angst blockiert uns und wir fühlen uns gestresst. Dieser Stress hat auch viele körperliche Folgen: Bei Stress wird Cortisol ausgeschüttet, mit dem Effekt, dass unser Raum für Ideen eingeschränkt wird (vgl. auch Kap. 2.2.11 »Entspannung und Tagträumen«).

Diese »dysfunktionale«, unangemessene Angst und der Stress sind absolute Gegenspieler von Kreativität. Das Problem ist, dass sie häufiger im Unternehmensalltag vorkommen, als viele vermuten. Angst oder generell Emotionen sind nämlich in der Tat »ansteckend«. Wenn beispielsweise Führungskräfte Angst vor irgendeinem zukünftigen Event haben (strukturelle Veränderung in der Abteilung, Druck von oben usw.), dann werden Mitarbeiter unbewusst mit dieser Angst »angesteckt«. Auch wenn die

Führungskraft etwas anderes mit Worten aussagt, können Spiegelneuronen auf die Belegschaft förmlich »überspringen« und für (dysfunktionale) Angst bei den Mitarbeitern sorgen.

Daher ist es besonders wertvoll, ein Bewusstsein für diese »Ansteckungsgefahr« zu schaffen und sich klar zu machen, dass jeder Einzelne etwas für sein eigenes Emotions- bzw. Stressmanagement tut.

Video-Tipp: Emotionen sind ansteckend

Joelle Hadley inspiriert uns in ihrem TED-Talk »Emotions are Contagious: Spreading Emotional Intelligence«, emotionale Intelligenz zu verbreiten, und zeigt auf, wie ansteckend unsere Emotionen sind (Hadley, 2016).
Siehe: https://www.youtube.com/watch?v=5E-WzUmFJSA

Übung: Achtsamkeit

Ganz nach dem Motto »Mutig ist nicht derjenige ohne Angst, sondern derjenige, der trotz Angst etwas wagt«, finden Sie hier eine Achtsamkeitsübung, die Sie alleine und auch gemeinsam mit Kollegen machen können.

- Nehmen Sie die Angst bewusst wahr!
- Führen Sie sich vor Augen, warum das, was Sie tun wollen, wichtig ist – so wichtig, dass Sie es trotz Ihrer Angst riskieren wollen. Zum Beispiel in einem Meeting eine Idee vorstellen, obwohl es viele Gegner im Raum gibt.
- Der Austausch mit vertrauten Personen hilft dabei, andere Perspektiven zu gewinnen.

Weitere Tipps und Übungen für Ihr Emotionsmanagement finden Sie in Kapitel 4 »Selbstcoaching und Mentaltechniken«.

2.1.3 Zeitdruck oder fehlende Zeitvorgaben

»Das Gras wächst nicht schneller, wenn man daran zieht.«

In Sachen Zeitvorgaben scheinen sich die Geister zu scheiden: In meinen Kreativitätsseminaren höre ich regelmäßig Teilnehmerstimmen, die von engen Zeitvorgaben überzeugt sind, andere meinen, maximaler zeitlicher Freiraum hilft ihnen, wirklich kreativ zu arbeiten. Und in der Tat haben beide Lager Recht!

Im Kreativitätsprozess ist es extrem wertvoll, Zeit zu haben und »herumzuspinnen« und sich nicht dauerhaft unter Druck und gestresst zu fühlen. Das betrifft insbesondere die Anfangsphase, aber auch den weiteren Kreativprozess, um auch die Möglichkeit zu haben, »alte« Ideen fallen zu lassen, wenn man noch bessere im weiteren Verlauf entdeckt hat. Bei zu großem Zeitdruck kann die Zeit sonst am Ende fehlen, wenn die einzige und erste Idee nicht aufgeht (vgl. Kap. 5.2.4 »Teamwork mit der Marshmallow Challenge«).

Doch genauso wichtig ist es, mit Zeitvorgaben zu arbeiten. Denn gerade ein zeitlicher Rahmen hilft uns, zielorientierter, effektiver und effizienter vorzugehen. Nach meiner Erfahrung ist man dann weniger in einem »Trödelmodus« und widmet sich weniger »Neben-Baustellen«, sondern bleibt fokussiert auf die Prioritäten. Sie kennen vermutlich auch sehr lange Meetings, die man in der Hälfte der Zeit mit noch besseren Resultaten durchführen könnte.

Ein gesunder Mittelweg ist also optimal: Für das kreative Arbeiten und einzelne Aufgaben sollte es einen zeitlichen Rahmen geben, jedoch sollte sich keiner dauerhaft gehetzt fühlen.

! **Praxistipp: TimeTimer® Tischuhr für Kreativsessions**

Insbesondere bei der gemeinsamen Anwendung von Kreativitätstechniken zahlt es sich aus, konkrete zeitliche Vorgaben zu machen. So können Sie Zeit gewinnen, denn alle Ideensuchenden konzentrieren sich auf das Wichtigste und rutschen weniger in nicht zielführende Diskussionen ab! In solchen Kreativrunden hat sich ein sogenannter TimeTimer® bewährt. Das ist eine große und damit für alle gut sichtbare Countdown-Tischuhr (z. B. 30 × 30 cm oder auch 44 × 44 cm), die mit einer roten Scheibe anzeigt, wie viel Zeit noch übrig ist. Diese Scheibe lässt sich auf bis zu 60 Minuten einstellen und verschwindet mit Ablauf der Zeit. Das hilft sehr, um die Zeit buchstäblich im Auge zu behalten. Und sie ist angenehm, da sie die Teilnehmer nicht durch Ticken oder ähnliche Geräusche irritiert bzw. stresst. Und der Moderator oder »Zeitwächter« hat es einfacher, auf die noch verbliebene Zeit zu verweisen. Zum Ablauf der eingestellten Zeit kann man zusätzlich einen Ton einstellen.

Diese Uhr hilft natürlich auch, wenn Sie alleine an einer Aufgabe tüfteln, insbesondere bei Arbeiten, die Spaß machen und bei denen man leicht die Zeit »vergisst« oder bei Bildrecherchen oder ähnlichen zeitintensiven Aufgaben.

Abb. 13: TimeTimer® (Quelle: https://unsplash.com/photos/1OqbKqQ8C6I)

2.1.4 Der Glaubenssatz »Ich bin nicht kreativ«

Übung

Eine kurze Übung vorab, die Sie allein oder auch in ihrem Team machen können. Nehmen Sie einfach ein Blatt Papier und malen Sie Ihren Sitznachbarn oder sich selbst, wenn Sie die Übung allein machen. Sie haben genau eine Minute Zeit. Also Timer stellen, Stift Ihrer Wahl zücken und los geht's!

Und welche Reaktionen haben Sie erlebt bei oder auch vor dieser Übung? Was haben Ihre Kollegen gesagt? Welche Gesichtsausdrücke konnten Sie erkennen? Was haben Sie selber gefühlt oder gedacht?

Wenn ich diese Übung in Seminaren anleite, sehe ich häufig in sorgenvolle und irritierte Gesichter und höre Stimmen wie »Oh Gott«. Wenn die Teilnehmer ihre Werke dem Nachbarn überreichen, entschuldigen sich viele für ihre Arbeiten und zeigen sich teilweise verschämt. Und genau diese Reaktionen deuten auf den inneren Glaubenssatz »Ich bin nicht kreativ« hin, der sich auch häufig hinter der Überzeugung »Ich kann nicht malen« verbirgt. Pablo Picasso beschreibt das wie folgt: »Every child is an artist, the problem is staying an artist when you grow up.«

Wir reden uns selbst ein, dass wir nicht malen, singen und eben kreativ sind. Und ganz unbewusst verfestigt sich ein Glaubenssatz, der unsere Kreativität extrem hemmt! Und was machen Kinder im Vergleich zu uns bzw. was haben wir selber als Kinder gemacht? Kinder präsentieren ihren Eltern meist stolz ihre Kunstwerke. Sie sind stolz auf ihre kreative Leistung, denn sie haben etwas Eigenes geschaffen. Und dabei werten sie sich nicht selber ab mit Gedanken wie »Der Schmetterling ist mir nicht gut gelungen« oder »Das hätte ich besser machen können« – denn es geht dabei ja nicht um »schön« oder »nicht schön«.

Doch je älter wir werden, desto mehr werten wir unsere »Schaffenswerke« – sei es der Gesang, eine Skizze im Meeting oder irgendetwas anderes, was vermeintlich besser aussehen oder sein sollte. Und eine solche innere Stimme **»Ich bin nicht kreativ«** wirkt wie eine Hypnose, die wir uns selber geben. Und die hinterlässt Spuren (vgl. Kap. 4.4 »Positive innere Haltung und Optimismus«).

Doch jeder Mensch hat kreatives Potenzial. Und Kreativität muss sich nicht in Musik oder Kunst äußern, sie ist vielschichtig und bedeutet schlichtweg, etwas Neues zu erschaffen, das wir nutzen und womit wir uns ausdrücken können. Häufig erlebe ich in Seminaren bei einigen Teilnehmern, die sich als unkreative Menschen vorstellen, einen Aha-Effekt: Sie entdecken ihre eigene Kreativität und öffnen damit auch neue, innere Türen – getreu dem Motto von Henry Ford: »Whether you think you can or whether you think you can't, you're right.«

2.1.5 Bestätigungsbias

Ein weiteres Hindernis für Kreativität besteht darin, an einer Idee oder einem Glauben starr festzuhalten und wenig oder gar nicht offen zu sein, weiterzusuchen. Das kann aus einem Zeitmangel heraus geschehen. Ein anderer häufiger, aber meist unbewusster Grund ist der sogenannte »Bestätigungsbias« (engl. *bias* = Voreingenommenheit, Vorurteil). Das bedeutet, dass wir manchmal etwas gedanklich verzerren. Wenn beispielsweise eine Idee nach anfänglicher Euphorie doch nicht mehr passend erscheint und sich der Ideengeber trotz der Sachlage dies nicht eingestehen will und er an der alten Idee festhält.

Möglich ist auch der gegenteilige Effekt: Ein Thema der Zukunft, das von den Unternehmensverantwortlichen aus einem Bestätigungsbias heraus ignoriert wird, kann ganze Unternehmen in ihrer Existenz gefährden. Beispiele hierfür gibt es viele: Die Fotoindustrie, die nicht an digitale Fotografie geglaubt hat. Oder Unternehmen, die sich heute nicht ausreichend mit KI und Digitalisierung befassen (vgl. Kap. 5.5.4 »Exkurs: Innovationsworkshop und Megatrends«).

Es kann dann vorkommen, dass wir Gegenbeweise ignorieren, nach Bestätigung für unsere Idee suchen und sogar unsere Hypothese nicht aufgeben, auch wenn sie falsch ist.

Die Lösung liegt nahe: Eine Offenheit und die eigene Neugier fördern! Die menschliche Neugier ist sozusagen die »Grundzutat« von Kreativität, der eine enorme Schaffenskraft innewohnt: *»Ich bin nicht besonders talentiert, sondern nur leidenschaftlich neugierig.«* (Albert Einstein) Auch Leonardo da Vinci sagt man nach, dass seine Neugier – *Curiosità* – durchweg die Quelle und Antriebskraft seines Schaffens war und eines seiner Lebensprinzipien. Er war davon überzeugt, dass *»der Wunsch zu lernen allen edlen Menschen angeboren ist.«* (Leonardo da Vinci) *Curiosità* bezeichnet demnach eine unstillbare Neugier auf das Leben sowie das unnachgiebige Streben nach Wissen. Jeder Mensch wird neugierig geboren.

Es gilt also, wieder Kontakt zu seiner eigenen Neugier aufzunehmen und Fragen zu stellen, so wie Forscher auf ihren Wissensgebieten. Das bedeutet auch, die eigenen Ideen konstruktiv kritisch zu beäugen und verschiedene Blickwinkel einzunehmen. Dabei helfen auch Kreativitätstechniken wie die Walt-Disney-Methode (Kap. 5.5.2) oder die sechs Denkhüte (vgl. Kap. 5.5.1).

Auch Unternehmen haben die Förderung der Neugier ihrer Mitarbeiter als einen großen Hebel für ihren Innovationserfolg entdeckt. Hierzu gab es im Jahr 2018 eine interessante Studie, die in den drei Unternehmen Merck, Porsche Consulting und Weizmann Institute of Science durchgeführt wurde (Naughton, 2018). Die Unternehmen stellten fest, dass die Fähigkeit zur Neugierde im Arbeitsleben oft aberzogen wurde. Ihre Lösung für das Problem war ein sechsmonatiges Programm zur Steigerung von beruflicher Neugier in Unternehmen.

Dabei untersuchten sie vier Dimensionen:

1. Wissbegierde
2. Kreativität bei der Problemlösung
3. Offenheit für Ideen
4. Stresstoleranz

Sie nutzten in der Studie die folgenden acht Techniken, um die Neugier und auch die Kreativität der Mitarbeiter zu fördern (Naughton, 2018, S. 46):

1. **Question Formulation Technique:** Fragen sammeln, statt direkt Lösungen zu diskutieren, z. B. in zehn Minuten so viele Fragen wie möglich sammeln.
2. **Lunch & Learn-Format:** Impulsvorträge von (internen wie externen) Querdenkern verbunden mit einem gemeinsamem Lunch.
3. **Bainwriting:** Ideen sammeln ohne »laute Störungen« (Kap. 5.3.3 und 5.3.4).
4. **Cross Innovation Technique:** Megatrends wie Nachhaltigkeit auf die eigene Tätigkeit beziehen (vgl. Kap. 5.5.4 »Exkurs: Innovationworkshop und Megatrend«).
5. **Denkaufgaben und Energizer** wie z. B.: »Was hat ein Bett, in dem man nicht schlafen kann?« (vgl. Kap. 5.2 Auflockerungs- und Aktivierungsübungen) Die Lösung finden Sie am Ende dieses Abschnitts.
6. **Curiosity Cake Technique:** Kuchen mit unbekannten Zutaten backen.
7. **Chunking:** Durch Coachingfragen Ebenen und Perspektiven wechseln. (Was gibt es darüber hinaus? Was bedeutet das im Detail? Was könnte noch darüber stehen? Was ist die Meta-Ebene? ...)
8. **Achtsamkeitsprogramm:** Meditation, achtsames Laufen ...

Das Ergebnis der Neugier-Studie ist erfolgsversprechend auch für andere Unternehmen:

1. Neugier erhöht die Innovationskraft.
2. Die Einstellung verändert sich durch die Fähigkeiten.
3. Neugier ist ansteckend.
4. Je unkomplizierter die Anwendung, desto größer die Akzeptanz.
5. Die Motivation der Führungskräfte ist entscheidend.
6. Die Methodik muss zum Arbeitsumfeld passen.

Sie sind neugierig, ein eigenes Neugier-Programm für Ihr Unternehmen oder Ihre Marketingabteilung zu starten? Eine Auswahl an möglichen Techniken finden Sie in Kapitel 5.

!

Lösung

Hier eine Lösung zu der Frage:
»Was hat ein Bett, in dem man nicht schlafen kann?«
Antwort: Ein Flussbett

2.1.6 Neophobie – Angst vor Neuem

Im vorangegangen Abschnitt haben wir von der großen Bedeutung von Neugier für kreative Erfolge erfahren. Ein ernst zu nehmender Gegner einer gesunden Neugier ist neben dem Bestätigungsbias die sogenannte Neophobie: die Angst vor etwas Neuem (Phobie-Wissen, 2020).

Diese Angst – wenn sie unangemessen ist (vgl. Kap. 2.1.2 »Angst und Stress«) – lässt Menschen regelrecht erstarren. So haben sie meist viele negative Erfahrungen mit »neuen und unsicheren« Situationen gesammelt. Und deswegen ist Neugier für sie sehr negativ besetzt.

Viele Menschen haben in der heutigen VUCA-Welt und in Zeiten gefährdeter Jobs ein stark ausgeprägtes Sicherheitsbedürfnis. Und auch auf Unternehmen bezogen kann sich diese Neophobie insofern zeigen, dass sie an vergangenen Erfolgen festhalten und in vertrauten Situationen verharren.

Das Thema Veränderung ist immer stark emotional geprägt. Veränderungsprozesse in Unternehmen folgen häufig einem typischen Schema (vgl. Abb. 14). Es ist wichtig, diese Phasen eines Veränderungsprozesses zu kennen, damit auch in Zeiten von Change kreative Prozesse möglich sind. Jeder Mensch reagiert aufgrund individueller Erfahrungen unterschiedlich stark in seinen emotionalen Reaktionen auf Veränderungen.

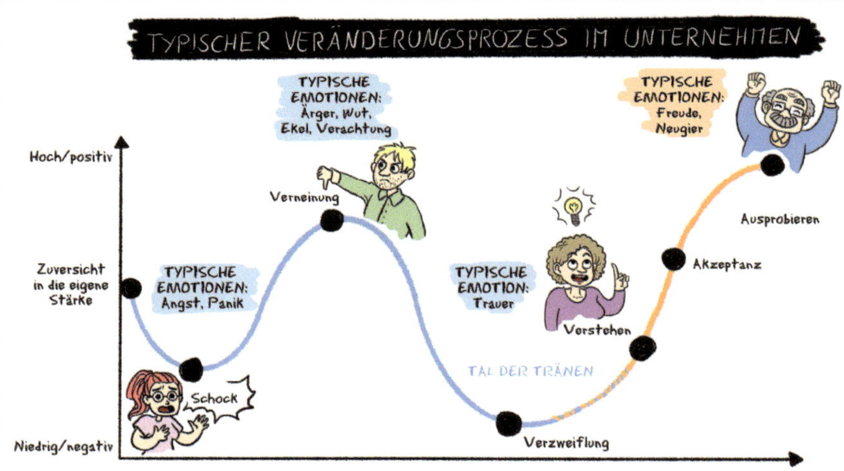

Abb. 14: Die Phasen in einem Veränderungsprozess

Um diesen emotionalen Kreativitätskiller möglichst zu eliminieren, ist es wichtig, diese unangemessenen Ängste abzubauen – bei sich selbst und auch auf Unternehmensebene. Ebenso ist es sinnvoll, auch die begleitenden negativen Emotionen wie Ärger, Ekel, Verachtung und Trauer eng zu begleiten und sie auf einer angemessenen Ebene zu regulieren.

Das bedeutet in erster Linie, die gezeigten und erlebten Emotionen ernst zu nehmen und insbesondere ängstlichen Menschen Sicherheit zu geben! Bereits ein einfaches Zuhören und das persönliche Gespräch können deutliche Erfolge zeigen. Die einzelnen Sicherheitslösungen können dabei sehr unterschiedlich aussehen – so individuell verschieden wie auch die Situationen und die Menschen.

2.1.7 Fremdbestimmung

Wie eine Marionette durch den Arbeitsalltag zu marschieren erstickt kreative Gedanken. So ergab beispielsweise auch die von Merck 2018 durchgeführte Neugier-Studie, dass 33 % der Befragten es schwierig finden, sich in einem Top-down-Umfeld mit eigenen Ideen einzubringen. Fremdbestimmung kann also eine große Neugierbarriere ausmachen. 22 % der Befragten fühlten sich sogar kontinuierlich von ihrem Vorgesetzten überwacht. 90 % der befragten Arbeitnehmer, die sich selbst als wenig bis durchschnittlich neugierig bezeichnen, nehmen die meisten Projekte als »von oben« vorgegeben wahr (Merck Group, 2018). Diese Rahmenbedingungen demotivieren die Mitarbeiter, weil sie keine Neugier zulassen und sich Kreativität nicht entfalten kann.

Andreas Steinle – CEO Zukunftsinstitut Workshop GmbH – sieht eine große Bedeutung in einer autonomen Arbeitsweise von Mitarbeitern für die Verankerung von Neugier in den Arbeitsprozessen:

> »Menschen müssen nicht gemanaged werden. Nur wenn man ihnen zugesteht, als Mitarbeiter autonom zu handeln und freie Entscheidungen zu treffen, hat Neugier in Arbeitsprozessen eine echte Chance und kann auf lange Sicht zu einem Wandel der Unternehmenskultur beitragen.« (Merck Group, 2018)

Eigenverantwortung ist demnach ein weiterer Schlüssel zu mehr Kreativität. So bestätigt auch Professor Horst Geschka von der Gesellschaft für Kreativität in Mainz, dass selbstständiges Arbeiten sehr wichtig für die Kreativität sei:

> »Dazu gehört, Entscheidungen treffen und Prozesse mitgestalten zu dürfen. Beim Arbeiten nach der Fließbandmethode, bei der jeder nur vorgegebene Handgriffe ausführt, sei nur wenig Kreativität möglich.« (Schormann, 2010)

Auch die Befragten in der Neugier-Studie bestätigen dies – die drei wichtigsten Verstärker für Neugier sind für sie Entscheidungsfreiheit, Verantwortung und Freiräume. 42 % hilft es, selbst bestimmen zu können, auf welchem Weg sie an Projekten arbeiten. 40 % motiviert es, sich persönlich für ihre Projekte verantwortlich zu fühlen. Und 40 % haben die Zeit, auch über ihre Projekte hinaus an neuen Ideen zu arbeiten (Merck Group, 2018).

Somit lohnt es sich für Unternehmen außerordentlich, Verantwortung an Mitarbeiter abzugeben, um innovative Prozesse anzustoßen. Das dient als wichtige Basis, um Neugier in einer Unternehmenskultur auch langfristig zu verankern.

2.1.8 Mindmap zu den Kreativitätskillern

Nachdem Sie nun über einige der häufigsten und wesentlichen Kreativitätskiller gelesen haben, denken Sie möglicherweise über die Situation in Ihrem Unternehmen, Ihrer Abteilung oder Ihrem Team nach. Was könnten diese Kreativitätskiller also ganz konkret für Sie und Ihre Arbeit bedeuten? Vielleicht fallen Ihnen auch noch weitere Kreativitätskiller ein. Und welche Lösungen fallen Ihnen zu den jeweiligen Problemfeldern ein?

Die folgende Übung soll Sie anregen und ermutigen, um die nächsten Schritte zu gehen und Ihre Kreativitätskiller zu reduzieren oder im besten Falle ganz aus dem Weg zu schaffen. Diese Übung können Sie alleine oder auch in Ihrem Team machen.

Übung: Kreativitätskiller identifizieren und aus dem Weg räumen

Schritt 1: Fertigen Sie alleine eine Mindmap zu Ihren persönlichen Kreativitätskillern an (vgl. Kap. 5.3.5).

Schritt 2: Anschließend markieren Sie nach einem Ampelprinzip:

1. Alle Killer in Grün, die Sie verändern könnten.
2. Alle Killer in Gelb, die Sie mit etwas Aufwand angehen könnten.
3. Alle Killer in Rot, zu deren Beseitigung ein Wunder geschehen müsste.

Schritt 3: Sprechen Sie im Team über Ihre Kreativitätskiller und stellen Sie diese sich gegenseitig vor. Fokussieren Sie sich auf die grünen und gelben Punkte und finden Sie konkrete Lösungen, um die Kreativitätsstopper zu killen. Am besten funktioniert das in Kleingruppen bis zu sechs Personen. Das hat auch den Vorteil, dass Sie dann meist noch mehr Ideen zusammentragen.

Schritt 4: Stellen Sie sich gegenseitig Ihre Lösungsansätze vor und verschriftlichen Sie danach, welche konkreten Ansätzen Sie im Team umsetzen, und auch, welche Sie alleine angehen möchten.

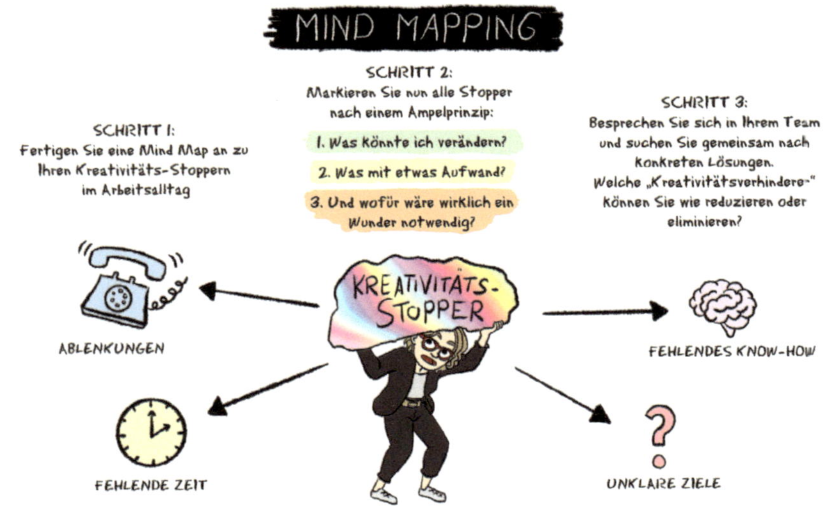

Abb. 15: Persönliche Kreativitätsstopper

Sie können sich auch die Vorlage »Persönliche Kreativitätskiller« auf mybook.haufe.de herunterladen.

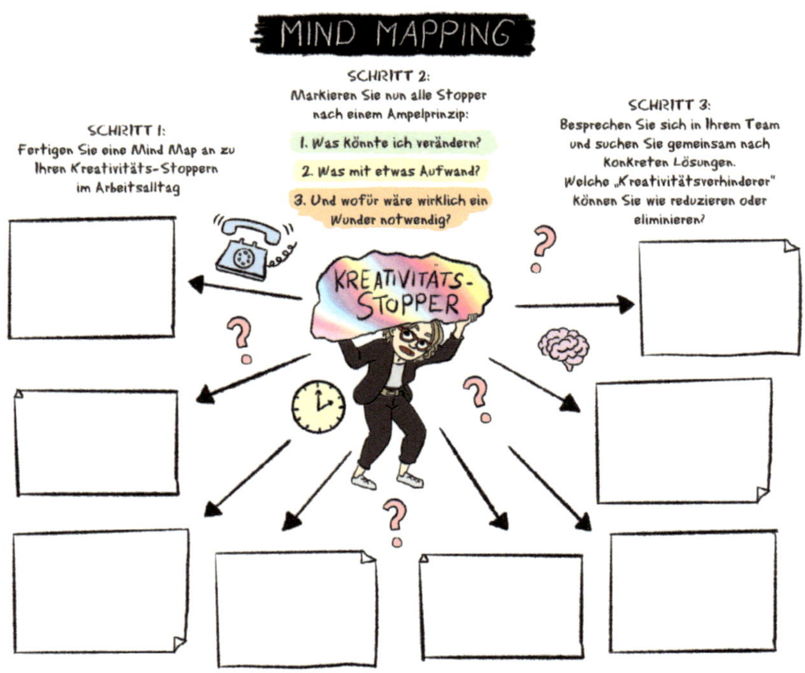

Abb. 16: Persönliche Kreativitätskiller (Vorlage) (→ Arbeitshilfen online)

2.2 Erfolgsfaktoren der Kreativität

In Kapitel 2.1 haben wir uns die häufigsten Kreativitätskiller im Arbeitsalltag angeschaut und zudem Lösungen skizziert, wie Sie diese vermeiden oder sie zumindest reduzieren können. Ergänzend erfahren Sie in diesem Abschnitt, was Sie darüber hinaus machen können, um Ihrer Kreativität im Alltag auf die Sprünge zu helfen. Es gibt viele Erfolgsfaktoren, die wir teilweise nur unbewusst nutzen – und genau hier liegt die Chance, mit dem Wissen und dem bewussten Wahrnehmen der Erfolgsfaktoren im Alltag diese auch bewusst zu nutzen. Das alleine kann »raketenmäßig« auf Ihre kreativen Erfolge einzahlen. Daher: 3, 2, 1 – und los geht's!

Abb. 17: Erfolgsfaktoren der Kreativität

2.2.1 Not macht erfinderisch

Improvisation ist alles – insbesondere in Zeiten von Mangel und Engpässen. Das beweisen zahlreiche Erfindungen in Nachkriegszeiten, in Wirtschaftskrisen oder auch in Corona-Zeiten. Auch im Alltag – etwa wenn der Beamer im Meeting ausfällt oder uns eine Zutat beim Kochen fehlt und wir nicht auf die bequeme Suchmaschine zurückgreifen, sondern selber experimentieren möchten.

In diesen eingeschränkten Zeiten oder Situationen sind wir »gezwungen«, uns außerhalb unserer Komfortzone zu bewegen. Um unsere Grundbedürfnisse nach Sicherheit, sozialen Kontakten, Freiheit oder unser Bedürfnisse nach lieb gewonnenen Tätigkeiten und Hobbys zu erfüllen, finden wir neue Wege. Unsere Motive und Bedürfnisse sind ein starker Antreiber, kreativ zu werden – das können in einigen Fällen auch Bedürfnisse nach Anerkennung oder Macht sein (vgl. Kap. 1.5.3 »Kreativität und unsere Emotionen«).

Beispiele für kreative Notlösungen

In Zeiten von Corona mangelte es an Atemschutzmasken und Hygieneprodukten. Aus diesem Grund beauftragten Landesregierungen Automobilzulieferer, die zuvor unter anderem Autobezüge hergestellt hatten, oder auch Unternehmen aus der Kleidungsindustrie sehr kurzfristig, Atemschutzmasken zu produzieren. Um den Mangel an Desinfektionsmitteln auszugleichen, stellten Spirituosenhersteller den Kliniken Alkohol zur Herstellung des Mittels zur Verfügung. Restaurants, die auf Lieferservice setzen, selbstständige Trainer, die Online-Produkte entwickeln, Skype-Dinner unter Freunden, Privatleute, die aus Strumpfhosen Atemschutzmasken herstellen – dies sind nur wenige der zahlreichen aus der Not geborenen Erfindungen.

Auch in der Nachkriegszeit wurden Menschen in ihrem Alltag sehr erfinderisch: Der bekannte Malzkaffee ist in der Nachkriegszeit als Kaffeeersatz entstanden. Kaffeebohnen waren eine Seltenheit und sehr teuer. Deswegen experimentierten Menschen mit anderen Inhaltsstoffen wie Gerste, Malz, Roggen oder auch Wurzeln. Das Ergebnis wird noch heute nachgefragt als koffeinfreie Variante. Auch in Sachen Kinderspiele waren in den Nachkriegszeiten Fantasie und Selbstorganisation gefragt. Das Spielmaterial musste man selber herstellen mit einfachen Hilfsmitteln, die die Umwelt hergab.

Was können Sie also tun?

Auch die tägliche Zeitnot im Arbeitsleben kann in manchen Fällen helfen, kreativer und produktiver zu werden. Ein solcher Rahmen lässt sich gezielt in Kreativsessions nutzen. Das sollte natürlich ausgewogen sein. Denn zu viel Druck ist kontraproduktiv (vgl. Kap. 2.1.3 »Zeitdruck oder fehlende Zeitvorgaben«).

Zudem gibt es Kreativitätstechniken, die auf Engpässe setzen: Beispielsweise werden die Anwender der Brainswarming-Technik (Kap. 5.3.4) »gezwungen«, ihre Ideen auf den Punkt bzw. auf einen Klebezettel zu bringen. Die Kunst besteht darin, den Kern und das Wesentliche einer Idee zu bestimmen. Auch die KAWA-Methode nach Vera F. Birkenbihl (Kap. 5.3.10) setzt auf dieses Prinzip.

Zudem können Sie in der nächsten alltäglichen und nicht bedrohlichen Mangelsituation die kreative Seite wertschätzen und sich auf den erfinderischen Weg begeben, statt die Suchmaschine zu befragen. Das hilft, einer »digitalen Demenz« entgegenzuwirken und die eigene Kreativität zu nutzen.

2.2.2 Verknüpfung und Cross Innovation

»Bereichert werden wir nur durch Disziplinen, die unseren eigenen fernliegen.«
Emil M. Cioran

Das Wesen der Kreativität liegt in dem Verknüpfungsprinzip: etwas miteinander zu verbinden, was nicht zusammen gehört. Eine Verknüpfung von Unverknüpfbarem ist somit die Initialzündung für Kreativität. Cross Innovation bedeutet Innovationsentwicklung durch angewandte Interdisziplinarität. Dabei werden zwei Umsetzungen unterschieden:

Zum einen das Übertragen von innovativen Lösungen von Branche zu Branche. Denn häufig haben andere Branchen schon ähnliche Probleme auf ihre Art gelöst oder können so eine wertvolle Inspirationen sein und andere Blickwinkel ermöglichen. Hier ein paar Beispiele (crossindustryinnovation.com, o. J.):

- Das Fahrercockpit von BMW wurde von der Videospiel-Industrie inspiriert. Das sogenannte iDrive-System ist eine innovative Lösung, die relativ komplexe Navigation für den Fahrer einfach und spielerisch zu handhaben.
- GE Healthcare gestaltete MRT-Geräte weniger angsteinflößend für Kinder. Sie entwarfen die Untersuchungsgeräte als einladendes Piratenschiff. So wurde die Untersuchung zu einem schönen Abenteuer.
- Owen Maclaren – ein pensionierter Luftfahrtingenieur und Testpilot – entwickelte mit dem Konzept des Einziehfahrwerks eines Flugzeugs den ersten faltbaren leichten Kinderwagen, um seiner Tochter den Kampf mit ihrem umständlichen Kinderwagen beim Ein- und Aussteigen zu ersparen.

Kooperationsentwicklungen

Zum anderen gibt es sogenannte Kooperationsentwicklungen – also die Entwicklung von vernetzten Angeboten durch Kooperationen. So haben beispielsweise Apple und Nike einen Sportschuh mit Sensor entwickelt, der eine Schrittzählerfunktion und einem Zugang zu einer Online-Lauf-Community hat (vgl. Horx, o. J.; Apple.com, 2016).

Zu einer erfolgreichen Verknüpfung braucht es auch die Expertise der jeweiligen Wissensgebiete und im besten Falle auch Teamarbeit.

Auch in der Bionik wird das Verknüpfungsprinzip genutzt: Wie hilft die Natur dabei, ein bestimmtes Problem zu lösen? So wurde zum Beispiel der Vogel, der uns zum Fliegen bringt, die Klettpflanze zum Klettverschluss oder der Schnabel des Eisvogels als Modell für die Bugspitze des japanischen 500-Serien Shinkansen-Zug genutzt (aerodynamischer, weniger Lärm) (crossindustryinnovation.com, o. J.).

Cross Innovation ist ein erheblicher Erfolgsfaktor für innovative Kreationen. Der Ansatz ist sehr bedeutsam für Ideenentwicklungen und von zentraler Bedeutung für zusammenwachsende und vernetzte Märkte. Ein solcher Blick über den Tellerrand ebenso wie die Kooperation mit anderen Experten ist wichtiger denn je, um erfolgreich zu sein und zu bleiben.

Vernetzen Sie sich und wechseln Sie die Perspektiven!

2.2.3 Priming und Querdenken

Sie kennen das bestimmt aus eigener Erfahrung und auch aus dem Bereich der Werbung: Frischer Brötchenduft, der im Supermarkt von der Decke weht, ein Zitronenduft in der Kundentoilette, mit dem man Reinlichkeit assoziiert, fröhliche Musik, die gute Laune macht, oder visuelle Reize wie ein schmackhaft aussehendes Gericht aktivieren uns zu bestimmten Handlungen. Diese Verknüpfung funktioniert auch, wenn uns die Reize gar nicht bewusst sind. Wir können gar nicht alle Reize bewusst verarbeiten, unser Unterbewusstsein filtert sozusagen den Datenfluss. Und trotzdem haben sie eine Wirkung auf uns.

Unterschwellige Werbung

Priming bezeichnet den Effekt, dass ein bestimmter Gedächtnisinhalt wie z. B. Wörter, Gerüche, Bilder oder auch Gefühle mit größerer Wahrscheinlichkeit aktiviert wird, wenn er kurz zuvor präsentiert oder verwendet – also voraktiviert – wurde. In mehreren Experimenten wurde nachgewiesen, dass ein solcher unbewusst wahrgenommener Reiz unsere nachfolgenden Handlungen, unser Denken und unsere Entscheidungen stark beeinflusst. Die Voraktivierung – sei es in Form eines visuellen, auditiven oder sonstigen sinnlich wahrnehmbaren Reizes – wird als Prime bezeichnet.

In einem Experiment von John Bargh, Mark Chen und Lara Burrows aus dem Jahr 1996 wiesen die Forscher nach, dass Worte unbewusst die Probanden in ihrer Handlung beeinflusst haben. Die Probanden wurden in drei Gruppen unterteilt und bekamen in den Gruppen jeweils unterschiedliche Wörter, mit denen sie sinnvolle Sätze bilden sollten. Eine Gruppe bekam eher höfliche Wörter, eine zweite Gruppe aggressive und die dritte Gruppe neutrale Wörter. Der eigentliche Test bestand darin, zu erkennen, ob und in welcher Form die Probanden den in einem Gespräch vertieften Versuchsleiter unterbrachen, um nach der Abschlussaufgabe zu fragen. Die Ergebnisse sprechen für sich: Die höflich geprimten unterbrachen nur 18 % innerhalb von zehn Minuten, bei den neutralen waren es 38 % und bei den aggressiv geprimten waren es 64 % der Versuchsteilnehmer (Bargh, 1996).

Bezogen auf kreatives Arbeiten oder Kreativsessions ist es also von großer Bedeutung, achtsam mit seiner Wortwahl umzugehen. Wörter, die Stress und Angst auslösen, sind kontraproduktiv für kreatives Arbeiten. Hingegen ist eine bunte und fröhliche Sprache hilfreich für erfolgreiche Kreativrunden.

Doch damit nicht genug. Denn wir haben ja erfahren, dass nicht nur Worte einen unbewussten Einfluss ausüben, letztendlich tun dies alle Sinneseindrücke. Hier ein paar Inspirationen für kreatives Primen:

Ein auditiver Kreativitätsboost kann durch fröhliche Musik in den Pausen ausgelöst werden und wäre somit auch eine weitere Möglichkeit, unbewusst die Kreativität zu fördern (vgl. Kap. 2.2.10 »Fröhliche Musik«). Auch die Stimmlage ist entscheidend und verrät viel über die Stimmung des Sprechenden.

Da wir auch visuell geprimt werden, ist auch die Umgebung als wichtiger Faktor entsprechend kreativitätsfördernd zu gestalten. Der Psychologe Jens Förster hat die Hypothese aufgestellt, dass alleine der Anblick von einem Kunstwerk »primte« und bei den Zuschauern unbewusst eine kreative Haltung auslösen kann (Steinle, 2015).

Diese Beispiele zeigen, wie stark wir durch unsere Umgebung beeinflusst werden, sogar in dem, was wir denken, wahrnehmen und wie wir entscheiden. Darin liegt eine große Chance für Unternehmen, kreative Räumlichkeiten innerhalb des Unternehmens zu schaffen und so das Querdenken zu fördern. Konkrete Inspirationen zur Wirkung von Farben und Licht auf Kreativität finden Sie in Kapitel 3 und weiterführende Tipps zur Gestaltung von Innovationsräumen in Kapitel 3.1.6. Auch kreatives Material wie bunte Post-its, Legosteine, Knete können sowohl taktil als auch visuell positiv auf unsere Kreativität wirken. Auch ein angenehmer Geruch kann unsere Kreativität unterstützen. Und kreativ aussehende und am besten auch gesunde »Brainfood«-Häppchen oder bunte und gesunde Snacks könnten eine zusätzliche gustatorische Möglichkeit zur Förderung der Kreativität der Mitarbeiter sein.

Lassen Sie Ihrer Kreativität freien Lauf und probieren Sie es aus, in Ihrem Team oder auch allein (vgl. dazu Kap. 4.1 »Gezielter Einsatz unserer fünf Sinne«).

2.2.4 Ideenvielfalt

Albert Einstein soll sich als sehr offenen und neugierigen Menschen beschrieben haben, Eigenschaften, die ihn seiner Meinung nach so erfolgreich gemacht haben. So sagte er:

> »Bei der Suche nach der Nadel im Heuhaufen ist der Unterschied zwischen mir und einem normalen Forscher der, dass ein normaler Forscher mit der Suche aufhört, wenn er eine Nadel gefunden hat, ich aber den ganzen Haufen durchsehe, ob nicht vielleicht noch weitere Nadeln darin sind.«

So ist es im Alltag wichtig, regelmäßig für sich selbst zu prüfen, ob man vielleicht auf den »Bestätigungsbias« reingefallen ist oder für weitere und andere Ideen offen ist. Denn die erste Idee muss nicht die beste sein – Ideen ent**wickeln** sich im wahrsten Sinne des Wortes mit der Zeit. Und die besten Ideen liegen dabei auch nicht unbedingt am Wegesrand, sondern es bedarf auch mal ver-rückter Wege und Methoden, diese zu entdecken. Und Beharrlichkeit und Neugier, so wie es Einstein zeigte.

Dabei helfen uns Kreativitätstechniken, die uns andere Wege gehen lassen. Aus der Erfahrung wissen wir, dass aus den verrücktesten und abwegigsten Ideen die besten Innovationen entstehen können.

2.2.5 Wertschätzende Zusammenarbeit

Allein das Phänomen Cross Innovation zeigt, wie wichtig es ist, sich zu vernetzen. Teamarbeit ist das A & O für kreativen Erfolg. Insbesondere die Vielfalt von Menschen bringt auch eine Vielfalt an Ideen hervor. Denn insbesondere durch die Ideen der anderen werden wir selber wiederum inspiriert. Und eines der wichtigsten Kreativitätsgebote lautet, auf den Ideen anderer aufzubauen. So kann sich aus einer ersten Idee etwas ganz Großes entwickeln.

In einer Studie von 2012 untersuchte der Kreativitätsforscher Andreas Fink diese »soziale Kreativität«: Seine Probanden sollten sich möglichst viele Verwendungszwecke für eine Büroklammer oder einen Backstein überlegen. Dabei lagen sie im MRT. Manche der Studienteilnehmer konnten im MRT originelle Ideen lesen, andere einfach irgendwelche Pseudobegriffe. Das eindeutige Ergebnis seiner Studie war, dass diese Stimulation über Wörter die Kreativität erhöht hat. Kreativität ist also gewissermaßen ansteckend (Badenschier, 2013). Das hatte auch schon Einstein gewusst: »Kreativität ist ansteckend, verbreiten Sie sie.«

Als Zusammenarbeit gilt dabei nicht jede Arbeit in Gruppen: Eine erfolgreiche Zusammenarbeit wird vor allem durch gegenseitige Wertschätzung getragen. In einer wertschätzender Atmosphäre, in der Andersartigkeit und Individualität selbstverständlich sind, wird das kreative Samenkorn gesät. Und dann kann es wachsen und sich immer mehr entfalten. Natürlich braucht es auch Pflege – damit es sich wohlfühlt und aufblühen kann.

Dabei gilt es auch, Killerphrasen zu vermeiden und eine positive Atmosphäre zu schaffen (vgl. Kap. 2.1.1 und 2.1.2). Das Zuhören ist zudem ein Ausdruck echter Wertschätzung, während die Gleichgültigkeit durch Führungskräfte dagegen als Kreativitätsbremse wirkt.

2.2.6 Positive Fehlerkultur

Wenn wir als Baby nicht aus unseren Fehlern lernten, würde keiner laufen lernen. Fehler sind etwas sehr Wichtiges, weil sie uns eine Lernchance bieten. Dabei geht es natürlich nicht um Wiederholungsfehler, die zum Beispiel aus fehlendem Interesse oder fehlender Aufmerksamkeit entstehen, sondern um Fehler, die sich ergeben, wenn wir etwas Neues wagen. Doch das Problem kennen Sie bestimmt auch: Spätestens mit Eintritt in die Schule sind Fehler etwas Schlechtes, was es zu meiden gilt.

Ein positives Programm wird somit plötzlich zu einem negativen Programm. Und um dieses wieder umzuprogrammieren, braucht es Zeit und Geduld. Doch es ist möglich. Nicht nur für den Einzelnen, es kann auch als positive Fehlerkultur in einem Unternehmen, einer Abteilung oder Organisation etabliert werden. Auch da Vinci soll das als eines seiner Erfolgsprinzipien gelebt haben. Sein sogenanntes *Dimostrazione-Prinzip* bezeichnet die Bereitschaft, sich und seine Fehler zu überprüfen und aus ihnen zu lernen. Um das überhaupt machen zu können, müssen wir sie zunächst erkennen und uns auch eingestehen.

Fehler sind unsere Goldgrube, aus ihnen lernen wir, um besser und innovativ zu werden. Das gilt für jeden Einzelnen genauso wie für Unternehmen.

Positive Fehlerkultur im Unternehmen
Unternehmen, die eine positive Fehlerkultur etablieren, kommen schneller voran und sind auch innovativer. Denn Mitarbeiter dürfen sich ohne Angst vor Fehlern ausprobieren und aus ihren Fehlern lernen.

Doch die Wirklichkeit sieht in vielen Unternehmen anders aus: Laut einer Studie der Unternehmensberatung Ernst & Young (EY) meint fast jeder fünfte Beschäftigte, dass Fehler bei seinem Arbeitgeber lieber verschwiegen werden, als sie offen anzusprechen. Unter den Angestellten sind 57 % der Ansicht, dass Fehler vertuscht werden, weil Mitarbeiter fürchten, als Überbringer schlechter Nachrichten zum Bauernopfer zu werden. Die Mehrheit der Führungskräfte (54 %) sieht die Angst vor Gesichtsverlust als größtes Hindernis auf dem Weg zu einer positiven Fehlerkultur (FAZ.net, 2018).

Ein weiteres Ergebnis der Studie war, dass die Hälfte der Angestellten in ihrem eigenen Unternehmen keine konkreten Ansätze erkennt, den Umgang mit Fehlschlägen zu verbessern. Zudem fühlen sich von ihrem Vorgesetzten nur 35 % der Mitarbeiter motiviert, neue und gegebenenfalls risikoreiche Wege zu gehen. Und in der Geschäftsleitung sind es nur 15 %. Diese Zahlen beweisen, dass in viele Unternehmen Handlungsbedarf besteht, damit Innovationen nicht ausgebremst werden (Taapken, 2018).

Am wichtigsten ist es, dass die Geschäftsleitung und die Führungskräfte einen positiven Umgang mit Fehlern vorleben. Denn sonst wird kaum jemand nachziehen und sich öffnen.

Es gibt auch Vorreiter in Sachen Fehlerkultur: Das indische Unternehmen Tata hat neben einem Innovation-Programm auch einen »Failure Award« »Dare to try« initiiert, um Mitarbeiter zu motivieren, über Fehler zu sprechen und gegenseitig voneinander zu lernen. Der produktivste Fehler wird dabei ausgezeichnet. Das macht Mut (Langdon, 2009)!

Impulse für einen besseren Umgang mit Fehlern

- Das Wichtigste ist, zu akzeptieren, dass Fehler zwangsläufig passieren und wir das ohnehin nicht ändern können.
- Spielerischer Umgang: In dem Wort »Fehler« steckt »fehlen« drin. Also ist kein Fehler umsonst, sondern es fehlt noch das ein oder andere Puzzleteil. Nehmen Sie es sportlich und bleiben Sie dran!
- Kreatives Arbeiten lebt nicht von Perfektionismus, sondern von mutigen Prototypen! Das bringt Sie schneller ans Ziel (vgl. Kap. 5.1.4 »Das Design-Thinking-ABC«).
- Das Pareto-Prinzip kann helfen, den »ungesunden und nicht zielführenden« Perfektionismus abzutrainieren. In 20 % Ihrer zur Verfügung stehenden Zeit schaffen Sie 80 % des Ergebnisses. Und Sie müssten unverhältnismäßig weitere 80 % Ihrer Zeit investieren, um die 100 % zu erreichen. Nutzen Sie diese 80 % doch, um anhand Ihres Prototypen früher nach Feedback zu fragen, und Sie kommen mit Sicherheit schneller ans Ziel bzw. finden das »fehlende« Puzzlestück.
- Fehlerparty: Feiern Sie Ihre Fehler und nehmen Sie sie mit Humor! Oder vergeben Sie wie Tata »Failure Awards« für die produktivsten Fehler!
- Keine Innovation fällt vom Himmel. Denken Sie an den Innovations-Eisberg aus Kapitel 2.1. Der Erfolg ist nur die Spitze des Eisbergs – der größte Teil besteht aus »Fehlschlägen« und damit Lernerfolgen, die einen erst zum Erfolg bringen.

- Welches Bild, welche Worte oder welcher Spruch könnte Ihnen helfen, Fehler in Situationen als wertvoll anzuerkennen, wenn beispielweise die Anwendung einer Kreativitätstechnik nicht direkt die erhofften Erfolge bringt. Das könnte zum Beispiel das Bild eines Babys sein, das hinfällt und so das Laufen lernt, oder der Spruch »Yes – einen Fehler entdeckt!«. Sie können das entsprechende Bild oder die Worte auf einer Karte visualisieren, als Hintergrundscreen speichern oder auch ein entsprechendes Wort wie z. B. »Fehlerfreude« als Passwort nutzen. Denn dadurch prägen sich diese hilfreichen Worte ins Unterbewusstsein ein. Sie können sich auch jeden Abend bewusst die Frage stellen »Was habe ich heute gelernt?«. Denn mit dieser Frage deuten wir Fehler um in wertvolle Erfahrungen. Wir beschäftigen uns mit Lösungen für künftige Situationen, statt uns im Kreis um das »Problem« zu drehen. Denn jeder von uns kennt solche Gedankenkreisel: »Warum habe ich das gemacht, gesagt oder eben nicht ...?« Das lässt sich mit gezielten Fragen leicht durchbrechen (vgl. Kap 6).

2.2.7 Bewegung

Schon Friedrich Nietzsche wusste: »Alle wahrhaft großen Gedanken kommen einem beim Gehen.« Vielleicht haben Sie auch die Erfahrung gemacht, dass Ihnen Dinge beim Spaziergehen, Wandern oder Joggen leichter einfallen. Denn Bewegung hilft uns, kreativer zu sein. Bewegung stimuliert unsere beiden Gehirnhälften und damit auch unseren Erfindergeist.

Der verstorbene Apple Chef Steve Jobs, der für seinen Erfindergeist bekannt war, hat Bewegung als Erfolgsfaktor optimal genutzt. Er ging regelmäßig lange spazieren, auch mit seinen Kollegen – und so kamen ihm in der Natur und in Bewegung die besten Ideen.

Neurowissenschaftler bestätigen diesen positiven Effekt: So beschreiben Olivia Fox Cabana und Judah Pollack in ihrem Buch »The Net and the Butterfly: The Art and Practice of Breakthrough Thinking«, dass wir kreativ sind, wenn wir gleichzeitig denken und etwas ausführen. Genau das ist der Fall beim Spaziergehen (Stettner, 2017).

Interessant ist auch, dass Biologen sich dabei auch auf unsere Vorfahren beziehen, die täglich rund 20 km gegangen sind. So sagt John Medina, Biologe an der University of Washington: »Unsere Gehirne haben sich entwickelt, während wir uns bewegt haben. [...] Unser Gehirn will immer noch dieses Erlebnis haben.« (Stettner, 2017)

Alleine ein Meeting als Stand-up-Meeting durchzuführen, kann der Kreativität Ihrer Mitarbeiter schon auf die Sprünge helfen, die bequemen **Sitz**ungen laden eher dazu ein, in einen Passivmodus zu schalten.

Marily Oppezzo und Daniel L. Schwartz (2014) haben in ihrer Kreativitätsstudie mit Studenten ebenfalls die positive Wirkung von Bewegung – insbesondere in der Natur – bewiesen. Verglichen wurde die kreative Leistung bei einem Assoziationstest im Sitzen, beim Gehen sowie beim Gehen auf dem Laufband und dem Spazierengehen in der Natur. Die Bewegung im Freien hatte eindeutig den größten Effekt auf ihre Kreativität.

Abb. 18: Bewegung macht kreativ

2.2.8 Naturerlebnisse und Digital Detox

Bewegung in der Natur macht also besonders kreativ. Schauen wir uns neben der Bewegung auch die Natur als Erfolgsfaktor näher an. Läufer oder Wanderer behaupten gerne, dass sie sich den »Kopf freilaufen«. Oder ihnen beim Sport draußen auch gerne mal Ideen einfallen.

Neurowissenschaftler David Strayer von der University of Utah in Salt Lake City hat 2012 hierzu eine Studie mit 30 jungen Männern und 26 jungen Frauen durchgeführt. Er schickte die Hälfte der medienaffinen Probanden für vier Tage ohne elektronische Geräte zum Wandern in die Berge, während die andere Hälfte der Probanden weiter am Computer arbeitete. Die Naturwanderer waren beim anschließenden Kreativitätstest 50 % erfolgreicher als die, die weiterhin am Computer saßen. Strayer fasst zusammen, dass wir kognitive Vorteile haben, wenn wir Zeit in der Natur verbringen (Atchley, 2012).

Ein Spaziergang in der Mittagspause, ein »Walk and Talk« mit einem Kollegen in der Natur oder sogar eine Kreativsession in der Natur scheint sich in Sachen Ideengewinnung demnach sehr zu lohnen. Sie könnten also statt Home Office auch mal ein »Nature Office« einlegen.

Auch das damit verwandte Thema »Digital Detox« scheint heute immer mehr an Bedeutung zu gewinnen: Genau wie die Wanderer auf ihre elektronischen Geräte verzichtet haben, legen viele Menschen zeitweise das Smartphone beiseite und gehen einfach »raus« in die Natur. Meist um sich einfach zu »entstressen« – der positive Nebeneffekt dabei kann auch ein entsprechender Kreativitätsschub sein.

2.2.9 Brain Food

Dass gesunde Ernährung wichtig für unsere Gesundheit ist, weiß jeder. Doch der Zusammenhang, dass Ernährung neben den körperlichen Auswirkungen auch erheblichen Einfluss auf unsere kognitive Leistungen und damit auch auf unsere Kreativität hat, wird häufig noch außer Acht gelassen. Doch: Nicht nur wir sind, was wir essen, sondern auch unser Gehirn ist, was es isst! Neue wissenschaftliche Erkenntnisse belegen, dass die Ernährung unmittelbaren Einfluss auf unsere seelische Gesundheit, unsere Emotionen und kognitive Leistungen und damit auch auf unsere Kreativität hat.

In einer Studie mit Gefängnisinsassen konnte beispielsweise nachgewiesen werden, dass eine vitaminreiche Ernährung die Gewaltbereitschaft der Insassen senkte! Weniger Aggressionen im Arbeitsalltag – auch wenn sie sich »nur« subtil als Kritik oder in nonverbalen Blicken zeigen, sind immens wichtig für die Entfaltung der eigenen Kreativität, aber auch die Kreativität unserer Kollegen. Ein friedliches und wertschätzendes Miteinander ist die Basis für alles (vgl. Kap. 2.2.5).

Gesunde Ernährung fördert die Kreativität
Auch unser soziales Verhalten und unsere Entscheidungen werden positiv durch eine gesunde Ernährung beeinflusst. Das konnte in einer weiteren Studie der Universität Lübeck (Hitier, 2019) nachgewiesen werden.

Auf der anderen Seite beweisen Studien, dass Junkfood unter anderem negative Effekte auf die Gedächtnisleistung hat, Zucker süchtig macht und in vielerlei Hinsicht auch der seelischen und emotionalen Gesundheit schadet (Hitier, 2019).

Gründe genug, auch den eigenen Mitarbeitern, Kollegen und sich selbst eine gesunde Ernährung zu ermöglichen. Aktuell gilt die mediterrane Ernährung mit reichlich Omega-3-Fetten als echtes Brain Food. Sie versorgt unseren Denkapparat mit allen wichtigen Stoffen, die unser Gehirn braucht!

Die Verantwortung und Entscheidung für eine gesunde Ernährung trägt natürlich jeder Einzelne für sich, doch deutlich ist, dass Ernährung gesellschaftliche Auswirkungen hat und natürlich auch eine unmittelbare Wirkung auf die Leistung jedes Einzelnen sowie auf die Innovationskraft von Unternehmen.

Hier können die Unternehmen viel erreichen, indem sie ihre Mitarbeiter in einer gesunden Ernährung unterstützen beziehungsweise überhaupt die passenden Angebote schaffen, zum Beispiel einfach statt Süßigkeiten Studentenfutter mit ins Meeting nehmen oder auch einen zuckerfreien Geburtstagskuchen mitbringen. Kreativ und anders backen macht auch noch Spaß und gehörte in der Neugier-Studie zu den Techniken (»curiosity cake«), die die Studienteilnehmer in ihrer Kreativität gefördert haben (vgl. Abschnitt zur Neugier-Studie). Weitere konkrete und gesunde Impulse finden Sie in Kapitel 3.1.4 »Bewegungs-und Gesundheitsangebote«.

2.2.10 Fröhliche Musik

In einer 2017 veröffentlichten Studie kamen die Forscher Ritter und Ferguson zu dem Ergebnis, dass fröhliche Musik das divergente Denken positiv beeinflusst. In der Studie mit 155 Probanden wurden vier verschiedene Arten von Musik gegen Stille getestet. Studienteilnehmer, die eine fröhliche klassische Musik hörten, schnitten im Vergleich zu den anderen Teilnehmern bei dem nachfolgenden Kreativitätstest wesentlich besser ab.

Abb. 19: Fröhliche Musik als Kreativitätsboost

Interessant ist auch, dass das konvergente Denken von der Musik nicht beeinflusst wurde. Einige Aspekte, wie beispielsweise die Frage, welche Auswirkungen das Hören trauriger oder ruhiger Musik hatte, wurden in der Studien nicht näher beleuchtet.

Die Forscher selbst schreiben auch, dass viele Fragen noch nicht geklärt sind. Beispielsweise die Frage, wie lange der kreative Effekt anhalten würde oder ob Menschen aus unterschiedlichen Kulturkreisen auf Musik gleich reagieren (Ritter, 2017).

Stefan Koelsch, Professor für Biologische Psychologie und Musikpsychologie an der Universität Bergen (Norwegen), bewertet die Studie als interessant und originell, sagt jedoch auch: »Die Ergebnisse wären noch stärker, wenn es einen Unterschied zwischen den unterschiedlichen Musikvarianten gegeben hätte. […] So bleibt etwa unklar, ob es nun wirklich speziell fröhliche Musik ist oder einfach irgendeine Musik. […] Möglicherweise sind die Effekte ja im wirklichen Leben stärker, wenn es Musik ist, bei der Personen selber meinen, dass sie ihnen beim Denken hilft.« (Garms, 2017)

In seinem 2019 erschienenen Werk »Good Vibrations – Die heilende Kraft der Musik« geht Professor Kölsch auf die positiven Auswirkungen von Musik auf unser Gehirn, unsere Emotionen und unseren Körper ein. Die Forschung beweist, dass Musik nicht nur schön ist, sondern auch fit und gesund hält. Und das sind die besten Voraussetzungen für divergentes Denken und geniale Einfälle.

Praxistipp

Experimentieren Sie für sich und in Ihren Teams, welche Musik Sie am besten beim divergenten Denken unterstützt. Vielleicht ja sogar »kölsche Karnevalsmusik«?

2.2.11 Entspannung und Tagträumen

Kennen Sie das? Im Büro will Ihnen einfach keine Idee zu einer bestimmten Fragestellung kommen, und kaum sind Sie beim Sport, gehen Ihrem Hobby nach oder stehen unter der Dusche, kommen Ihnen plötzlich vielversprechende Ideen. Der Grund liegt nahe: Entspannung ist der Zustand, den Kreativität liebt. Entspannung, Spaß und Leichtigkeit ist wie eine Einladung an die eigenen Kreativität, die sich dann gerne mit neuen Ideen zeigt.

Interessant ist auch, dass die Idee zu »Disneyland« nicht im Meeting oder im Konferenzraum entstanden sein soll, sondern während Walt Disney entspannt auf einer Parkbank saß und seinen Kindern auf einem Karussell zusah. Die Erlebnisparks, die Walt Disney erschaffen hat, gehören zu den umsatzstärksten Bereichen des Konzerns. Doch nicht nur das – sein Ziel war es, die Fantasie und Kreativität der Erwachsenen zu reaktivieren:

> »Jedes Kind ist mit einer lebhaften Fantasie gesegnet. Aber genauso, wie ein Muskel schlaff wird, wenn er nicht benutzt wird, wird die Fantasie beim Heranwachsen blasser, wenn sie nicht trainiert wird.«
>
> Walt Disney (zitiert nach Oelrich, 2001)

Eine kurzer Halt an der Parkbank scheint sich zu lohnen …

Ein weiteres Beispiel für ein Erfolgsprodukt sind die Post-its von 3M: Die Idee zu den heute nicht mehr wegzudenkenden Klebezetteln soll ebenfalls nicht im Büro entstanden sein, sondern bei einer Kirchenchorprobe. Ein Wissenschaftler hatte einige Jahr zuvor einen Klebstoff entdeckt, der sich schnell wieder lösen ließ. Doch zunächst sah keiner im Unternehmen Verwendung hierfür. Das änderte sich, als sich ein weiterer Wissenschaftler von 3M bei einer Kirchenchorprobe darüber aufregte, dass die Papierstreifen im Gesangsbuch ständig herausfielen. Und genau in dieser Situation wurde die Idee der »Post-its« geboren: Ein Lesezeichen, dass nicht aus dem Gesangsbuch fällt und nicht die Seiten beschädigt ... Dem Wissenschaftler wurde plötzlich klar, dass es noch viel mehr als ein Lesezeichen war (3mdeutschlande.de, 2013).

Eine Studie zum Tagträumen von 2012 belegt ebenfalls den wertvollen Effekt von Pausen fürs Gehirn. So schneiden »Tagträumer« in Kreativitätstests deutlicher besser ab. In dem Experiment sollten alle Probanden innerhalb von zwei Minuten kreative Verwendungsmöglichkeiten für Ziegelsteine finden. Danach hatte eine Gruppe die »Aufgabe«, zwölf Minuten nichts zu tun, eine zweite Gruppe bekam direkt nach der Ziegelsteinübung eine schwere und eine dritte Gruppe eine leichte Aufgabe. Ergebnis war, dass die dritte Gruppe einen deutlichen kreativen Leistungsschub zeigte, während die anderen beiden Gruppen »Nichtstuer« und »Workaholics« in ihrer Leistung stagnierten. Die dritte Gruppe wurde also zum Tagträumen verführt, den die Forscher für diesen Kreativitätsboost verantwortlich machten. Die Forscher begründeten den stimulierenden Kreativitätseffekt damit, dass die einfache Aufgabe die Probanden einerseits aufmerksam hielt, sie auf der anderen Seite die Gedanken ziellos schweifen lassen konnten (Baird, 2012).

Sie sehen, dass Entspannung und Pausen nicht nur wichtig sind, um die eigenen Batterien aufzuladen, sondern auch unerlässlich für ihre kreativen Projekte. Das kann schon der Spaziergang in der Mittagspause sein oder einfach kleine Pausen zwischendrin nach dem Motto »Kreative Power durch Pausen«. Weitere und konkrete Inspirationen hierzu finden Sie in Kapitel 3.

2.2.12 Die kreative Kraft des Schlafs

Da wir gerade Entspannung und Tagträumen als Erfolgsfaktor für Kreativität entdeckt haben, liegt es nahe, dass auch Schlafen als tiefe Form der Entspannung und Träumen zur Kreativität beitragen kann. Schon der Volksmund kennt die große Kraft des Schlafes: »Schlaf mal eine Nacht drüber!« Auch gibt es einige große Erfinder, die bei ihren Entdeckungen durch Träume inspiriert worden sind. So soll beispielsweise der russische Chemiker Dmitri Mendelejew im Schlaf eine Bildtafel gesehen haben, auf der alle Elemente einen Platz hatten, und daraufhin das Periodensystem der Elemente entwickelt haben.

Immer mehr Studien belegen, dass Schlaf das kreative Denken fördert. So kommen beispielsweise Wagner et al. in ihrer Studie von 2004 zu dem Ergebnis, dass Schlafen die Einsicht in eine Problemlösung zu fördern scheint. In der Studie entdeckten die Probanden, die acht Stunden geschlafen hatten, im Vergleich zu den Teilnehmern, die nicht schlafen durften, eine versteckte, den Lösungsprozess abkürzende Regelhaftigkeit in einer gestellten Aufgabe (Wagner, 2004).

In einer weiteren Studie von Monaghan et al. aus dem Jahr 2015 fanden die Forscher heraus, dass der Schlaf auch für die Problemlösungen von schwierigen Fragestellungen hilfreich ist (Monaghan, 2015).

Ausreichend Schlaf fördert also unsere kreativen Leistungen. Doch wie sieht es umgekehrt aus? Was ist, wenn wir zu wenig schlafen? Horne konnte bereits 1988 in einer Studie nachweisen, dass Schlafentzug Kreativität auf der anderen Seite negativ beeinflusst (Horne, 1988). Dies bestätigten auch die Ergebnisse des Neurowissenschaftlers Michael Scullin, Leiter des Sleep Neuroscience and Cognition Laboratory der Baylor University, der nachgewiesen hat, dass es der Kreativität bereits schadet, ein paar Tage hintereinander weniger zu schlafen als sonst (Baker, 2019).

Somit ist der Schlaf und vor allem fehlender Schlaf in seinen Auswirkungen auf die Kreativität nicht zu unterschätzen. Denn wir sind entgegen mancher Vorstellungen nicht nur passiv in der Schlafphase. Ganz im Gegenteil – nachts laufen wichtige Reparatur- und Verarbeitungsprozesse ab, wie es auch der Schlafexperte Professor Dr. Jürgen Zulley in einem Interview deutlich macht:

> »Nachts sind [...] die Türen nach draußen verschlossen, die Kontakte mit der Außenwelt werden erheblich reduziert. Im Innern des Organismus werden die autonomen Reparaturmechanismen in Gang gesetzt, es wird gearbeitet und es werden Energiespeicher aufgefüllt, um dann am Morgen für die Reize von außen wieder bereit zu sein. Die nächtliche Arbeit ist die Grundvoraussetzung, um tagsüber leistungsfähig zu sein.« (Zulley, 2018)

Das bedeutet also, dass wir selber für ausreichend Schlaf sorgen sollten, statt zu lange im wachen Zustand an Problemen zu tüfteln. Auch ein Power Nap bzw. Mittagsschlaf kann helfen und eine kreative Wirkung zeigen. Auch wenn Mittagsschlaf lange Zeit als verpönt galt. Doch es gibt auch eine biologische Notwendigkeit, einen Mittagschlaf einzulegen. Deswegen empfiehlt der Schlafexperte Professor Dr. Jürgen Zulley, mittags bis zu 30 Minuten zu schlafen:

> [...] Wir haben um die Mittagszeit ein biologisches Tief. [...] Wir sollten in dieser Zeit eine kurze Ruhepause einlegen, denn danach sind wir wieder deutlich leistungsfähiger. [...] Der Mittagsschlaf sollte allerdings nicht länger als 30 Minuten dauern, sonst hat er die gegenteilige Wirkung. Nach einem längeren Schlaf braucht es sehr lange, bis man wieder den Wachzustand erreicht.« (Zulley, 2018)

In einem »Mittagsschlafexperiment« mit 77 Freiwilligen fanden die Psychologen um Denise Cai und Sara Mednick von der University of California in San Diego 2009 heraus, dass Kreativität insbesondere in den sogenannten REM-Phasen (»Rapid Eye Movement«) entsteht. So konnten Testpersonen, die vorab einen Mittagsschlaf hielten, Denkaufgaben wesentlich besser lösen als die Testpersonen, die zuvor nur ruhten. Und die Art der Schlafphase machte ebenfalls einen großen Unterscheid aus. Die Probanden, die die REM-Phasen erreichten, waren besonders kreativ im Lösen der nachfolgenden Aufgaben, die kreatives Verknüpfen erforderten, im Vergleich zu den Personen, die in eine andere, tiefere Schlafphase gefallen waren. Die Forscher schlussfolgerten, dass gerade der REM-Schlaf wichtig sei, um neue Informationen mit vorhandenen Gedächtnisinhalten zu verknüpfen und neue gedankliche Netze zu knüpfen (Denise, 2009).

Mit anderen Worten: REM-Schlaf ist ein wahrer Kreativitätsboost. Werfen wir daher noch einmal einen genaueren Blick auf diese REM-Phase, die auch als Traumphase bezeichnet wird. Interessant ist, dass in der REM-Phase die Hirnströme stärker dem Wachzustand ähneln als die übrigen Schlafphasen. So beschreibt es der Schlafexperten Zulley wie folgt:

> »Der REM-Schlaf wird auch paradoxer Schlaf genannt, weil es unserem Verständnis von Schlaf völlig widerspricht, was in dieser Phase stattfindet: Das Gehirn hat einen größeren Energieumsatz, was nichts anderes bedeutet, als dass wir in diesem Schlafstadium praktisch wacher sind als im Wachstadium. Das entspricht nicht dem allgemeinen Verständnis von Schlaf.« (Zulley, 2018)

Das Geniale: Es gibt Selbstcoachingtechniken, die Sie in Kapitel 4.9 »Kreativitäts-Selbstcoaching mit EMDR« finden, die genau diese kreativen Kräfte der REM-Phasen nutzen. Diesen Kreativitätsboost können Sie sogar im wachen Zustand im Büro nutzen, wenn mal keine Zeit für einen Power Nap ist.

Lust auf kreatives Schlummern? Die sogenannte Dalí-Technik (Kap. 5.3.11) ist eine besondere Technik, mit der Sie die kreative Kraft des Schlafs als Kreativitätsbooster nutzen können.

2.2.13 Mindmap zu den Erfolgsfaktoren von Kreativität

Sie haben in diesem Kapitel zahlreiche Erfolgsfaktoren für kreatives Arbeiten kennengelernt. Vielleicht nutzen Sie auch den einen oder anderen Erfolgsfaktor bereits in Ihrer Arbeit, unbewusst oder auch bewusst. Es gibt mit Sicherheit noch einige weitere Faktoren, die Sie zusätzlich für sich oder auch in Ihrem Marketingteam nutzen können.

Damit Sie auf dem Erfolgsweg bleiben, haben Sie nun die Möglichkeit, Ihre Gedanken zu Ihren Erfolgsfaktoren der Kreativität zu verschriftlichen. Denn alleine durch den Schreibprozess können Sie Ihre Gedanken sortieren, sich Ihre Ideen noch besser merken und es wird auch wahrscheinlicher, dass Sie Ihre Ideen umsetzen.

Auf mybook.haufe.de finden Sie eine Vorlage, die Sie nutzen können, um eine Mindmap anzufertigen. Sie können aber auch ganz klassisch nach der Mindmapping-Methode mit einem weißen Blatt starten (vgl. Kap. 5.3.5).

Übung: Mindmapping – Erfolgsfaktoren der Kreativität

1. Werfen Sie einen Blick über die Buchabschnitte zu den Erfolgsfaktoren der Kreativität. Nehmen Sie die Vorlage oder einfach ein weißes Blatt Papier – mindestens im DIN-A4-Format, noch besser im DIN-A3-Format quer vor sich. Und legen Sie sich einen grünen, gelben und roten Stift zum Markieren bereit. Dann sammeln Sie einfach Ihre Ideen in kurzen Stichpunkten und halten Sie diese in Ihrer Gedankenlandkarte fest. Sie können auch Skizzen oder Symbole ergänzen.
2. Wenn Sie das Gefühl haben, dass Sie alle wichtigen Gedanken aufgeschrieben haben, können Sie für einen besseren Überblick Ihre Ideen nach dem Ampelprinzip clustern. Das kann zum Beispiel nach dem Kriterium der Umsetzbarkeit sein. Sie können auch ein anderes, für Sie passenderes Kriterium wählen. Markieren Sie nun die Ideen, die Sie sofort und leicht umsetzen können, mit einem grünen Stift. Ideen, die etwas aufwendiger sind, können Sie gelb markieren und alle anderen, die aus Ihrer Sicht schwerer umzusetzen sind, etwa aus Ressourcengründen, mit rot.
3. Wenn Sie diese Übung gemeinsam mit Kollegen machen, können Sie Ihre Ideen und Ziele zu den Erfolgsfaktoren gemeinsam besprechen und zusätzlich auch die Gedanken Ihrer Kollegen festhalten. Sie können auch gemeinsam entscheiden, welche Maßnahmen Sie in Ihrem Team gemeinsam umsetzen möchten. Am besten funktioniert das in Kleingruppen bis zu sechs Personen.
4. Nun haben Sie noch ergänzend die Möglichkeit, bei den aus Ihrer Sicht wichtigsten Ideen eine Zielformulierung zu ergänzen. Dadurch erhöhen Sie die Zielerreichungswahrscheinlichkeit. Das können Sie sowohl bei den grünen, gelben als auch roten Ideen machen. Dazu nutzen Sie einfach die SMART-PS-Formel zur Formulierung und als Checkliste. SMART-PS ist ein Akronym. Die Abkürzung steht für **s**pezifisch, **m**essbar, **a**ktionsorientiert bzw. **a**ttraktiv, **t**erminiert, **p**ositiv und **s**chriftlich. Hier ein Beispiel eines möglichen Zielsatzes nach der SMART-PS-Formel. Der Zielsatz lautet zum Beispiel:
   »Das Texten von Werbemitteln mache ich ab jetzt im Stehen – bis zum 15.02.2021 mache ich das bei mindestens 80 % dieser Aufgaben.«
   - **Spezifisch:** Ja, der Zielsatz »Das Texten von Werbemitteln ...« ist ganz konkret formuliert.
   - **Messbar:** Ja, 80 % aller dieser Aufgaben.
   - **Attraktiv:** Ja, attraktiv ist das Ziel für den Anwender, da er so effektiver arbeiten kann, Zeit spart und noch kreativer ist. Die Attraktivität ist sehr

bedeutsam für die Zielerreichung, denn ohne sie fehlt meist auch die Motivation.
- **Terminiert:** Bis zum 15.02.2021 erreicht. Einen konkreten Termin festzuhalten ist besser, als »in drei Monaten« zu sagen. Denn so haben wir keine »Ausflüchte«, sondern diesen Zieltermin vor Augen.
- **Positiv:** Ja, der Zielsatz ist positiv formuliert – sprich, ohne Negationen – denn unser Gehirn kennt kein »nicht« und wäre bei einer »negativen« Formulierung, wie »Ich werde bei Textarbeiten *nicht* im Sitzen arbeiten« nicht ideal »programmiert«.
- **Schriftlich:** Halten Sie den Zielsatz in jedem Fall schriftlich fest. Denn wir haben täglich 60.000 Gedanken – und nicht alles können wir uns merken. Etwas Verschriftlichtes verankert sich noch besser und Sie können zudem Ihren Zielsatz an eine für Sie täglich sichtbare Stelle aufhängen. Das wirkt unbewusst und positiv auf Ihre Zielerreichung ein.

5. Der letzte Schritt ist der entscheidende, er lautet: Machen!
   Tipp: Wenn Sie innerhalb von 24 Stunden einen ersten Schritt gehen – der darf auch ganz klein sein – haben Sie eine 80-prozentige Erfolgswahrscheinlichkeit.

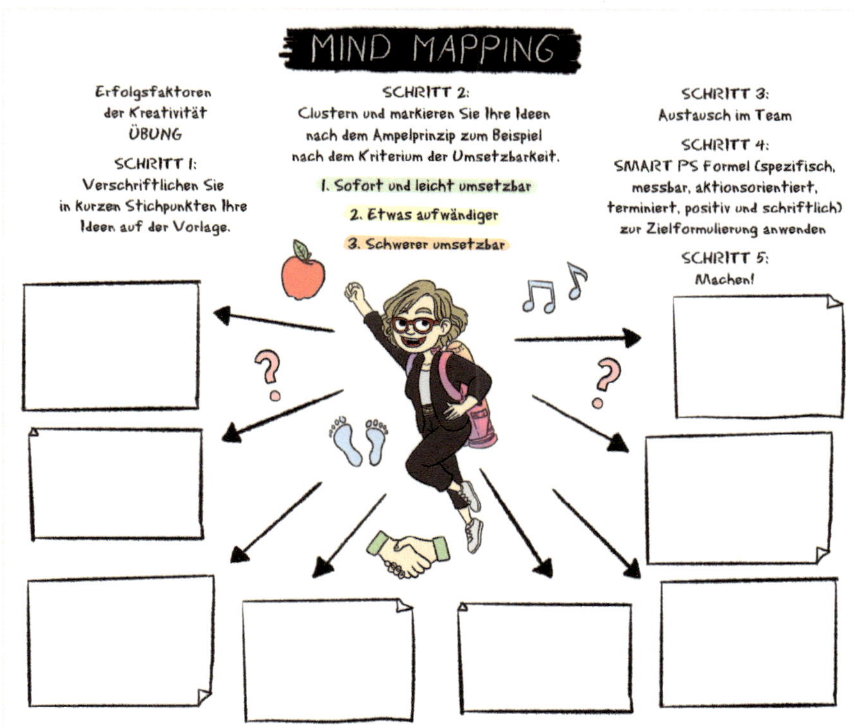

Abb. 20: Mindmap – Erfolgsfaktoren (→ Arbeitshilfen online)

3 Kreative Rahmenbedingungen im Büroalltag

Was Sie in diesem Kapitel erwartet!

In Kapitel 2 haben Sie erfahren, wodurch Kreativität im Arbeitsalltag ausgebremst und verhindert wird, und auf der anderen Seite, was alles auf Kreativität einzahlt. Und das sind eine Menge Faktoren. Vielleicht setzen Sie auch bereits einiges davon in Ihren Teams oder Ihrem Unternehmen um. Vielleicht haben Sie auch bereits erste Ideen, wie Sie darüber hinaus einen Kreativitätsboost in Ihrer Marketingabteilung auslösen können.

In diesem Kapitel bekommen Sie weitere konkrete Umsetzungstipps und Best-Practise-Beispiele, wie Sie optimale Rahmenbedingungen im Büro schaffen können. Und das gilt sowohl für die Unternehmen und Teams (Kap. 3.1) als auch für Sie als Einzelnen (Kap. 3.2). Denn auch kleine Übungseinheiten zwischendurch sind ganz leicht möglich und schaffen es, einen kreativen Hänger zu überbrücken.

Wir starten mit Studienergebnissen zur aktuellen Kreativitätslage in Unternehmen. Denn nicht umsonst trägt der erste Abschnitt 3.1.1 in diesem Kapitel den Namen »Die Kreativitätslücke am Arbeitsplatz«. Da gibt es reichlich Potenzial für viele Unternehmen und Teams! Zeit, die Rahmenbedingungen der Kreativität ins Auge zu fassen und neu zu gestalten …

Abb. 21: Rahmenbedingungen für Kreativität

3.1 Was kann Ihr Unternehmen konkret tun?

»Es ist leichter, Kreativität durch eine Veränderung äußerer Bedingungen zu fördern als durch den Versuch, das Individuum zu kreativerem Denken anzuregen«, schreibt Mihaly Csikszentmihalyi in »Flow und Kreativität: Wie Sie Ihre Grenzen überwinden und das Unmögliche schaffen« (Csikszentmihalyi, 2018).

Nachdem wir uns in Kapitel 2.2 die Erfolgsfaktoren von Kreativität angesehen haben, gehen wir nun ganz konkret auf die Maßnahmen ein, die Unternehmen treffen können, um Mitarbeiter in ihrer Kreativität zu fördern.

In Studien von IQudo (vgl. Kap. 3.1.1) wurde belegt, dass Mitarbeiter kreativ sind, nur oft eben nicht am Arbeitsplatz. Diese Kreativitätslücke Arbeitsplatz gilt es zu schließen. So scheint laut der Studie insbesondere Führung, Betriebsklima und die Unternehmenskultur verantwortlich für die kreativen Leistungen der Mitarbeiter zu sein.

Schauen wir uns diese Innovationspotenziale der Unternehmen nun genauer an.

3.1.1 Die Kreativitätslücke am Arbeitsplatz

Laut einer Studie von IQudo mit 534 Befragten im Alter zwischen 19 und 65 Jahren in der Stuttgarter Innenstadt zum Thema »Ideen am Arbeitsplatz« sind nur 6,4 % der Deutschen am Arbeitsplatz kreativ, d. h. 93,6 % haben ihre besten Ideen nicht am Arbeitsplatz. Das zeigt eine riesige Kreativitätslücke, aber damit auch die Potenziale auf.

In der Befragung wird deutlich, dass Stress und Ablenkungen zusammen über 60 % die Hauptgründe dafür ausmachen. 15 % (dritter Hauptgrund) der Interviewten gaben an, dass Kreativität nicht erwünscht sei. Die weiteren genannten Gründen waren: »Kein Spaß auf Arbeit« (9,26 %), »Zeit und Umgebung unpassend« (5,86 %), »Arbeitslos oder Sonstige« (10,5 %).

Das folgende Ranking zeigt, wann und an welchen Orten die Interviewten in der Regel ihre besten Ideen haben (Gerlach, 2010):

1. Ruhemoment (47,87 %)
2. in Bewegung (24,11 %)
3. Freizeit (7,09 %)
4. Arbeit (6,38 %)
5. auf dem Arbeitsweg (5,32 %)
6. andere (9,22 %)

In einer weiteren Studie des IQudo – academy for creative intelligence – im Mai und April 2015 mit 508 Teilnehmern in einer Vorstudie in New York/Manhattan und 502 Interviewpartner in San Francisco fanden die Forscher heraus, dass nur 16,3 % der Interviewten ihre besten Ideen auf der Arbeit hatten. Das heißt, die große Mehrheit ist nicht auf der Arbeit kreativ. Auch hier wurden ähnliche Gründe angegeben wie in der deutschen Studie von 2010: Zu viele Ablenkungen, keine Zeit und Stress waren die Hauptgründe.

Interessant sind weiterhin die Gründe derjenigen, die ihre besten Ideen im Job haben, Mehrfachnennungen waren hier möglich (Gerlach, 2016):

1. inspirierende Kollegen (47,7 %)
2. kreative Atmosphäre (29,1 %)
3. Kreativität ist erforderlich (27,9 %)
4. Zeit zum Nachdenken (20,9 %)

Diese Studienergebnisse zeigen riesige Potenziale für Unternehmen auf. Es gilt also, eine Arbeitskultur zu etablieren, die Freiräume schafft, Zusammenarbeit statt Fließbandarbeit fördert. Mitarbeitern Zeit für Muße zu schenken scheint sich am Ende deutlich auszuzahlen. Auch das Ermöglichen von sportlicher Bewegung und von Entspannungsphasen fördert die Innovationskraft. Weitere konkrete Umsetzungsimpulse für Unternehmen und Marketingabteilungen bzw. Unternehmenseinheiten finden Sie in den folgenden Abschnitten.

3.1.2 Wohlfühlatmosphäre auf einem Business Playground

Viele schmunzeln über die neue Berufsbezeichnung »Feel Good Manager« – böse Zungen behaupten, so eine Stelle braucht es nur, wenn im Unternehmen nicht genug zu tun ist. Doch die enorme positive Kraft einer Wohlfühlatmosphäre sollte nicht unterschätzt werden – gerade im Hinblick auf Kreativität und das Etablieren einer Kreativkultur.

So konnten wir in den Studienergebnisse in Kapitel 3.1.1 feststellen, dass ein sicherer »Brutplatz« wichtig für Kreativität ist. Wenn sich Menschen am Arbeitsplatz sicher und wie zuhause fühlen, ist das die halbe Miete für eine Steigerung kreativer Leistungen.

Google, das seit Jahren weltweit zu den innovativsten Unternehmen zählt, hat beispielsweise sein Hauptquartier in Zürich wie eine Wohlfühloase für ihre Mitarbeiter gestaltet: In Entspannungsräumen mit Massageliegen, Spielmöglichkeiten wie Billardtischen kommt man sich vor wie in einem Vergnügungspark – so führt eine Rutschbahn direkt in die Kantine (Gerlach, 2010).

Mit Sicherheit ist dieser Vergnügungsparkcharakter ein Faktor, der hilft, dass sich Mitarbeiter wohlfühlen. Doch es gibt weitere Faktoren, die noch einfacher und günstiger umzusetzen sind. Und einen genialen Business Playground ermöglichen.

!

Praxistipp

Hier ein paar kostengünstige Möglichkeiten, was alles zum Wohlfühlen am Arbeitsplatz beitragen kann:

- **»Kleider-un-ordnung«**: In Werbeagenturen habe ich häufig den Casual Friday erlebt: Zum Abschluss der Woche konnte jeder in seiner Wohlfühlkleidung zur Arbeit kommen. Es ging einfach noch lockerer zu als an den anderen Werktagen. Aus meiner Erfahrung hat alleine diese Einladung dazu beigetragen, sich am Arbeitsplatz »wie zuhause« zu fühlen. Aber es gibt auch gegenteilige Beispiele. In Branchen wie der Finanzdienstleistung ist es beispielsweise üblich, sehr enge Vorgaben zur Kleiderordnung zu haben – selbst wenn man keinen direkten Kundenkontakt hat. Und das kann im wahrsten Sinne des Wortes den einen oder anderen einengen und damit auch seine Kreativität.
- **Wohnliche Rückzugsorte und Ruheoasen** können nach anstrengenden Meetings oder einfach, um Kraft zu tanken, auch eine echte Motivationsquelle für die Mitarbeiter sein. Auch vor dem Hintergrund der Erkenntnis, dass knapp die Hälfte aller Befragten in der IQ-Studie in Ruhemomenten ihre besten Ideen haben und am klassischen Arbeitsplatz nur rund 6 % (vgl. Kap. 3.1.1 »Kreativitätslücke am Arbeitsplatz«).

- Eine solche Ruhemöglichkeit muss nicht immer ein Rieseninvest sein. Nach meiner Erfahrung ist es sogar ein großer Vorteil, wenn Mitarbeiter ihre Oase am Arbeitsplatz selber gestalten dürfen – und das ganz kreativ mit einem kleinen Budget. Denn das regt ja schließlich auch die Kreativität an. Und da in vielen Unternehmen Raummangel ein großes Thema ist: vielleicht lässt sich ja auch eine gemütliche Ecke einrichten mit entsprechende Abtrennwänden und auch akustischen Abgrenzungen oder es lässt sich eine Mehrfachnutzung von Räumen realisieren.
- **Bilder** haben zudem einen großen Wohlfühlcharakter! Lassen Sie Ihre Mitarbeiter selber Bilder für ihr Büro auswählen. In Großraumbüros bringen Bilder, die zugleich als schalldichte Abtrennung dienen können, einen zusätzlichen Nutzen und sie können zudem, wie wir in Kapitel 2.2.3 »Priming und Querdenken« erfahren, zu mehr Kreativität verhelfen!
- **Meditation** ist eine Geheimwaffe in Sachen Kreativität (vgl. Kap. 4.7). Schaffen Sie Möglichkeiten für Mitarbeiter, die meditieren wollen, oder veranstalten Sie regelmäßig gemeinsame Meditationsrunden. Solche Runden können im Team vor jedem Meeting stattfinden oder auch in halbstündigen Kursen, die beispielsweise mittags angeboten werden. Das hilft uns, wieder aufzutanken.
- Neben Meditationskursen können sich auch Yoga, Qi Gong, Atemkurse »take a breath« oder andere **Entspannungseinheiten** sehr positiv auf das Wohlbefinden der Belegschaft auswirken. Laden Sie hierzu einfach externe Trainer ein oder fragen Sie, wer unter den Kollegen Lust hat und ausgebildet ist, solche Einheiten zu leiten. Das werden die Kollegen sehr wertschätzen!
- Auch eine Massage während der Arbeitszeit lässt sich leicht und kostengünstig umsetzen und bringt viel Mehrwert! So könnten Sie beispielsweise an bestimmten Tagen Masseure engagieren. Jeder, der Lust hat, kann sich dann für eine Massage zurückziehen und auftanken. Ein Massagesessel oder im besten Falle mehre sind eine weitere Variante.
- Wie wäre es mit einem Haarschnitt oder anderen **Beauty-Behandlungen** während der Arbeitszeit? Für viele Menschen ist auch das eine wunderbare Auszeit, in der sie auftanken können. Vielleicht ist eine Beautysalon in der Nähe, mit dem Sie kooperieren können. Oder ein Friseur kommt zu Ihnen ins Unternehmen mit »Sprechzeiten«.
- Über die **Macht des Schlafs** haben wir in Kapitel 2.2.12 einiges erfahren. Auch das lässt sich im Unternehmenskontext umsetzen. Vielleicht könnten Sie Räume für Power Naps bereitstellen. Die Kantine wird beispielsweise meist nur mittags genutzt. Vielleicht lässt sich hier etwas anders gestalten. Oder vielleicht gibt es andere Räumlichkeiten in der Nähe Ihres Unternehmens, in die sie die Mitarbeiter gezielt einladen können. Eine Salzgrotte beispielsweise? Es kann zum Beispiel auch mal ein Teamausflug vor dem Meeting sein oder Ähnliches. Oder im Sommer ein Ausflug in einen nahegelegenen Park?
- Die **Einrichtung** ist natürlich eine weitere Möglichkeit, Wohlfühlen und Einfallsreichtum zu fördern. Lesen Sie hierzu mehr in Kapitel 3.1.7.
- Wohlfühlen kann natürlich auch heißen, sich in seinem Team unter den Menschen wohlzufühlen. Wenn Mitarbeiter das Gefühl haben, dass neue Ideen willkommen sind und nicht kleingemacht werden, haben sie auch keine Bedenken, ver-rückte Ideen zu äußern. Regelmäßige **Teamveranstaltungen** können hier erheblich dazu beitragen, ein solches Teamgefüge zu etablieren und zu halten.

Sie brauchen nicht alle diese Impulse umzusetzen. Schauen Sie einfach, was für Ihr Unternehmen passend und möglich ist und was Sie vielleicht passend machen können … und wie Sie Ihre Kultur gestalten und etablieren wollen.

»An dem Punkt, wo der Spaß aufhört, beginnt der Humor«, schreibt Werner Finck. **Humor und Spaß** tragen natürlich auch zum Wohlbefinden bei: Diese Wunderwaffen schauen wir uns nun genauer an.

3.1.3 Humor und Spaß am Arbeitsplatz

In Kapitel 1.3.4 haben wir schon den Zusammenhang von Humor und Kreativität untersucht. Humor und Spaß sind beide sehr wichtig für den Arbeitsplatz: Sie sorgen für mehr Leichtigkeit und mit Humor schaffen wir es, den alltäglichen Schwierigkeiten und Missgeschicken mit heiterer Gelassenheit zu begegnen – die besten Voraussetzungen für Kreativität!

Doch damit nicht genug: Humor ist eine Schlüsselkompetenz, um Vertrauen aufzubauen und eine Verbindung zu anderen Menschen herzustellen. Humor reduziert Stress, macht den Berufsalltag einfacher und beschleunigt Kommunikation. Auch das ist wertvoll und eine gute Basis für erfolgreiches kreatives Arbeiten im Unternehmen.

Nebenbei wirkt die Wunderwaffe Humor nachweislich körperlich wie mental deutlich und positiv auf den gesamten Menschen.

Körperliche Wirkung von Humor

- bessere Versorgung des Blutkreislaufs mit Sauerstoff
- verbesserte Durchblutung
- Der Blutdruck wird nachweislich gesenkt.
- Die gesamte Körpermuskulatur entspannt sich.
- Das körpereigene Immunsystem wird aktiviert (auch Tage danach messbar).
- vermehrte Produktion von Abwehrstoffen
- spürbare Erleichterung bei Schmerzen

Mentale Wirkung von Humor

- Steigerung von Leistungspotenzial, Motivation und Wohlbefinden
- Entstehung von Kreativität und neuen Perspektiven
- Lockerung alter Gedankenmuster
- Förderung von flexiblem Denken

- Die Vernetzung im Gehirn wird erweitert.
- verbesserte Zusammenarbeit der rationalen (rechts) und intuitiven Hirnhälfte (links)
- Abbau von emotionale Blockaden, Ängsten ...
- die Folge: gesteigertes Selbstbewusstsein

Diese lange Aufzählung zeigt die Bedeutung von Spaß und Lachen im Büro als ernstzunehmendes Instrument für Unternehmen! Natürlich ist es wichtig, dass der Humor ungefährlich ist, sprich, sich selbst und andere aufwertet bzw. sozial ist, also Nähe schafft. Humor hat aber auch die Kraft, gefährlich und scharf zu sein wie ein Küchenmesser: Man kann ihn auch als Waffe einsetzen.

Die besondere Macht von Humor habe ich kürzlich selbst erlebt: Im vollen Bus möchte auch der dritten, dringenden Aufforderung des Busfahrers, »nach hinten aufzurücken«, niemand nachgehen. Seine dann folgende »ver-rückte« und überraschende Ansage war dagegen imstande, auf das Verhalten der Fahrgäste positiv einzuwirken: »Alle, die in dieser Woche schon geduscht haben oder frische Unterwäsche tragen, dürfen sich nun auch in den hinteren Teil des Busses bewegen.« Das gleiche Prinzip gilt für die Bitte im Doppeldeckerbus: »Achtung – Sie können auch nach oben gehen – der Bus fährt in die gleiche Richtung!«

Humor hat die Macht zur Verhaltensveränderung!

Das Gleiche kann für Ihr Marketingteam oder Unternehmen gelten: Nutzen Sie die Macht von Humor, um Menschen zu bewegen und sie einander näher zu bringen.

Was können Unternehmen oder Ihr Marketingteam konkret tun, um Spaß und Humor zu fördern?

Der Diplom-Psychologe und Experte in der Marketing- und Management-Hirnforschung Dr. Hans-Georg Häusel schreibt in seinem Buch »Think Limbic!« (2019) über die Möglichkeiten von Unternehmen, Kreativität zu fördern. Ganz konkret ist Häusel davon überzeugt, dass ein Unternehmen eine Atmosphäre von Lust und Spaß ermöglichen sollte, damit sich die limbische Stimulanzkraft besser entfalten kann. Denn nur so kann Kreativität und Risikolust entstehen, die Innovationen erst möglich machen. Und »ohne Innovation keine Zukunft«, bringt es Häusel klar auf den Punkt.

Auch ist es in der Tat wichtig, Lachen im Unternehmen zu fördern. Häusel berichtet von einem Unternehmen, das unkonventionelle Aktionen und Wege nutzt, um die Stimulanzkraft zu stärken. Beispielsweise engagiert dieses Unternehmen Clowns, die feinsinnig-subtile Späße in den Arbeitsalltag bringen. Auch Betriebsausflüge können anders gestaltet werden, sie müssen nicht den klassischen Ritualen vieler Unternehmen entsprechen.

Impulse für Ihr Team oder Unternehmen

1. Gestalten Sie Weihnachtsfeiern, Betriebsausflüge, Offsite-Meetings anders und drehen Sie sie auf den Kopf. Das fördert die Kreativität innerhalb des Unternehmens und Ihres Teams.
2. Kämpfen Sie gegen die multiple Organisationssklerose: Fördern Sie die Stimulanzkraft in Ihrem Unternehmen und seiner Mitarbeiter durch unkonventionelle Verhaltensweisen. Solche »Störungen« sind wichtig, da es sonst keine Kreativität und Innovationen geben kann (Häusel, 2019, S. 90–92).
3. Mut zu einer ungewöhnlichen internen Unternehmenskommunikation: Ver-rückte Betriebsfeiern, freche und provozierende Aktionen sind wichtig, um die Macht der Balance-Kraft zu stören (Häusel, 2019, S. 90–92).
4. Geheimwaffe Lachen: Lachen kann Macht- und Grabenkämpfe unterbinden und steckt an: Das oberste Management sollte voranlachen, damit sich auch die Mitarbeiter und Kunden anstecken (vgl. Kap. 4.2) (Häusel, 2019, S. 90–92).
5. Reduktion der Bürokratie: Zu viele Formulare und Regeln verhindern Kreativität (Häusel, 2019, S. 90–92).
6. Comedians einladen und ein gemeinsames Lunch and Learn-Format gestalten.
7. Lustige Mitarbeiter-Wettbewerbe wie z. B. »Die lustigste Panne«, »Das witzigste Kundengespräch« veranstalten.
8. Fehler-Awards ausloben (vgl. Kap. 2.2.6 »Positive Fehlerkultur«).
9. Besonders wichtig ist es, wenn Führungskräfte und Multiplikatoren Humor vorleben. Das hat die größte Wirkkraft. Sie können es vorleben, Missgeschicke und Fehler umzudeuten! (vgl. Kap. 2.2.6)

Lachen und Spaß haben lohnt sich in vielerlei Hinsicht und schafft vor allem die besten Bedingungen für zündende Ideen.

!

Praxistipp: Kreativitäts-Apartheit

Um den Blick bei Kollegen zu schärfen, wie schnell im Alltag Kreativität unbewusst unterbunden wird, können Sie auch humorvoll von der »Kreativitäts-Apartheit« berichten. Diese entsteht ganz leicht im Arbeitsalltag, indem die Verantwortlichen im Büro (Raitner, 2013) …

- jede Form von Humor unterbinden, denn Arbeit soll keinen Spaß machen.
- hemmungslos Kritik äußern und systematisch das Selbstvertrauen der Mitarbeiter untergraben.
- und natürlich möglichst viel und ständig Druck erzeugen, denn Zeit ist Geld.

Fordern Sie mit einem solchen Perspektivenwechsel auf, die »Kreativitäts-Apartheit« zu vermeiden.

3.1.4 Bewegungs- und Gesundheitsangebote

Dass Bewegung insbesondere in der Natur ein wahrer Kreativitätsboost ist, haben wir bereits in den Kapiteln 2.2.7 und 2.2.8 gesehen.

In Sachen Bewegung sind einige Unternehmen schon sehr aktiv geworden. Ein Vorreiter ist beispielsweise Hugo Boss. Angestellte am Unternehmenssitz in Metzingen können sich in dem Fitnessstudio mit eigenen Trainern und Kursen austoben und sogar ein Fußball- und Beach-Volleyballplatz laden zur Bewegung ein (Gerlach, Studie Ideenfindung, 2010). Es muss ja nicht gleich ein eigenes Fitnessstudio sein: Es gibt weit mehr und auch einfache und kostengünstige Möglichkeiten, Bewegung im Arbeitsalltag zu ermöglichen. Unten finden Sie dazu zahlreiche Anregungen.

Neben Bewegung hilft auch gesunde Ernährung und mentale Gesundheit, unsere kognitiven Fähigkeiten zu verbessern. Auch dazu schauen wir uns konkret an, welche Möglichkeiten Unternehmen haben, solche Gesundheitsangebote im Unternehmen oder auch im Team zu kreieren und im besten Falle zu etablieren.

Inspirationen zu gesunden Ernährungsangeboten

- Gesundheitsvorträge während der Arbeitszeit zum Beispiel in der Kantine
- Gesundheitstage mit Impulsgebern, Infoständen in Kooperation mit Gesundheitspartnern
- regelmäßige (z. B. wöchentliche) Kochkurse nach der Arbeit mit Ernährungsberatern
- Gutscheine für professionelle Ernährungsberatung
- gesunde Ernährung in der Kantine oder gesundes Catering
- Kooperationen/Subventionen mit gesunden Restaurants in der Nähe
- Wasser und Obst für alle kostenlos
- Studentenfutter oder andere Brainfoods statt Keksen in Meetings
- Verkauf von zuckerfreien Kuchen oder Nachtischen
- Aktionswochen, die neugierig machen, und gesunde Gerichte in der Kantine mit gesunden alternativen Zutaten

Nicht alles lässt sich für jedes Unternehmen umsetzen. Doch lassen Sie sich inspirieren, was für Sie leicht und gut umsetzbar ist. Ganz nebenbei können sich Unternehmen die eine oder andere Aktion oder Maßnahme auf ihre PR-Fahne schreiben oder auch zur Mitarbeitergewinnung und -bindung einsetzen.

Inspirationen zu Bewegungsangeboten

- Kreativwanderungen statt Teamsitzungen: Erlauben Sie, das Teammeetings und Kreativsessions grundsätzlich im Freien durchgeführt werden und leben Sie diese Kultur von oben vor.

- Setzen Sie Stehtische und anderes Mobiliar in Meetingräumen und Büros ein und führen Sie mehr Stand-up-Meetings statt Sitzungen durch (vgl. Kap 4.3 »Embodiment, Körperhaltung und Kreativität«).
- »Walk and Talk«-Meetingformate im Team oder Unternehmen etablieren.
- Wettbewerbe in Teams initiieren und fördern zum Beispiel mit Werbung in Aufzügen und Treppen.
- Bewegte Pausen bei langen Meetings als Standard etablieren (ähnlich wie Schulpausen).
- Sportkurse in Kooperation mit Gesundheitskassen in eigenen Räumlichkeiten morgens, mittags, nachmittags und abends anbieten.
- Mitarbeiter für Mitarbeiter: Dazu ausgebildete Mitarbeiter leiten Sportkurse für andere Mitarbeiter.
- Spaziergang während der Arbeitszeit fördern
- Teamausflüge mit Bewegung subventionieren
- Sport als Arbeitszeit: Vielleicht kann ja sogar ein Austausch oder Meeting im eigenen Fitnessstudio stattfinden oder bei einem Spaziergang und als offizielle Arbeitszeit gelten.
- Unternehmens-Turniere veranstalten für Mitarbeiter
- Unternehmensfahrräder zum kostenlosen Verleih anbieten
- Kooperationen mit Sportstätten und Rabatte/Gutscheine für Mitarbeiter
- Für einen guten Zweck gemeinsam bei einem Business Run laufen
- Tischtennisplatte oder andere Sportmöglichkeiten, die auch gut zwischendurch möglich sind
- Tägliches Erinnerungszeichen per E-Mail, App usw.

Inspirationen zu Angeboten rund um die mentale und psychische Gesundheit

- Regelmäßige Vorträge und Infoveranstaltungen zum Beispiel in Kooperation mit Krankenkassen, Psychologen oder Coaches
- Offene Coaching-Sprechstunde anbieten – persönliche, online oder telefonisch
- Mitarbeiter in schwierigen Lebensphasen gezielt mit Coachings unterstützen
- Führungskräfte und Multiplikatoren gezielt mit Coachings unterstützen
- Selbstcoachingwerkzeuge im Arbeitsalltag integrieren (vgl. Kapitel 4)
- Gezielte Unterstützung durch Coaches für eine Rauchentwöhnung oder bessere Ernährung und gesündere Lebensweise in Form von Einzelcoachings oder Gruppenworkshops
- Workshops zu aktuellen gemeinsamen »Schmerzthemen« eines Teams
- Kurzworkshops zum Thema Work-Health-Balance, Austausch untereinander ermöglichen

Alle Impulsideen sind reine Inspirationen für Sie. Auch hier kann nicht jedes Team alles eins zu eins umsetzen. Doch es finden sich bestimmt einzelne Maßnahmen, mit denen

Sie in Ihrem Team oder Unternehmen starten können und wollen. Vielleicht sind Ihnen auch weitere Ideen eingefallen, die noch besser funktionieren könnten.

Wie bei allen Maßnahmen ist es wichtig, diese langfristig zu etablieren. Unterstützend könnten Unternehmen auch eine Art Gesundheitsbonusprogramm auf freiwilliger Basis installieren. Dabei wird nicht nur den Mitarbeitern diese Angebote kostenfrei zur Verfügung gestellt, sondern sie werden sogar dafür belohnt. Zum Beispiel mit Sachprämien aus dem Bereich Gesundheit oder Urlaubstagen usw.

3.1.5 Home Office und andere Freiräume

Ein Meeting in der Natur, eine Kreativwanderung oder auch ein »Walk and Talk«-Format zahlen nicht nur auf die Erfolgsfaktoren Bewegung und Gesundheit ein, sondern vergrößern zudem auch den Freiraum der Mitarbeiter. So haben wir auch den Gegenpol Fremdbestimmung als einen Gegner von Kreativität in Kapitel 2.1 kennengelernt.

Die Kreativitätsforscherin und Psychologin Jennifer Gunkel von der Technischen Universität München ist auch davon überzeugt, dass Arbeitnehmer genug Freiräume haben müssen, damit sich die Kreativität entfalten kann (Schormann, 2010). Auch James G. March erklärte auf einer Konferenz 2007 zur Frage, wie sich Kreativität in Unternehmen managen lässt, dass Freiräume, in denen Mitarbeiter ohne Stress über Neues nachdenken und experimentieren dürfen, maßgeblich für die kreativen Erfolge in Unternehmen sind (Business Wissen, 2008).

Home Office als kreativer Freiraum

Im Zusammenhang mit kreativem Freiraum wird häufig das Home Office genannt. Denn zuhause fühlt man sich schließlich wohl und ist ungestört von den Kollegen im Büro, ganz ohne Kleiderordnung und (physische) Meetings. Und aus meiner Erfahrung sind solche Auszeiten zuhause sehr beflügelnd für das kreative Arbeiten an Konzepten oder dem konzentrierten Arbeiten wie Korrekturlesen.

Home Office in Deutschland – die aktuelle Lage !

Aktuelle Studien zeigen, dass das Home Office in Deutschland auf dem Vormarsch ist. Etwa 30 % aller Unternehmen setzen auf Home Office und die Nachfrage seitens der Angestellten ist ebenfalls hoch und sogar ein Grund für 35 % der Befragten, den Job zu wechseln (Brandt, 2017).

Gefahren des Home Office – das Beispiel IBM

Doch das Home Office kann auch negative Auswirkungen haben. So gibt es Unternehmen, die sich sehr bewusst gegen das Home Office entscheiden oder es sogar wieder abgeschafft haben.

Diesen Trend verdeutlicht einer der Vorreiter in Sachen Home Office – das IT-Unternehmen IBM. Es ermöglichte bereits 1980 seinen Mitarbeitern, von zuhause aus zu arbeiten. Doch 2.600 Marketingmitarbeiter sollen nun zurück in die Büros, da IBM der Meinung ist, kreatives Arbeiten profitiert vor allem vom persönlichen Austausch mit Kollegen vor Ort. Davon sind auch 46% der Unternehmen überzeugt, die ihren Mitarbeiter keine Home-Office-Lösungen anbieten. Sie glauben, dass die Produktivität ohne den persönlichen Austausch der Mitarbeiter sinken würde (Brandt, 2017).

Darüber hinaus warnt die Internationale Arbeitsorganisation (ILO) vor gesundheitlichen Risiken: In einem aktuellen Bericht zeigt sie Risiken wegen fehlender Ergonomie, der schlechteren Abgrenzung zwischen Privat- und Arbeitsleben und der Gefahr der Vereinsamung auf.

So klagen Heimarbeiter stärker über ein erhöhtes Stresslevel als die Büroarbeiter. Ein weiteres Ergebnis war, dass Menschen im Home Office ergonomisch häufig nicht ideale Bedingungen haben. Zudem arbeiten Heimarbeiter mehr, als sie eigentlich müssten, und haben keine klaren Grenzen zwischen Privat- und Arbeitsleben. Ferner kann der fehlende Austausch zu Einsamkeit führen (NEU – Gesellschaft für Innovation mbH, 2019).

Fazit
Home Office ist eine Möglichkeit, Freiraum für Kreativität zu schaffen. Doch wie bei allen Annehmlichkeiten gilt auch hier: Die Dosis macht's. Wenn Mitarbeiter im Extremfall nur von zuhause aus arbeiten, hat das mit Sicherheit eher negative Konsequenzen auf die Innovationskraft eines Unternehmens. Doch ein gezieltes und dosiertes Home Office kann sehr wertvoll für die Kreativität sein. Das ist auch abhängig von den einzelnen Persönlichkeiten. Hier empfiehlt es sich, das Home Office temporär sowie auf freiwilliger Basis anzubieten und die Nutzung der Selbstverantwortung des einzelnen Mitarbeiters zu überlassen. Für Führungskräfte heißt es hier also, Freiheit auszuhalten. Und für Mitarbeiter, selbstverantwortlich zu entscheiden, ob und wann Home Office nützlich für einen selbst und das Unternehmen ist.

Zudem können Unternehmen ihre Mitarbeiter auch mit Selbstmanagement-Coachings, Seminaren und ergonomischer Beratung unterstützen, damit alle Beteiligten die positiven Effekte des Home Office nutzen können.

Darüber hinaus ist das Zuhause ja nicht der einzige Ort, der einen kreativen Freiraum bietet. Unternehmen können auch alternative Räume und Freiheiten schaffen: Wohnliche Rückzugsräume in den Unternehmen selbst, flexible Arbeitszeiten oder auch die Möglichkeit zum gemeinsamen »Nature Office«, »Café Office« oder – insbesondere wegen der Vertraulichkeit der Meetings – die Zusammenarbeit in auswärtigen Innovationsräumen. Auf diese Innovationsräume werfen wir im nächsten Abschnitt einen genauen Blick.

3.1.6 Innovationsräume

Innovations- und Kreativräume, Design Thinking oder Ideenräume scheinen heute sehr en vogue zu sein: Einige Unternehmen haben eigene eingerichtet, andere wiederum mieten regelmäßig extern Kreativräume für Offsites, Teammeetings oder andere wichtige Zusammenkünfte. Ein Innovationsraum hat den Zweck, ein »Brutkasten« für Ideen zu sein mit einem ideenfördernden Umfeld. Er unterscheidet sich deutlich von Seminar- und Besprechungsräumen in Gestaltung und Ausstattung.

So finden Ideensuchende in den Räumen neben Flipcharts, Metaplanwänden, Beamer vor allem Prototyping-Material und Werkzeuge, um ihre Ideen zu visualisieren, fern von allen PowerPoint-Konzepten. Auch lädt der Raum weniger zum Sitzen als zum Bewegen ein. Zwar gibt es auch Sitzgelegenheiten, doch weniger feste Tischgruppen und Stühle. Es ist alles offener und flexibler gehalten und lädt zum spielerischen Arbeiten ein. Somit sind also viele der in Kapitel 2.2 beschriebenen Erfolgsfaktoren berücksichtigt wie Bewegung, Priming und Querdenken, Entspannung.

Die Räume werden häufig für Workshops, Kreativsessions, Teammeetings, agile Meetings, aber auch für andere Zwecke genutzt. Sie sollen die Zusammenarbeit beleben und ein »Out of the box«-Denken fördern.

Doch ein Innovationsraum allein macht noch längst kein Unternehmen kreativ! Es braucht eine Innovationskultur und Führungskräfte, die diese Kultur vorleben (vgl. Kap. 3.1.12 »Kulturwandel für wahre Kreativität«). Jeder Mitarbeiter sollte Zugang zu den Räumlichkeiten haben und diese zu nutzen wissen. Denn sie sollen ja nicht als weiteren Besprechungsraum umfunktioniert werden, sondern Ideen und Innovationen fördern.

Was es hierzu alles ganz konkret braucht und welche Möglichkeiten Unternehmen haben, erklärt uns Markus Müller, Gründer des Innovationsraums »Denkdach«, im Interview.

3.1.7 Wie Innovationsräume Unternehmen unterstützen – Experteninterview mit Markus Müller

Markus Müller !

Markus Müller, Inhaber und Gründer von SOUL WORXX und dem »Innovationsraum Denkdach«, ist als Berater, Coach, Trainer und Autor spezialisiert auf Innovationsmanagement (privat und öffentlich-rechtlich), strategische Unternehmungsentwicklung und Change-Management.
Weitere Infos: www.soulworxx.com und www.denkdach.ch

Workshops im Wohnzimmer

Sarah Remmel: Markus, als Innovationsexperte und Berater begleitest du bereits seit 15 Jahren Unternehmen in der Schweiz und Deutschland in Sachen Innovationsmanagement und verfügst über tiefe Einblicke in die Praxis. Welchen Stellenwert nehmen Innovationsräume heutzutage für Unternehmen ein? Wo stehen Unternehmen bei dem Thema »Innovationsräume« Ihrer Meinung nach?

Markus Müller: Innovations- und Kreativräume sind eine wichtige und gute Sache. Sie erlauben es, aus dem sprichwörtlichen Hamsterrad der täglichen Arbeit auszubrechen und eine neue Perspektive einzunehmen. Sie geben uns im wahrsten Sinne des Wortes einen gewissen Freiraum.

Für viele Firmen gehört ein Kreativraum zum guten Ton. Eine Modeerscheinung. Ich habe aber das Gefühl, dass viele Unternehmen einen Innovationsraum auf die leichte Schulter nehmen. Letztlich ist ein Kreativraum bloß *ein* Puzzleteil innerhalb einer guten Innovationskultur. Nur mit einem Innovationsraum wird man definitiv nicht innovativer.

Sarah Remmel: Du hast selber letztes Jahr den Innovationsraum »Denkdach« in Olten in der Schweiz eröffnet. Du nennst es auch »Workshops im Wohnzimmer«. Für wen hast du dieses öffentliche Wohnzimmer eingerichtet?

Abb. 22: Innovationsraum »Denkdach«

Markus Müller: Für alle, die aus dem eben beschriebenen Hamsterrad ausbrechen und in kreativer Wohlfühl-Umgebung an neuen Ideen, Projekten, Strategien und Veränderungen arbeiten wollen. Und vor allem: Wir haben eine Umgebung geschaffen, die spielerisches Entwickeln erlaubt. Spielerisches Arbeiten ist eine Kernkompetenz der Zukunft!

Sarah Remmel: Dass Kreativität und Innovation wichtig für alle Unternehmensbereiche ist, haben viele Unternehmen heute erkannt. Für wen konkret und für welche Anlässe im Unternehmenskontext können deiner Meinung nach Innovationsräume hilfreich sein? Was sind deine Erfahrungen?

Markus Müller: Ach, ich weiß gar nicht, ob man das so festlegen kann oder soll. Das fängt bei Change-Managern an, die mit ihren Teams Kick-offs durchführen. Das können Produktentwickler sein, die erste Produktideen mit entsprechenden Prototypen erstellen. Aber das können beispielsweise auch HR-Fachleute sein, die in wohnlicher Umgebung kritische Gespräche führen möchten. Solche Räume sollen einfach für alle da sein, die frei und ungezwungen arbeiten wollen und müssen.

Sarah Remmel: Und inwieweit sind Innovationsräume insbesondere für Marketingverantwortliche besonders wertvoll?

Markus Müller: Marketing sollte ja per se schon eine kreative Disziplin sein. Das fängt bei neuen Produkten und Dienstleistungen an. Geht über die Kommunikation und Vermarktung bis hin zu Events. Da braucht es überall visuelle und spielerische Ausdrucksmöglichkeiten, mit denen man die Ideen nicht bloß denken, sondern auch gleich »formen« kann. Nehmen wir einen 0815-Meetingraum. Dort steht doch meistens bloß ein Flipchart drin. Wenn man Glück hat, noch ein Whiteboard mit Moderationskarten. Und wenn man ganz viel Glück hat, Markerstifte, die noch genügend Tinte haben. Damit kann man doch nicht kreativ sein.

Sarah Remmel: Und ganz praktisch: Und was bräuchten Unternehmen, die selber einen Denkraum einrichten wollen? Oder auch mehrere?

Markus Müller: Es braucht ein wenig Platz. Aber allzu viel muss es nicht sein. Es gibt auch keine Regeln, schon ab 30 m^2 kann man sich funktionale Räume einrichten.

Es braucht aber auf jeden Fall Räumlichkeiten, in denen man im wahrsten Sinne des Wortes arbeiten darf. Designerräume, die wie Museen eingerichtet sind, funktionieren aus meiner Erfahrung weit weniger gut als »Hands on«-Räume, wo man auch mal etwas ersetzen muss, weil es verbraucht ist. Insofern dürfen es also durchaus auch günstigere Möbel sein, die mobil sind, die man verstellen kann. Und noch etwas ... ich lerne immer wieder, dass Mitarbeitende ziemlich genau wissen, worauf es bei ihnen ankommt. Deshalb: es braucht nicht zwingend Innenarchitektinnen oder -architekten, um coole Kreativräume einzurichten!

Sarah Remmel: Du hast ein »Denkdach-Manifesto« entwickelt – was hat es damit auf sich?

Abb. 23: Denkdach Manifesto

Markus Müller: In vielen Kreativräumen hängen heute Verhaltensregeln. Oft sind es überall die gleichen. Gebote, die man einfach kopiert hat. Da heißt es beispielsweise: »Produziere viele Ideen«, »Urteile nicht sofort« oder »Lass auch wilde Ideen zu«. Natürlich sind all diese Gebote noch immer hoch aktuell. Aber wir wollten einfach etwas »Neues«. Und da wir uns auch stark mit der »neuen Arbeitswelt« beschäftigen, sollte das »Manifest« etwas mit den notwendigen weichen Kompetenzen zu tun haben, die es braucht, um in der künftigen Arbeitswelt bestehen zu können.

Ein guter Kreativraum sollte so eingerichtet sein, dass alle acht Punkte des Manifestes abgedeckt werden. Es soll Prototyping-Material da sein. Vielleicht Legosteine und Playmobil-Figuren, viele Stifte und Wachsmalblöcke, mit denen man sich visuell ausdrücken kann. Eine Büchersammlung, aus der man Inspiration holen kann. Bei der Einrichtung sind kaum kreative Grenzen gesetzt. Man soll einfach die Neugier walten lassen können und auch im Raum selbst immer wieder Neues entdecken.

Sarah Remmel: Welche Vorteile siehst du in einem eigenen Innovationsraum und wann empfiehlst du, Workshops außerhalb des eigenen Unternehmens durchzuführen?

Markus Müller: Ich beginne mit den Nachteilen. Nicht selten steht ein Kreativraum mehr leer, als dass in ihm gearbeitet wird. Und ... ein Kreativraum im eigenen Unternehmen ist räumlich zu nah am Arbeitsplatz. Meist lädt dies dazu ein, trotzdem »noch schnell« eine E-Mail zu beantworten, dem Kollegen eine dringende Antwort zu geben oder dauernd erreichbar zu sein.

Ein eigener Kreativraum hat hingegen auch den großen Vorteil, dass er – mehr oder weniger – immer und schnell zur Verfügung steht, wenn man ihn braucht.

Wahrscheinlich werden jedoch Unternehmen von morgen oder übermorgen gar keine expliziten Kreativräume mehr benötigen. Man spricht heute schon vom »Activity Based Working«. Das bedeutet, dass im Unternehmen für alle Arten von Arbeiten die richtige Umgebung vorhanden ist. Man hat informelle Zonen für den lebendigen Austausch, man kann sich für die konzentrierte Arbeit in Ruhezonen zurückziehen oder man hat »lebendige« Zonen, in denen man spinnen, zeichnen, konstruieren, visualisieren darf.

Sarah Remmel: Welche Möglichkeiten für Innovationsräume gibt es denn heute für Unternehmen?

Markus Müller: Grundsätzlich kann man drei Varianten unterscheiden: Erstens: eigene Räume (selbst betrieben) inhouse. Zweitens: eigene Räume extern (selbst betrieben, beispielsweise zentral für verschiedene Standorte) oder drittens: Räume durch Externe betrieben, die man dann mietet, wenn man sie braucht.

Eigene Räume (intern oder extern) sind dann zu empfehlen, wenn man den Platz dazu hat, man sie stark auslasten kann und die Kultur und – obwohl ich den Ausdruck nicht gerne höre – Regeln da sind, und man weiß, wer den Raum wofür, wann und wie nutzen darf, soll und kann.

Sarah Remmel: Und wie sieht es mit der Größe aus: Wie viel Platz sollte der Raum bieten und ab welcher Unternehmensgröße empfiehlst du einen Raum zum »Ausbrechen«?

Markus Müller: Das würde ich nicht pauschalisieren wollen. Sicherlich braucht ein »Solopreneur«, also ein Kleinstunternehmer, keinen Kreativraum. Aber schon für Firmen mit einer Größe von fünf bis zehn Personen kann es sich lohnen, wenn mal einer »ausbrechen« kann. Ein Raum selbst sollte mindestens für sechs bis zwölf Personen konzipiert sein. Das ist eine gute Gruppengröße, um einerseits agil und andererseits kreativ arbeiten zu können. Wenn es größere Räume sind, dann sollten Zonen geschaffen werden, in denen man sich in der Kleingruppe »zurückziehen« kann.

Sarah Remmel: Kommen wir mal zu den harten Fakten: Wie sieht es mit dem finanziellen und zeitlichen Aufwand für Unternehmen aus?

Markus Müller: Das Gute vorneweg: Es braucht nicht viel Geld! Mein liebstes Beispiel ist das folgende: ich kenne eine Einheit der Bundesverwaltung. Die Mitarbeitenden haben einen Raum erhalten, den sie frei einrichten konnten. Ohne Budget. Da wurde man so richtig kreativ und baute sich aus aufgefrischten Euro-Paletten eine Kaffeebar und Sofas. Natürlich braucht es etwas Geld, um gute Stifte, Flipcharts, Pinnwände o.Ä. anzuschaffen. Aber wirklich viel muss es für den Beginn nicht sein. Ins Geld geht es erst dann, wenn man auch technologisch aufrüsten will. Wenn man beispielsweise einen 3D-Drucker, eine VR-Brille und eine gute Filmausrüstung anschafft. Dann kostet es schnell mal einige Tausend Euro. Aber für den Anfang braucht man so etwas nicht zwingend.

Man sollte sich schon ein paar Wochen bis Monate geben, um einen solchen Raum einzurichten. Der Teufel liegt – wie so oft – auch hier im Detail. Plötzlich merkt man, dass man noch ein Buchungstool benötigt, dass man für die beschreibbaren Wände keine Permanent-Marker nehmen darf. Oder dass eine Kaffeemaschine fehlt.

Sarah Remmel: Und wenn der Raum einmal eingerichtet ist – welche Anwendungstipps hast du?

Markus Müller: Am besten funktionieren Kreativräume in einer guten Innovationskultur. Wo alle schon intuitiv wissen, wie man solche Räume benutzt. Ansonsten soll einfach geregelt sein, wie lange man drinbleiben darf und kann. Ich kenne Unternehmen, bei denen man Kreativräume nicht fix buchen kann. First come, first serve. Auch das kann ein Modell sein. Ich glaube, hier gibt es kein »richtig« oder »falsch«, es muss einfach auf die jeweiligen Bedürfnisse angepasst sein.

Sarah Remmel: Vielen Dank, lieber Markus, für deine umfassenden und wertvollen Einblicke und Tipps!

3.1.8 Farben und Licht am Arbeitsplatz

Vielleicht sind Sie nun inspiriert, einen eigenen Innovationsraum einzurichten, oder Sie möchten Ihre Besprechungsräume oder Ihren Arbeitsplatz einfach etwas kreativer gestalten. Mit Farben und Licht können Sie wunderbare Effekte erzielen.

Im Jahr 2013 kam eine Studie im *Journal of Environmental Psychology* zu dem Ergebnis, dass gedämpftes Licht Kreativität fördere. So fühle man sich durch dieses Licht weniger eingeengt und der Geist könne sich dadurch besser entfalten.

Im Volksmund ist häufig zu hören, dass die Farbe Grün für Hoffnung und Leben steht und glücklich macht, während die Farbe Blau beruhigt. Zu den möglichen kreativen Effekte dieser beiden Farben existieren ebenfalls Studien, die jedoch zu unterschiedlichen Ergebnissen kamen.

Laut einer an der University of British Columbia in Vancouver durchgeführten Studie aus dem Jahr 2009 rege die Farbe Blau unsere Kreativität an und fördere so neue Lösungsstrategien. Hört man auf den Volksmund, nach dem Blau auch ein Sicherheitsgefühl vermittelt, lässt sich auch hier eine Verbindung zu diesem Kreativitäts-Ergebnis erkennen. Denn wer sich sicher fühlt, ist auch eher mutig, Innovationen zu wagen. So kommen die beiden Forscher Ravi Mehta und Rui (Juliet) Zhu zu dem Ergebnis, dass das durch die blaue Farbe erzeugte sichere Gefühl uns ermutigt, außerhalb des gewohnten Rahmens zu denken und kreativ zu sein (Mehta, 2009).

Einer an der Universität München 2012 durchgeführte Studie von Stefanie Lichtenfeld zufolge hat die Farbe Grün einen positiven Effekt auf unsere Kreativität. So soll ein kurzer Blick auf die Farbe Grün vor einer kreativen Aufgabe die Leistung steigern. Eine These der Wissenschaftlerin ist auch, dass eine erbliche Verbindung zwischen der Farbe Grün und dem Schöpfen neuer Ideen existiere. So verbanden in der Savanne lebende Menschen mit der Farbe Grün Wasserquellen. Grün galt als Farbe des Lebens und wurde und wird mit Überleben und Fortpflanzung assoziiert. Daher könnte es sein, dass Grün ein Signal für geistiges Wachstum auslöse und somit auch unsere Kreativität steigert (Lichtenfeld, 2012).

Auch verbinden wir oftmals mit der Farbe Grün Natur und Freiheit, so gibt es die Redewendungen und Ausdrücke wie »grüne Wiese«, »einen Ausflug ins Grüne machen«, die mit dieser Farbwelt ebenfalls mitschwingen (vgl. Kap 2.2.8 »Naturerlebnisse und Digital Detox«).

Praxistipp

!

Forscher scheinen sich hinsichtlich der Wirkung der Farben nicht ganz einig zu sein. Sie kritisieren, dass der Kontext entscheidend ist. Daher empfehle ich, selber mit Farben frei zu experimentieren. So können Sie beispielsweise mit Wandfarben, Bildern oder auch Vorhängen kreativ einsetzen.

3.1.9 Gemischte Teams und teamübergreifender Austausch

Kreativität und Innovationen leben von Teamarbeit – das haben wir bereits im Abschnitt »Wertschätzende Zusammenarbeit« gesehen. Auch die kritischen Stimmen zum Thema Home Office beklagen den fehlenden persönlichen Austausch, der zulasten der Kreativität geht (vgl. Kap. 3.1.5 »Home Office und andere Freiräume«).

In der IQ-Studie (Gerlach, 2010; vgl. Kap. 3.1.2) gaben Mitarbeiter an, dass der Austausch mit Kollegen sie insbesondere zu kreativen Ideen inspiriere und somit einer der Kernerfolgsfaktoren für Innovationen sei. Doch wie genau sollten die Teams bestenfalls zusammenarbeiten? Wir schauen uns hier noch weitere bedeutende Aspekte im Detail an.

Gemischte Teams sind am kreativsten!
Kreativität und Innovationskraft werden häufig eher jungen Menschen im Alter von Mitte bis Ende 20 zugeschrieben, doch das ist ein Mythos! Laut Studien liegen die kreativsten Jahre bei Wissenschaftlern z. B. zwischen 30 und 45 Jahren und bei Autoren zwischen 40 und 55 Jahren. Natürlich ist das Alter nur ein Kriterium. Schauen wir uns dennoch diese Altersthematik genauer an, denn sie ist sehr interessant auch für die Frage nach einer optimalen Teamzusammenstellung.

Das Forscherteam Mikko Packalen von der University of Waterloo und Jayanta Bhattacharya von der University of Stanford hat in einer Studie untersucht, wer in der Arbeitswelt am besten mit neuen Ideen arbeitet. Am besten arbeitet ein Kreativteam zusammen, wenn der Teamleiter 1 bis 15 Jahre Berufserfahrung hat und sein Team mit 10 bis 25 Jahren noch erfahrener ist. Dabei nehmen also die älteren Mitarbeiter die begleitende Rolle ein, während die jüngeren gestalten und steuern. Bei einer solchen Teamzusammensetzung sei die Wahrscheinlichkeit am größten, dass neue Ideen ausprobiert werden (Nienhaus, 2015).

Neben diesem Alterseffekt kam die Studie zu dem Ergebnis, dass das Team umso erfolgreicher arbeitet, desto mehr Teammitglieder dabei sind (vgl. Kap 2.2.5) (Nienhaus, 2015). Auch das Ergebnis scheint sehr einleuchtend zu sein. Denn unterschiedliche Perspektiven machen den kreativen Erfolg aus. Auch das schauen wir uns auf den folgenden Seiten einmal genauer an.

Teamübergreifender Austausch
Wie der Cross-Innovation- (vgl. Kap. 2.2.2) und der Open-Innovation-Ansatz (vgl. Kap. 3.1.11) verdeutlichen, sollte der Austausch auch außerhalb des eigenen Teams stattfinden. Führungskräfte sollten also möglichst einen abteilungsübergreifenden Austausch fördern. In der Praxis sind Druck und Zeitmangel nur leider häufig Gründe dafür, einen solchen übergreifenden Austausch nicht besonders zu unterstützen. Doch auch ein nicht immer zweckgebundener Austausch kann Unternehmen helfen, durch weniger Silo-Denken und eine verbesserte und übergreifende Zusammenarbeit innovativer zu werden. Konkrete Impulse hierzu finden Sie am Ende von Kapitel 3.1.9.

Zu viel Prozessoptimierung im Sinne einer »Prozessverschlankung« hat den Nachteil, den Austausch auf ein Minimum zu reduzieren und keine wichtigen und kreativen »Umwege« zu ermöglichen. Doch viele Unternehmen konzentrieren sich auf das Etablieren von Standards und Maßnahmen der Prozessoptimierung. Mark Fishman, Präsident des Novartis Instituts for Biomedical Research, kritisiert, dass manche dieser Standards geradezu Kreativitätsblockierer seien: »Wenn es eine Einrichtung gibt, die mehr Innovationen als alle anderen zerstört hat, dann ist das Six Sigma« (Managementsystem zur Prozessverbesserung) (Business Wissen, 2008).

Doch natürlich braucht es auch Prozesse und Standards (vgl. Kap. 5.1.3 »Der Kreativprozess«), um Ideen letztendlich auch umsetzen zu können. Somit sollte es einen gesunden Mittelweg zwischen einer notwendigen und sinnvollen Prozessoptimierung und kreativem Freiraum geben.

Impulse für kreative Teamarbeit

- **»Mehrgenerationen- und Multikulti-Teams« zusammenstellen:** Lassen Sie bewusst Mitarbeiter unterschiedlichen Alters in einem Team zusammenarbeiten. Auch Tandems sind eine gute Möglichkeit, den Austausch zwischen »Jung« und »Alt« oder auch zwischen unterschiedlichen Kulturen zu fördern.
- **Austausch und Praktika:** Insbesondere Konzerne und große Unternehmen setzen auf einen unternehmensübergreifenden internen Austausch durch eine Art Praktikum. Dabei darf jeder für einen Zeitraum von ein paar Tagen bis mehreren Wochen in einem anderen Bereich arbeiten, mit dem Ziel, die Zusammenarbeit zu verbessern, voneinander zu lernen und auch andere Perspektiven besser zu verstehen. Ein Klassiker ist hier ein zeitweiser Einsatz als Marketer im Vertrieb und umgekehrt.
- **Swoppen:** Statt feste Arbeitsplätze könnten Teams, Bereiche oder Unternehmen eine freie Platzwahl anbieten. Auf diese Weise gelingt es, Gewohnheiten zu sprengen, Menschen aus unterschiedlichen Bereichen zusammenzubringen und einen erweiterten Austausch zu fördern. Natürlich sollte sich jeder langfristig dabei wohl fühlen (vgl. Kap. 2.1.6). Vielleicht können Sie ja auch mit einem Pilotprojekt auf freiwilliger Basis starten.
- **Lunch-Roulette:** Sie könnten insbesondere in großen Unternehmen Mitarbeiter nach dem Zufallsprinzip zu einem Lunch zusammenbringen. So können sich Mitarbeiter aus unterschiedlichen Bereichen informell austauschen. Der Mitarbeiter gibt hierzu in einem System einfach Zeit und Ort ein und das System »matcht« den Zufallskollegen als Begleitung zum Lunch.
- In großen Bereichen stellen sich Teams anderen Teams vor – und das in ganz kreativer Weise. Denn häufig wissen Mitarbeiter gar nicht, was die Kollegen im gleichen Flur eigentlich so machen. Das kann ein erster Schritt hin zu mehr Kooperation und Ideen sein.

Vielleicht ist die eine oder andere Inspiration passend für Ihren Bereich oder Ihr Unternehmen oder Ihnen ist durch diese Impulse eine weitere Idee eingefallen. Vielleicht haben Sie auch ein Ideenmanagement im Unternehmen und wollen einen Anstoß geben. Kleine Pilotprojekte können bereits viel verändern. Starten Sie einfach mit einem ersten Schritt in Richtung mehr kreative Teamarbeit.

Im nächsten Abschnitt geht es um das Potenzial von leisen Mitarbeitern für kreative Prozesse. Denn insbesondere introvertierte Menschen haben oft besondere Stärken, die für den Kreativprozess sehr bedeutsam sind. Doch im Berufsalltag werden diese Stärken leider nicht immer genutzt bzw. gezielt eingesetzt.

3.1.10 Kreatives Potenzial von leisen Mitarbeitern

Spontane Redebeiträge in Meetings, Ideenpräsentationen, Small Talk mit Kunden und Kollegen und das Äußern von vermeintlich »ver-rückten« Ideen – all das fällt introvertierten schwerer als extrovertierten Menschen. Auch deswegen werden zurückhaltende Mitarbeiter und ihre Ideen oft weniger oder kaum wahrgenommen. Dabei steckt in introvertierten Mitarbeitern viel kreatives Potenzial. Betrachtet man zudem, dass ein gutes Drittel der Bevölkerung als introvertiert gilt, lässt sich hier auch ein riesiges Innovationspotenzial für Unternehmen erkennen. Auch wenn sich vermutlich mehr Extrovertierte für »kommunikative Marketingberufe« entscheiden und der Anteil der introvertierten Mitarbeiter in dieser Branche vielleicht etwas geringer sein mag als ein Drittel. Doch mit Sicherheit werden Sie direkt einige Ihrer Kollegen oder Mitarbeiter benennen können, die Sie als leisere Menschen einstufen würden.

Sylvia Löhken (2012) beschreibt in ihrem Buch »Leise Menschen – starke Wirkung. Wie Sie Präsenz zeigen und Gehör finden«, dass es in unserer heutigen Zeit vor allem zählt, gesellig und risikofreudig zu sein, gut im Team zu arbeiten, also ein Netzwerker und eben kein Eigenbrötler zu sein. Ruhe ist im Berufsalltag folglich eher ein Fremdwort.

Sie kennen das bestimmt auch aus Ihrem Berufsalltag: In Meetings und Gesprächen bestimmen vor allem »laute, kommunikative« Menschen die Ideenfindung und damit prägen sie zudem auch die Meetingresultate und ungeschriebenen Regeln im Berufsalltag. Doch die Stärken der Stillen sind für die Marketingabteilungen und Unternehmen unverzichtbar.

Die Schlüsselfrage, um leise von lauten Menschen zu unterscheiden, ist die Frage, woher die Energie kommt. Sylvia Löhken nutzt hierfür eine hilfreiche Metapher: Extrovertierte Menschen vergleicht sie mit Windrädern, die durch Impulse von außen Energie bekommen und auch selbst ständig in Aktion sind. Für extrovertierte Menschen sind deshalb kommunikative Methoden und Austauschrunden sehr wertvoll – ebenso Kreativtechniken, die von einem solchen sozialen Austausch leben. Hierzu zählen etwa das klassische Brainstorming oder andere Techniken mit ausschließlich »lauten« Elementen (vgl. Kap. 5.1.5 »Methodenüberblick«).

Leise Menschen hingegen vergleicht sie mit »Akkus«: Sie laden sich im Ruhezustand auf – ganz ohne Wind von außen. Nach Löhken haben leise Menschen einige Stärken, die man gezielt fördern sollte. Diese wertvollen Stärken und Chancen für den Kreativprozess schauen wir uns hier einmal genauer an (Löhken, 2012):

1. **Vorsicht:** Ideen werden hinterfragt, um das Risiko zu verringern oder auch einen ausgleichenden Gegenpol im Kreativprozess zu bilden.
2. **Substanz:** Ideen und Gedanken leiser Menschen sind fundiert und durchdacht.
3. **Konzentration:** Das Konzentrationsvermögen von leisen Mitarbeitern hilft beispielsweise in Kreativrunden und auch bei der Einzelarbeit.
4. **Zuhören:** Eines der wichtigsten Fähigkeiten im Arbeitsalltag. Sie hilft unter anderem dabei, Ideen anderer weiterzuentwickeln, Menschen wertzuschätzen, und stärkt das Teamgefühl.
5. **Ruhe:** Ideen in Ruhe auszuarbeiten oder weiterzuentwickeln ist wichtig für den Kreativprozess. Auch leise Methoden bieten die Chance, diese Stärke gezielt zu nutzen (vgl. Kap. 5.1.5 »Methodenüberblick«).
6. **Analytisches Denken:** Ideen zu analysieren und genau zu prüfen ist an vielen Stellen im Kreativprozess gefragt, insbesondere in der Bewertungsphase. Hier spricht man auch vom konvergenten Denken (vgl. Kap. 1.4.2 »Konvergierendes Denken«).
7. **Unabhängigkeit:** Leise Menschen haben die Begabung, auch alleine arbeiten zu können.
8. **Beharrlichkeit:** Diese leise Stärke geht mit einer starken Zielorientierung einher. Leise Menschen bleiben verstärkt an Ideen dran und geben nicht so schnell auf. Diese Ausdauer ist elementar, um zu innovieren (vgl. Innovations-Eisberg).
9. **Schreiben (statt Reden):** Aufgrund dieser Stärke sind schriftliche Methoden meist angenehmer und einfacher für leise Kreative als der Austausch in »lauten Runden« (vgl. Kap. 5.1.5).
10. **Einfühlungsvermögen:** Diese Stärke fördert ein gutes Miteinander im Team und ist die Basis guter kollegialer Beziehungen.

Praxistipp

Gerade Marketingabteilungen können leise Menschen als wertvolle Ideengeber fördern! Hier ein paar Anregungen, wie Sie das kreative Potenzial leiser Menschen stärker nutzen können.

- Auch hier ist der erste Schritt die Achtsamkeit. Leben Sie Achtsamkeit vor, seien Sie sensibel für leise Menschen und schenken Sie ihnen noch mehr Aufmerksamkeit.
- Sie können auch Meetingregeln aufstellen, die z. B. das Unterbrechen vermeiden, Vielredner zum Zuhören aktivieren und leise Menschen unterstützen, ihre Meinung zu äußern. Wenn Sie diese Regeln »visualisieren« und gemeinsam im Team entwickeln, können Sie in den Besprechungen gegenseitig darauf verweisen. Auf diese Weise verankern sich die Meetingregeln im Bewusstsein der Teilnehmer.

- Nutzen Sie einen Mix an Kreativitätstechniken, also nicht nur »laute« Brainstormings, sondern auch Methoden, die den Stärken von leisen Menschen entsprechen. So haben beispielsweise das Brainwriting und das Brainswarming das Schreiben im Stillen im Fokus (vgl. Kap. 5.1.5 »Methodenüberblick«).
- Ermöglichen Sie Rückzugsorte und -zeiten insbesondere für leise Menschen, damit sie ihre »Akkus« aufladen können.
- Machen Sie einen Meeting-Frühjahrsputz und prüfen Sie, ob Sie vielleicht das eine oder andere Meeting reduzieren oder sogar streichen können, um mehr ruhige Arbeitsphasen zu ermöglichen.
- Wertschätzen Sie die Stärken ihrer leisen Mitarbeiter und Kollegen, heben sie diese hervor und schenken Sie ihnen Gehör. Das motiviert und schafft eine positive Atmosphäre.

3.1.11 Mit Open Innovation die Kreativität der Kunden nutzen

Der Open-Innovation-Ansatz nach Henry Chesbrough, Professor an der University of Berkeley, ist ein gezieltes »Über den Tellerrand schauen« für Unternehmen, denn sie zapfen extern Ideen z. B. von Kunden, Lieferanten, Wettbewerbern, Hochschulen oder wissenschaftlichen Einrichtungen an. Folglich nutzen sie die Kreativität von ihren Kunden und anderen wichtigen Stakeholdern für Produktentwicklungen und andere Innovationen.

Über ein sogenanntes Crowdsourcing ruft ein Unternehmen seine Kunden und auch andere externe Stakeholder – meist online – zu Lösungsideen für Problemstellungen oder auch Produktinnovationen auf. Dieser Prozess hat ein großes Potenzial, die Kundenbindung zu stärken und den Kunden sogar in den Innovationsprozess zu integrieren (vgl. Kap. 5.1.4 Das Design-Thinking-ABC«). Somit werden die internen Kompetenzen der Unternehmen mit Kompetenzen von außen kombiniert (Markgraf, o. J.). Hier lässt sich insbesondere und deutlich der Erfolgsfaktor »Cross Innovation« erkennen (vgl. Kap. 2.2.2).

Der Konsument nimmt in dem Innovationsprozess also eine aktive Rolle als »Prosumer« ein. Die folgende Abbildung zeigt in einer Mindmap die Zusammenhänge auf.

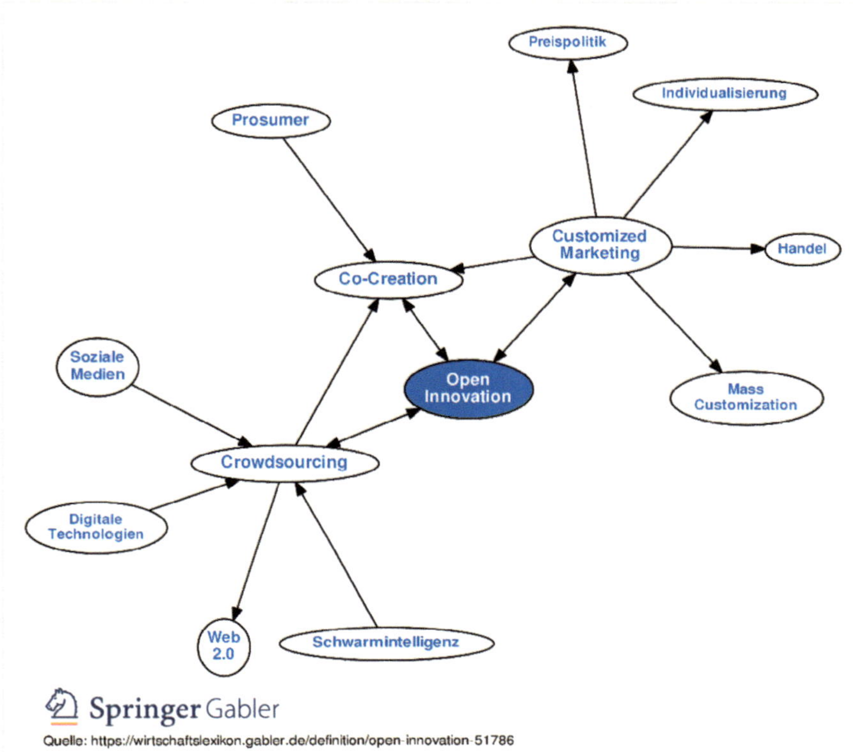

Abb. 24: Mindmap Open Innovation (Quelle: Markgraf, o. J.)

Dieser offene Ansatz bringt vor allem die Chance mit sich, wirkliche Innovationen zu entwickeln und als Unternehmen an Innovationsstärke zu gewinnen. Die Produktentwicklung lässt sich mit diesem Ansatz sogar beschleunigen, so dass das Unternehmen im besten Falle die entwickelte Innovation noch schneller auf den Markt bringt.

Zudem können im Vergleich zu geschlossenen Innovationen durch die kostenfreien Ideen durch Externe interne Personalkosten beim Unternehmen eingespart werden (Foerster, 2012). Somit stellt Open Innovation einen sehr attraktiven Ansatz sowohl für Konzerne als auch für kleine und mittelständische Unternehmen dar.

Um diese wertvollen externen Ideengeber nutzen zu können, braucht es die entsprechenden Prozesse im Unternehmen, in denen die Ideenlieferungen aufgegriffen und verarbeitet werden. Und das erfordert eine Investition unter anderem in den Aufbau der Kommunikationsnetzwerke und den Aufwand, die Ideen zu sortieren und weiterzuentwickeln.

Procter & Gamble (P&G) hat erfolgreiche Produkte wie z. B. Mr. Proper und Oral-B-Zahnbürsten mithilfe von Kunden aus der Open-Innovation-Community kreiert. Der mit dem Open Innovation Award ausgezeichnete multinationale Konzern hat sogar das Ziel, 50 % seiner Innovationen mit diesem offenen Ansatz zu entwickeln (Gattermann, 2016). Auch der Automobilhersteller Fiat nutzte den Ansatz für die Entwicklung des Fiat 500 und erhielt insgesamt 170.000 Ideen von seinen »Prosumern« (Foerster, 2012).

Die Praxisbeispiele verdeutlichen, dass Open Innovation ein vielversprechender Ansatz ist, um Innovationen schneller und kostengünstiger entwickeln zu können. Und vor allem im Sinne von Cross Innovation nicht nur Produkte zu verbessern, sondern auch radikale Innovationen zu erschaffen (vgl. Kap. 1.6.2). Die Möglichkeiten sind vielseitig, ein zeitlicher und finanzieller Invest in diesen Ansatz kann sich für den Innovationsprozess und damit auch für die Unternehmen auszahlen und führt letztendlich auch zu mehr zufriedenen Kunden.

3.1.12 Kulturwandel für wahre Kreativität

»Man entdeckt keine neuen Erdteile, ohne den Mut zu haben, alte Küsten aus den Augen zu verlieren.«
André Gide

Alles Äußere beeinflusst das Innere und umgekehrt verhält es sich ebenso. Dieses Prinzip gilt auch für Kreativität und Innovationen in Unternehmen (vgl. auch Kap. 2.2.3 »Priming und Querdenken«). So sind Innovationsräume, Entspannungs- und Gesundheitsangebote äußere Rahmenbedingungen, die die Entfaltung von Kreativität in Unternehmen positiv beeinflussen. Und genauso braucht es neben all den äußeren Rahmenbedingungen, die Unternehmer und Mitarbeiter gestalten können, im Kern einen Kulturwandel und damit einen Change-Prozess von Innen heraus.

Denn ein Mitarbeiter oder eine Führungskraft, der oder die nicht an die Macht der Kreativität glaubt und sich beispielsweise nicht wohlfühlt, mit Knetgummi oder Legosteinen Prototypen anzufertigen, oder der Sorge hat, Fehler zu machen, dem wird auch kein Innovationsraum zu kreativen Erfolgen bringen. Und genau das werden diese Personen auch ausstrahlen und damit andere unbewusst und bewusst beeinflussen. Es gilt folglich, ein inneres, kreatives Mindset bei allen Beteiligten zu fördern. Kreatives Arbeiten ist für viele Menschen anfangs ungewohnt. Es kann zu einer ablehnenden Haltung bei Mitarbeitern ebenso wie bei Führungskräften kommen. Deshalb braucht es oftmals die Begleitung von außen durch Trainings und Coachings, damit sich die Menschen an das »Ungewohnte« gewöhnen, sich mit der Zeit wohlfühlen und mit Freude und Mut ans Werk gehen können.

Neben externen Change-Begleitern ist es vor allem essenziell, dass Multiplikatoren und Führungspersönlichkeiten diese Art von Kreativität vorleben. So ermutigen und motivieren sie Mitarbeiter, neue Wege zu gehen. Und das kann zum Beispiel bedeuten, den Mut zu haben, Fehler zu machen, noch nicht fertige Prototypen lange durchdachten und »perfekten« Konzepten vorzuziehen sowie alte Prozesse und Gewohnheiten loszulassen (vgl. Kap. 2.2.6 »Positive Fehlerkultur«). Design Thinking als kreative Methode und auch kreatives Mindset beschreibt diese wichtigen inneren Einstellungen und »Regeln« (vgl. Kap. 5.1.4 »Das Design-Thinking-ABC«).

Als Verantwortlicher können Sie diesen Change-Prozess professionell begleiten lassen und so den Mut bei sich selbst, Ihren Kollegen und Mitarbeitern fördern, sich innerhalb der kreativen, äußeren Rahmenbedingungen auch »nach Innen« kreativ auszuleben.

3.2 Was kann jeder Einzelne tun, um sein kreatives Potenzial zu nutzen?

Im vorherigen Abschnitt haben wir die optimalen Rahmenbedingungen herausgearbeitet, die ein Unternehmen oder auch ein Marketingbereich schaffen können, um die Kreativität der Mitarbeiter zu entfalten. Nun werfen wir den Blick auf persönliche Kreativitätsboost-Maßnahmen, die jeder Einzelne im Alltag schnell und zwischendurch zusätzlich ergreifen kann. Dabei handelt es sich um kleinste Bewegungseinheiten mit den Augen und weitere Körperübungen, die uns gezielt zu aktivieren vermögen. Diese Übungen lassen sich alleine, aber ebenso gemeinsam im Team anwenden.

3.2.1 Augenbewegungen für den Kreativitätsschub

Vielleicht fragen Sie sich jetzt, warum Sie Ihre Augen bewegen sollten oder Sie sehen sich selbst oder andere die Augen verdrehen. Bei diesen Übungen geht es um bewusste Augenbewegungen, die Ihre Kreativität fördern.

Aus der Forschung wissen wir, dass wir jede Nacht in der sogenannten REM-Phase (Rapid Eye Movement) unsere Augen bewegen, was nachweislich unsere beiden Gehirnhälften stimuliert und uns dabei unterstützt, Erlebtes zu verarbeiten wie z. B. Eindrücke vom Tag oder bestimmte Emotionen und Erlebnisse.

In einer Studie aus der Fachzeitschrift »Brain & Cognition« wurden Probanden (Rechts- und Linkshänder) gebeten, ihre Augen 30 Sekunden lang hin und her zu bewegen. Ergebnis war, dass die Probanden danach einen neunminütigen Kreativitätsschub erlebten. Interessant ist auch, dass beidhändige Menschen (sog. »Beidhänder«) oftmals besonders kreativ sind, da bei ihnen offenbar eine optimale Verbindung zwischen den beiden Gehirnhälften bestehe. Bei diesen Probanden zeigten die Augenbewegungen keine Verbesserungen des Testergebnisses. Die Forscher sind davon überzeugt, dass regelmäßige Augenbewegungen Rechts- und Linkshändern dabei helfen, ihre kreativen Fähigkeiten zu vergrößern, auch wenn solche Übungen keine hochkreativen Künstler aus ihnen machen:

> »Our findings may not apply to more unique populations who are characterised as ›highly creative‹, [...] nor can we conclude [...] that the thirty seconds bilateral eye movement task will turn an average individual into an artist, poet, scientist, philosopher, actor or sculptor. However, we certainly do propose that the [...] eye movement task will result in a temporary increase in stronghander's ability to think of creative uses for various [...] objects.« (Shobe ER, 2009)

Gönnen Sie sich und Ihren Augen und damit Ihrem Wohlbefinden im Arbeitsalltag immer wieder bewusste und achtsame Pausen und bewegen Sie Ihre Augen, statt Sie zu verdrehen. Das kann im Team auch eine Menge Spaß machen und Ihre Kreativität zugleich boosten. Gesteigertes Wohlbefinden, Kreativitätsboost und Spaß – das sind gleich drei Fliegen mit einer Klappe.

Weitere Inspirationen für die schnelle Erholung in digitalen Zeiten finden Sie in Kapitel 5.1.2 »Virtuelle Kreativsessions« sowie in den beiden folgenden Abschnitten 3.2.2 und 3.2.3.

3.2.2 »Augenachterbahn« mit der liegenden Acht

Die liegende Acht ist ebenfalls eine Übung, die Sie hauptsächlich mit den Augen ausführen. Doch kommen wir zunächst zu der Zahl Acht: Rein sprachlich findet sich ein Zusammenhang zwischen dem Wort Achtsamkeit und der Zahl Acht, die als liegende Acht häufig als Symbol für die Unendlichkeit genutzt wird. Interessant ist auch, dass die Acht in der Naturwissenschaft, in Achtsamkeitspraktiken wie dem Qi Gong oder auch in der Kinesiologie als ein wichtiges Symbol auftaucht, das oft mit Harmonie und Gleichgewicht in Verbindung gebracht wird.

Die Übung der liegenden Acht zählt zu den bekanntesten Übungen aus dem sogenannten Brain-Gym®-Trainingsprogramm von Paul E. Dennison. Der Amerikaner hat in den

70er Jahren ein Bewegungsprogramm entwickelt, das die Lernfähigkeit und Konzentration verbessern soll (vgl. Kap. 3.2.3). Der Hirnforscher Dr. Ernst Pöppel beschreibt den Effekt der liegenden Acht wie folgt: »Diese Übung für jeden Tag hilft den beiden Gehirnhälften, sich besser zu synchronisieren – und steigert dadurch die Konzentration um ein Vielfaches.« (Vita, 2019)

Abb. 25: Die liegende Acht

Ablauf der Übung

Die Übung »liegende Acht« können Sie einfach zwischendurch im Büro machen – alleine oder mit Ihren Kollegen zusammen. Nehmen Sie sich eine Minute Zeit dafür und Sie werden den aktivierenden Effekt sicherlich schnell bemerken.

1. Wenn Sie beispielsweise kurz vor der Übung einen Text lesen, nehmen Sie einfach wahr, wie sich das gerade anfühlt.
2. Dann beginnen Sie, indem Sie wahlweise den linken oder rechten Arm nach vorne auf Augenhöhe ausstrecken und dabei den Daumen nach oben nehmen. Sie blicken nun mit beiden Augen auf Ihren linken oder rechten Daumen, dann bewegen Sie Ihren Arm nach links oder rechts in der Form einer liegenden Acht und schauen dabei weiterhin mit Ihren Augen auf Ihre Daumen.
3. Sobald Sie die liegende Acht einmal vollendet haben, heben Sie den anderen Arm nach oben und können den zuerst ausgestreckten Arm wieder entspannt nach unten nehmen.

4. Auch jetzt schauen Sie mit beiden Augen auf den nach oben zeigenden Daumen des anderen Arms und folgen dem Daumen wieder, diesmal beschreiben Sie die liegende Acht in die andere Richtung.
5. Sobald Sie wieder in der Mitte angekommen sind und damit die liegende Acht ein zweites Mal vollendet haben, können Sie auch den zweiten Arm mit hinzunehmen und nun eine liegende Acht mit beiden Armen zeichnen. In der Mitte angekommen, können Sie die Arme wieder entspannt nach unten nehmen.
6. Nehmen Sie sich nun noch einen **Augen**blick Zeit, um wahrzunehmen, welche Veränderungen Sie spüren. Am besten nehmen Sie dazu auch den Text, den Sie vor der Übung gelesen haben, und lesen einfach ein paar Zeilen. Aus der Erfahrung meiner Seminararbeit können das bei dem Einen sehr deutliche Veränderungen sein, beim Nächsten weniger starke. Alles ist ok, lassen Sie sich einfach von den Effekten dieser kurzen Übungseinheit überraschen.

Sie können die Übung beliebig oft wiederholen und auch selbst kreativ werden. Die Übung funktioniert im Sitzen, Stehen, Liegen – Sie können die Zahl auch auf ein Blatt Papier zeichnen und Ihren Kopf gleichzeitig dazu bewegen.

3.2.3 Brain-Gym® – Körperübungen für mehr Kreativität

»Strebe nach Ruhe, aber durch das Gleichgewicht,
nicht durch den Stillstand Deiner Tätigkeit.«
Friedrich Schiller

Die Bewegung ist das Tor zum besseren Lernen und auch zu unseren kreativen Potenzialen. Vielleicht haben Sie bereits die liegende Acht aus dem vorangegangen Abschnitt praktiziert und erste Effekte gespürt. Das Brain-Gym®-Trainingsprogramm hält noch viele weitere wirkungsvolle Übungen bereit, die Sie ebenfalls im Büro – allein oder gemeinsam – praktizieren können, um so Ihren Kreativitätsmuskel zu trainieren. Die positiven Wirkungen der verschiedenen Übungen basieren auf der Tatsache, dass Lernen nur durch Bewegung möglich ist. Durch die leicht durchzuführenden Brain-Gym®-Übungen wird das gesamte Körper-Geist-System mobilisiert und es verhilft dem Übenden zu einem wachen Geist und damit auch zu mehr Kreativität (Dennison, 2010).

Mit der folgenden Auswahl an Kreativitätsboost-Übungen aktivieren Sie Ihre Hirnfunktionen und synchronisieren Ihre Gehirnhälften durch einfache körperliche Bewegungen, ähnlich wie bei den beiden zuvor beschriebenen Augenübungen. Das Ergebnis ist bemerkenswert: Unser Gehirn als Ganzes arbeitet nach diesen kurzen Übungseinheiten effizienter und kreativer. Und zudem machen die Übungen Spaß – alleine und noch mehr im Team.

Abb. 26: Brain-Gym-Körperübungen

Übung: Gehirnpunkte

Um klar denken zu können, können wir mit dieser Übung unsere »Gehirnknöpfe« einschalten.

So funktioniert es:

Halten Sie bei dieser Übung mit einer Hand den Bauchnabel. Massieren Sie gleichzeitig mit zwei Fingern und dem Daumen der anderen Hand für ca. 30 bis 60 Sekunden die beiden weichen Stellen rechts und links neben dem Brustbein, direkt unterhalb der Schlüsselbeine.

Übung: Hook-ups im Stehen

Mit dieser Übung erreichen Sie eine emotionale Zentriertheit. Sie trainieren damit besonders die Gleichgewichtsstrukturen im Innenohr (das vestibulare System).

So funktioniert es:

Legen Sie Ihren linken Fußknöchel über den rechten. Strecke Sie die Arme nach vorne und legen Sie das linke Handgelenk über das rechte. Verschränken Sie Ihre Finger und klappen Sie die Arme nach oben um, bis vor die Brust. Schließen Sie dann Ihre Augen und atmen Sie tief und entspannen Sie sich. Drücken Sie beim Einatmen Ihre Zunge an den Gaumen. Beim Ausatmen entspannen Sie die Zunge wieder. Diesen ersten Teil der Übung machen Sie einfach ca. ein bis zwei Minuten, danach folgt Teil 2: Stellen Sie hierzu Ihre Füße wieder nebeneinander, bringen Sie die Fingerspitzen beider Hände zusammen und atmen Sie eine Minute lang tief durch. Sie können diese Übung sitzend oder auch liegend ausführen. In allen drei Fällen ist sie gleich effektiv.

Übung: Überkreuzbewegungen

Das ist ebenfalls eine einfache Übung, die Sie auch sehr gut im Team machen können als kurzen Energizer. Sie funktioniert im Stehen oder auch im Sitzen. Um maximal in die Energie zu kommen, empfehle ich die Übung im Stehen.

So funktioniert es:

Versuchen Sie, diese Bewegung möglichst bewusst auszuführen. Führen Sie dazu einfach Ihren rechten Ellenbogen zum linken Knie und umgekehrt. Sie können dabei auf der Stelle gehen, marschieren oder tanzen – natürlich auch mit Musik.

! **Praxistipp**

Vereinbaren Sie einen Termin mit Kollegen oder machen Sie die Übungen zu einem witzigen Ritual vor bestimmten Meetings oder auch als Pauseneinheit. So bleiben Sie dran und etablieren die wertvollen Übungen in Ihrem Alltag als eine kreative Gewohnheit (vgl. Kap. 6.2).

3.2.4 Killerphrasen vermeiden

In Kapitel 2.1 haben wir bereits Kritik als einen Feind von Kreativität kennengelernt. Das betrifft jegliche destruktive Kritik, die wir nonverbal aussenden oder auch aussprechen oder eben empfangen. Jeder Einzelne kann trainieren, seine Achtsamkeit darauf zu lenken und sich Killerphrasen wie »Das wird eh nichts!«, »Kein Budget« oder »Das kauft keiner!« bewusst zu machen und sich kritische Blicke oder Bemerkungen abzutrainieren. Im Team gelingt das am besten, da man sich so gegenseitig darauf aufmerksam machen kann. Hierzu eignen sich auch witzige Übungen, die ein Team auf humorvolle Weise zusammenbringt.

Übung: Spieglein, Spieglein

Sobald jemanden einen kritischen Blick als Reaktion auf eine Idee zeigt, könnten Sie in der Kreativrunde einfach einen Handspiegel hochhalten.

Übung: Beifall oder Geräusch

Alternativ können Sie ein Signal in Ihrem Team vereinbaren. Sobald jemand eine Killerphrase oder einen entsprechenden Blick aussendet, ertönt ein witziges Geräusch z. B. aus einer Tröte, einer Glocke im Büro oder einem Karnevals »Tatatata« usw. Oder sie klatschen tosenden Beifall als Dank für dieses Negativbeispiel.

Übung: Phrasenschwein

Alternativ oder zusätzlich können Sie den Kritiker auffordern, das Büro-Phrasenschwein zu füttern – mit dem Ersparten können Sie bestimmt auch etwas Kreatives anstellen. Auch wenn Ihnen selbst etwas Kreativitätshemmendes bzw. destruktiv Kritisches durch den Kopf geht, können Sie Ihr eigenes Phrasenschwein füttern.

Übung: Gelbe und rote Karte

Sobald jemand eine »Killerphrase« äußert, schreiben Sie diese auf eine gelbe oder rote Karte und der Übeltäter bekommt die Karte. Wer am Ende des Meetings die meisten Kärtchen gesammelt hat, bekommt eine besondere Aufgabe, einen Kritiker-Pokal oder Ähnliches …

Auf diese spielerische Weise werden kreativitätshemmende Phrasen immer seltener! Und das auch noch mit Humor (vgl. Kap. 3.1.3 »Humor und Spaß am Arbeitsplatz«). Begleitend können Sie auch auf die Kreativitätsregeln verweisen (vgl. Kap. 1.4.2 »Konvergierendes Denken«).

3.3 Mindmap zu den Rahmenbedingungen von Kreativität

Welche der Rahmenbedingungen eines kreativitätsfördernden Arbeitsplatzes möchten Sie für sich oder auch mit Ihren Kollegen gemeinsam umsetzen? Vielleicht einen Innovationsraum planen und einrichten, gemeinsam regelmäßig Brain-Gym®-Übungen machen, Sportkurse initiieren oder ein »Killerphrasenverbot« fokussieren? Zum Abschluss dieses Kapitels haben Sie wieder die Möglichkeit, Ihre Erkenntnisse und Ideen zu den erfolgreichen Rahmenbedingungen in einer Mindmap zusammenzufassen. Nutzen Sie diese weitere Übungseinheit, um Ihre Gedanken konkreter zu machen und erste Maßnahmen anzustoßen.

Lassen Sie sich hier auch wieder von den einzelnen Abschnitten inspirieren und machen Sie Ihre persönliche Erfolgs-Mindmap daraus. Denn jeden wird etwas anderes ansprechen und vielleicht fallen Ihnen im Austausch mit Kollegen weitere Ideen ein, die Sie in Ihrer Gedankenlandkarte ergänzen können.

Die dazugehörige Vorlage kennen Sie bereits. Hier haben wir sie zum Thema »Rahmenbedingungen der Kreativität« – aus Sicht des Unternehmens und aus individueller Sicht – angepasst. So können Sie beides in einem machen, bei Bedarf zwei separate Mindmaps anfertigen oder das Thema nur aus einer der beiden Perspektiven mithilfe der Mindmap betrachten.

Alternativ können Sie die Mindmap ohne Vorlage, ganz klassisch nach der Mindmapping-Methode auf einem weißen Blatt entwerfen (vgl. Kap. 5.3.5).

Übung: Mindmap – Rahmenbedingungen der Kreativität

1. Werfen Sie einen Blick auf die möglichen erfolgreichen Rahmenbedingungen für Kreativiät, jeweils aus Sicht des Unternehmens und aus Sicht des Einzelnen. Nehmen Sie die Vorlage oder einfach ein weißes Blatt Papier – mindestens im Din-A4-Format, noch besser im Din-A3-Format quer vor sich. Und legen Sie sich einen grünen, gelben und roten Stift zum Markieren bereit. Dann sammeln Sie einfach Ihre Ideen in kurzen Stichpunkten und halten Sie in Ihrer Gedankenlandkarte fest. Sie könne auch Skizzen oder Symbole ergänzen.
2. Wenn Sie das Gefühl haben, dass Sie alle wichtigen Gedanken aufgeschrieben haben, können Sie Ihre Ideen nach dem Ampelprinzip clustern, um einen besseren Überblick zu gewinnen. Dafür können Sie zum Beispiel das Kriterium der Umsetzbarkeit anlegen oder ein anderes für Sie vielleicht passenderes Kriterium wählen. Markieren Sie nun die Ideen, die Sie sofort und leicht umsetzen können – etwa mit einem grünen Stift. Ideen, die etwas aufwendi-

ger sind, können Sie mit gelb markieren und alle anderen Ideen, die aus Ihrer Sicht schwerer umzusetzen sind (etwa aus Ressourcengründen) mit rot.

3. Wenn Sie diese Übung gemeinsam mit Kollegen machen, können Sie Ihre Ideen und Ziele zu den Rahmenbedingungen der Kreativität gemeinsam besprechen und weitere Gedanken Ihrer Kollegen festhalten. Oder Sie entscheiden gemeinsam, welche Maßnahmen Sie in Ihrem Team gemeinsam umsetzen möchten. Am besten funktioniert das in Kleingruppen bis zu sechs Personen.
4. Unabhängig davon, ob Sie die Übung allein oder im Team machen, haben Sie zudem die Möglichkeit, bei den aus Ihrer Sicht wichtigsten Ideen eine Zielformulierung zu ergänzen. Das hat den Sinn, dass Sie die Zielerreichungswahrscheinlichkeit erhöhen. Das können Sie sowohl bei den grünen, gelben als auch roten Ideen machen. Dazu nutzen Sie einfach die SMART-PS-Formel zur Formulierung und als Checkliste. SMART-PS ist ein Akronym und steht für **s**pezifisch, **m**essbar, **a**ktionsorientiert bzw. **a**ttraktiv, **t**erminiert, **p**ositiv und **s**chriftlich. Hier ein Beispiel eines möglichen Zielsatzes nach der Formel. Der Zielsatz lautet zum Beispiel:
   »Wir – Bernd und Sonja – gestalten und richten einen Kreativraum mit einem Budget von 1.000 Euro in unserem Bereich bis zum 15.03.2021 ein.«
   - **Spezifisch:** Ja, »Kreativraum in unserem Bereich« ist ganz konkret formuliert, ein Budget und auch zwei Verantwortliche sind benannt.
   - **Messbar:** Ja, Sie könnten den Kreativraum konkret in seiner Größe oder seinen Ausmaßen beschreiben oder es bewusst offen lassen.
   - **Attraktiv:** Ja, attraktiv ist das Ziel für die »Anwender«, da sie so ihr kreatives Arbeiten fördern können. Die Attraktivität ist sehr bedeutsam für die Zielerreichung, denn fehlt sie, ist auch meist keine Motivation vorhanden.
   - **Terminiert:** Ja, der 15.03.2021 ist ein konkreter Termin, mit dem die bekannte Aufschieberitis bzw. Prokrastination vermieden wird.
   - **Positiv:** Ja, der Zielsatz ist positiv formuliert. Er enthält keine Negationen.
   - **Schriftlich:** Halten Sie den Zielsatz in jedem Fall schriftlich fest. Denn wir haben täglich 60.000 Gedanken – nicht alles können wir uns merken. Etwas Verschriftlichtes verankert sich noch besser in unserem Unterbewusstsein und Sie können zudem Ihren Zielsatz an eine für Sie täglich sichtbare Stelle aufhängen. Das wirkt unbewusst und positiv auf Ihre Zielerreichung ein.
5. Der letzte Schritt ist der entscheidendste, er lautet: Machen! Tipp: Wenn Sie innerhalb von 24 Stunden einen ersten Schritt gehen – der darf auch ganz klein sein – haben Sie eine 80-prozentige Erfolgswahrscheinlichkeit. Zum Beispiel wäre die Recherche nach Büchern zu Innovationsräumen schon ein erster Schritt.

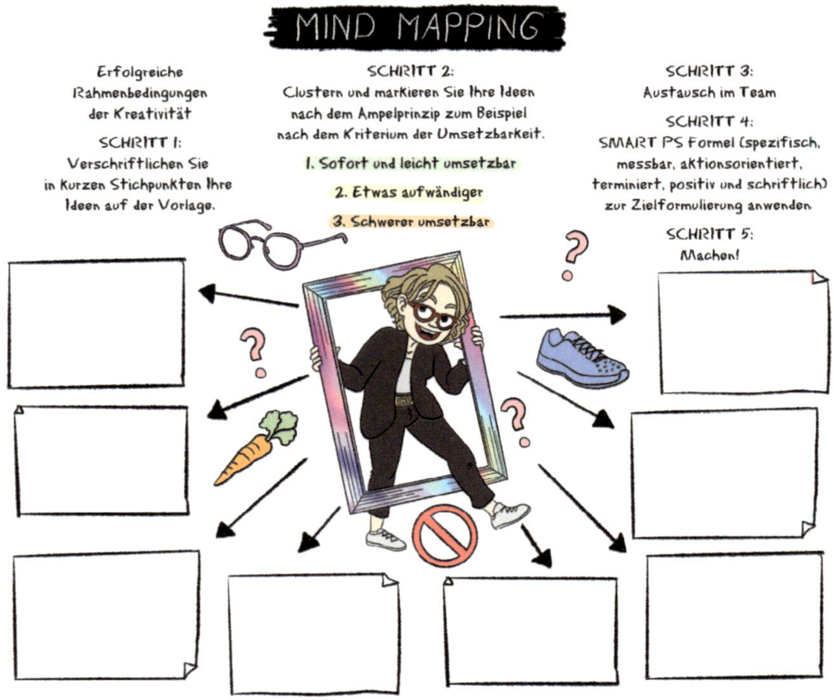

Abb. 27: Mindmap – persönliche Maßnahmen (Vorlage) (→ Arbeitshilfen online)

4 Kreativitätsboost: Selbstcoaching und Mentaltechniken

Was Sie in diesem Kapitel erwartet!

Kreative Stärke beginnt im Kopf. Gerade in unserer heutigen Zeit ist privater wie beruflicher Stress allgegenwärtig. Schnelllebigkeit, ständige Veränderungen, plötzlich hereinbrechende Krisen und damit Ungewissheit können unsere Gesundheit und auch kreative Leistungsfähigkeit stark beeinträchtigen. Daher ist es sehr wichtig, im Alltag für mehr Gelassenheit, Kraft und Leistungsfähigkeit zu sorgen und damit auch die eigene Kreativität zu nutzen und gezielt zu fördern.

Abb. 28: Kreativitätsboost Mentaltechniken

»Whether you think you can or whether you think you can't, you're right.«
Henry Ford

Mentaltechniken unterstützen uns dabei, unsere Gedanken und damit unser gesamtes Wohlbefinden zu lenken. Denn nicht nur kreative Stärke, sondern auch negativer

Stress beginnt vor allem in unserem Kopf. Wir denken rund 60.000 Gedanken pro Tag. Die wenigsten davon haben einen konkreten Realitätsbezug. Um anders zu denken, braucht unser Gehirn wie unser Körper seine mentalen »Fitnesseinheiten«, um kreativ und leistungsfähig zu bleiben. Jeder von uns kann präventiv durch seine innere Haltung und einfache Mentalübungen für seine persönliche mentale Fitness und Kreativität sorgen. Das hilft der eigenen Kreativität auf die Sprünge, sorgt für Innovationen und führt auch zu innerer Balance und Zufriedenheit.

In diesem Kapitel finden Sie eine bunte Auswahl an einfachen Selbstcoaching-Methoden und Übungen, um dem Kreativitätskiller Stress vorzubeugen, aber auch, um sie in Stresssituationen anzuwenden. Sie können diese Techniken allesamt alleine oder auch gemeinsam mit Kollegen anwenden. Am wirksamsten ist es, sie in den Alltag einfließen zu lassen, damit sie sich »verinnerlichen« und im positiven Sinne verselbstständigen (vgl. auch Kap. 6.2 »Kreativitätsgewohnheiten etablieren«). Auch oder gerade wenn Sie wenig Zeit haben, werden Ihnen die regelmäßigen mentalen Fitnesseinheiten am Ende mehr Zeit und kreative Erfolge schenken: Praktizieren Sie beispielsweise gemeinsam eine stille Minute vor einem regelmäßigen Meeting oder schenken Sie Ihrer Körperhaltung und Mimik Beachtung oder trainieren Sie sich im optimistischen Denken – das kann »nebenbei« laufen ohne großen Zeitaufwand. Diese Selbstcoaching- und Mentaltechniken sind somit eine wunderbare *Ergänzung* zu Kreativitätstechniken – sie sind kein Ersatz. Denn sie helfen Ihnen kurzfristig und auch dauerhaft leichter, in einen kreativeren Zustand zu kommen. Sie entschleunigen, um innovativ schneller voranzugehen. Damit bewirken Mentaltechniken, dass Sie das erste kreative Prinzip »Let it happen!« leben und die Kreativitätstechniken unterstützen Sie dabei, ins Handeln zu kommen, im Sinne des zweiten Prinzips: »Make it happen!« Lassen Sie sich inspirieren von den Mentaltechniken und erproben Sie sie alleine oder gemeinsam. So können Sie Ihren »persönlichen Mentalkoffer« für Ihren Alltag packen, um Ihre Gelassenheit und Kreativität zu stärken.

Grenzen des Selbstcoachings
Im Selbstcoaching geht es um eine Unterstützung bei kleinen, alltäglichen Blockaden, der Förderung der eigenen kreativen Kräfte und nicht um die Bewältigung von schwerwiegenderen Themen. Der Einsatz aller im Buch beschriebenen Coaching-Tools ist nur für psychisch gesunde Menschen gedacht. Die Autorin übernimmt keine Haftung für gesundheitliche Schäden.

4.1 Gezielter Einsatz unserer fünf Sinne

Mit unseren fünf Sinnen sehen, hören, fühlen, riechen und schmecken wir unsere Welt. Unsere Wahrnehmung bestimmt, was wir für wahr nehmen. Wir schauen uns an, inwieweit wir die Sinne zur Förderung unserer Kreativität nutzen können. Lesen Sie zunächst einen kurzen Exkurs zu unseren fünf Wahrnehmungssinnen.

4.1.1 Exkurs: VAKOG – die fünf Wahrnehmungssinne

VAKOG ist ein hilfreiches Akronym, das für unsere fünf Wahrnehmungssinne steht:

1. **V**isuell: Was sehen wir?
2. **A**kustisch: Was hören wir?
3. **K**inästhetisch: Was fühlen wir?
4. **O**lfaktorisch: Was riechen wir?
5. **G**ustatorisch: Was schmecken wir?

Die Reihenfolge des Akronyms zeigt gleichzeitig auch die Ausprägung der Sinne bei den meisten Menschen. Unser Sehsinn ist der Sinn, den wir in der Regel am meisten nutzen, gefolgt vom Hör- und Tastsinn. Geruch und Geschmack sind eng miteinander verknüpft und spielen in der alltäglichen Wahrnehmung meist eine etwas geringere Rolle als die ersten drei. Der Geruchssinn ist jedoch als einziger Sinn direkt mit dem limbischen System verknüpft: Wenn wir etwas riechen, gelangen die Informationen ohne Umwege in unser Emotionszentrum. Wenn wir beispielsweise einen bekannten Duft aus unserer Kindheit riechen, sind wir gefühlsmäßig schnell »dort« und erinnern uns direkt über den Duft an eine konkrete Situation.

VAKOG im Marketing

Werfen wir nun einen Blick darauf, wie Marketingverantwortliche die fünf Sinne erfolgreich für Kampagnen, Branding und Co. nutzen. Schon seit Jahren setzen viele Unternehmen **multisensuales Marketing** ein – also ein Marketing, das die Zielgruppe gezielt mit möglichst vielen Sinnen anspricht. Grundsätzlich gilt: Je mehr Sinne bewusst mit der gleichen Botschaft adressiert werden, desto höher ist die Erfolgswahrscheinlichkeit für die Zielerreichung wie zum Beispiel den Kauf eines Produktes.

Das wiederum lässt sich evolutionär begründen: Je mehr Sinne eine Gefahr z. B. ein gefährliches Tier, das sich uns nähert, wahrgenommen haben, desto eher waren wir »alarmiert« und konnten somit unser Überleben sichern. Ein Rascheln, ein Geruch oder eine schnelle Bewegung im Busch haben unseren Fokus auf eine mögliche Gefahr gelenkt. Und dieses Stress- und Wahrnehmungssystem ist fest in uns verankert. Das heißt, wir reagieren stärker auf Botschaften, die über mehrere Wahrnehmungskanäle an uns herangetragen werden.

VAKOG im Coaching

Auch im Bereich Coaching ist das gezielte Einbeziehen möglichst aller Sinne eine erfolgversprechende und verbreitete Methode. Bei einer Hypnose beispielsweise führt der Coach bzw. Hypnotiseur den Klienten unter Einbezug aller Sinne in einen entspannten Zustand. So werden auch im Coachingbereich NLP (Neurolinguistisches Programmieren) in vielen Coachingformaten immer wieder bewusst die fünf Sinne angesprochen (vgl. Kap. 4.5 »Die Vorstellungskraft nutzen« und Kap. 4.8 »Moment of Creativity – Kreativität auf Knopfdruck«).

Der bewusste und gezielte Einsatz unserer Sinne ist demnach sehr nützlich, auch für unseren eigenen Kreativitätsprozess.

Hier finden Sie einige Tipps, wie Sie die Macht der Sinne zur Förderung der Kreativität und für Ihren kreativen Prozesse nutzen können:

1. **Visuell:** Schaffen Sie eine entspannte und freudige Atmosphäre für Ihre Kreativsessions, indem Sie sich eine entsprechend passende Umgebung wählen. Vielleicht haben Sie die Möglichkeit, die Büroräume zu verlassen und ihre Meetings outdoor zu führen. Auch wenn Ihre Kreativsessions im Konferenzraum stattfinden, sorgen Sie für bunte und fantasievolle Bilder im Raum. Das können auch selbst gestaltete Flipcharts sein, die an den Wänden hängen oder Ideenwände mit bunten Post-its. Lesen Sie hierzu auch Kapitel 2.2.3 »Priming und Querdenken«.
2. **Auditiv:** Nutzen Sie Musik als Kreativitätsbooster. So können Sie beispielsweise vor dem Meeting und in den Pausen fröhliche Musik laufen lassen, EMDR-Musik nutzen und auch gezielt Ihre Stimme einsetzen. Die Stimme trägt immer unsere eigene Stimmung, also am besten ist es, wenn der Moderator sich in gute Stimmung bringt (vgl. Kap. 2.2.10 und 4.9).
3. **Kinästhetisch:** Hier gibt es Kreativitätsmethoden, die unseren Tastsinn besonders nutzen wie das 3D-Brainstorming (vgl. Kap. 5.3.1). Prototyping im Generellen ist hier angesagt (vgl. auch Kap. 5.1.4 »Das Design-Thinking-ABC«). Modellieren Sie Ihre Ideen zum Beispiel mit Knetgummi, Lego oder einem anderen Material. Nutzen Sie den Tastsinn, um noch schneller auf Ideen zu kommen. Auch das Spielen mit einem Ball von der linken in die rechte Hand aktiviert die beiden Gehirnhälften, was wiederum für Kreativität sorgt. Das können Sie spielerisch zwischendurch in Aktivierungseinheiten nutzen oder Sie überreichen den Teilnehmern zum Beispiel Anti-Stress-Bälle vor dem Meeting als Überraschungspräsent – natürlich humorvoll mit dem Hinweis: »Ihr seid gleich gefragt, also besser mal vorher ein paar Stressbälle …«
4. **Olfaktorisch:** Nutzen Sie kreativitätsfördernde Düfte. Ja, die gibt es in der Tat! In Japan nutzen Schulen und Unternehmen zum Beispiel Eukalyptusgeruch, um die Konzentration und Leistungsfähigkeit zu fördern, so der Duftexperte Frank Rittler (Dierig, 2015).
   Es gibt einige Hersteller, die spezielle Duftkompositionen und Raumduftsprays anbieten, die direkt im limbischen System wirken. Natürlich ist es wichtig, alles in Maßen zu nutzen und so, dass der Duft nicht störend wirkt. Rittler beschreibt es so: »Positiv ausgedrückt kann man mit Düften Fähigkeiten wecken. Negativ ausgedrückt kann man Menschen über Düfte steuern.« (Dierig, 2015).
5. **Gustatorisch:** Brainfood wie Studentenfutter oder auch Soulfood wie Müsli- oder Schokoriegel oder ein außergewöhnliches Catering können zudem unterstützend für gute Laune und Energie sorgen und letztendlich die Kreativität und Konzentration fördern.

4.2 Facial Feedback: Bitte lächeln

»Es ist vielleicht gar nicht so eine schlechte Idee, ein fröhliches Gesicht aufzusetzen, wenn einem traurig zumute ist.«
Joseph LeDoux

Diese Einsicht des Gehirnforschers Joseph LeDoux beschreibt das sogenannte Facial-Feedback-Phänomen (LeDoux, 2001). So besagt die sogenannte Facial-Feedback-Hypothese, dass die Bewegung der Gesichtsmuskeln einen Einfluss auf unser Gefühlsleben hat. Diese »Gesichtsforschung« lässt sich auch dem sogenannten Embodiment zuordnen, das im folgenden Kapitel 4.3 vorgestellt wird.

Mimik und Emotionsverarbeitung sind folglich ein zusammenhängendes System. Daher ist es ganz besonders wichtig, eine Achtsamkeit für die eigene Mimik zu entwickeln. Denn beispielweise aktiviert alleine das bloße Zusammenziehen der Augenbrauen unser Angstzentrum im Gehirn, die sogenannte Amygdala. Je stärker die Mimik, desto aktiver die Amygdala. Je schwächer die Mimik, desto weniger aktiv die Amygdala. Das bedeutet also, dass unsere Mimik die Gefühle stärkt oder abschwächt, je nachdem, ob wir unsere Gesichtsmuskulatur an- oder entspannen (Hennenlotter, 2009).

Wir können uns diesen Effekt für unsere Kreativsessions und kreativen Prozesse auch zunutze machen, indem wir freiwillig und bewusst lächeln. Denn auch ein Lächeln wirkt direkt in unserem limbischen System. Wichtig ist hierbei, dass wir freiwillig lächeln, also uns bewusst entscheiden zu lächeln, um uns damit besser zu fühlen. Denn sobald wir unsere wahren Gefühle hinter einer lächelnden Maske verstecken, erleben wir eine sogenannte **emotionale Dissonanz**. Der Begriff stammt aus der Psychologie und besagt, dass unser Ausdrucksverhalten, zum Beispiel ein Lächeln, unseren »wahren« Emotionen widerspricht. In der Psychologie spricht man auch von mangelnder emotionaler Kongruenz. Negative Auswirkungen von emotionaler Dissonanz können z. B. emotionale Erschöpfung, Stress und Burnout sein. Deswegen ist es wichtig, seine eigenen Gefühle wahrzunehmen und keine »Lächelmaske« zu tragen, sondern bewusst zu lachen, weil Sie sich dazu bewusst entscheiden (Kundu & Gaba, 2018).

Und das Schöne ist: Lachen setzt Glücksgefühle in Form von Dopamin frei. Und Studien zufolge wird neurochemisch Dopamin mit dem Antrieb zur kreativen Leistung in Verbindung gebracht (AW, 2005).

Also auf die Plätze, fertig. Lächeln!

4.2.1 Übung: Eine Minute lächeln

Kinder sind uns im Lachen klar voraus: Wissenschaftler haben herausgefunden, dass Kinder täglich 400 Mal lachen und Erwachsene hingegen durchschnittlich nur 15 bis 20 Mal am Tag. Wir haben also Lach-Potenzial nach oben: Damit Sie im Alltag sich und auch Ihre Kollegen daran erinnern, mehr zu lächeln, empfehle ich, einen Stift Ihrer Wahl als »Lächelstift« zu nutzen. Diesen nehmen Sie einfach quer in den Mund, ohne dass Ihre Lippen den Stift berühren, um sich selber automatisch zum Lächeln zu bringen. Die Mundwinkel gehen nach oben und das Gehirn kann nicht unterscheiden, ob Sie sich wirklich freuen oder einfach nur einen »Glücksstift« im Mund haben. So nutzen Sie automatisch den Facial-Feedback-Mechanismus. Das Ganze mag anfangs vielleicht ungewöhnlich bis befremdlich oder sogar »lächerlich« wirken, doch Sie werden bereits nach nur einer Minute belohnt: Der Stresspegel fährt runter und Glücksgefühle werden ausgeschüttet. Vielleicht machen Sie das zu einem gemeinsamen Ritual vor einer Kreativsession.

Denn bekannt ist auch: Lächeln und Freude stecken an. Sie tun also gleichzeitig etwas für eine gelassene Stimmung, die wertvoll für die kreativen Erfolge ist.

4.3 Embodiment, Körperhaltung und die Kreativität

Immer mehr »New-Work-Experten«, Personaler und Berufstätige sprechen heute von »**Aufstands**bewegungen« im Büro: Damit ist weniger eine Demo gemeint, vielmehr geht es um die große Bedeutung, die diese Experten der aufrechten Körperhaltung geben.

In vielen Unternehmen finden zumeist **Sitz**ungen statt: Auch bei längeren Meetings sitzen die Teilnehmer hinter ihren Tischen (und Laptops) auf ihren Stühlen. Und auch Stehschreibtische sind in den meisten Bürowelten noch eine Seltenheit. Gerade für Kreativsessions, für kreative Prozesse und Ergebnisse ist aus meiner Sicht diese »**Aufstands**bewegung« extrem wichtig.

Denn sobald wir stehen, sind wir wacher und auch kreativer. Stand-up-Meetings – also Besprechungen im Stehen, die auch meist von kürzerer Dauer sind, sind nachweislich viel produktiver. Das zeigt sich insbesondere auch in Ideenrunden: Ideen kommen viel schneller und leichter in den Fluss und der Kreativprozess macht den Ideensuchenden auch noch mehr Spaß.

Das hängt auch mit dem wissenschaftlichen Thema Embodiment zusammen, bei dem es um die Wechselwirkung zwischen Körper und Psyche geht. Psychische Zustände, also unser inneres Befinden, drücken sich nonverbal im Körper aus als Gestik, Mimik und Körperhaltung. Und das ist keine Einbahnstraße. Es gibt auch Wirkungen in umgekehrter Richtung. Unsere Körperhaltung beeinflusst unmittelbar die eigenen psychischen Zustände. Alle Körperhaltungen, ganz gleich ob sie bewusst oder unbewusst eingenommen werden, haben Auswirkungen auf unsere Gedanken und unsere Emotionen und damit auch auf unsere Kreativität. Unser Körper ist folglich sehr eng mit unserem Wohlbefinden verknüpft.

Wenn jemand glücklich ist und sich beispielsweise über einen gewonnenen Pitch oder einen andere Erfolg freut, werden wir ihm das an seiner Körperhaltung ansehen: Die Person macht sich tendenziell eher größer, nimmt beispielsweise die Schultern zurück, nimmt eine aufrechte Haltung ein, macht eine Siegerfaust oder streckt die Armen und Hände nach oben. Auch unsere Sprache spiegelt das wider, wie die folgenden Redewendungen deutlich machen: »In die Luft springen vor Freude«, »Jemand ist beschwingt« oder »Etwas geht leicht von der Hand«. Wenn sich jemand dagegen im wahrsten Sinne des Wortes »niedergeschlagen« fühlt, macht sich diese Person körperlich tendenziell klein, nimmt eher eine gebückte Haltung ein, lässt zum Beispiel unbewusst den Kopf hängen oder zieht die Schultern nach vorne und unten.

Das Schöne ist, dass wir mithilfe einer bewussten Veränderung unserer Körperhaltung gegen unangenehme Gefühle, Müdigkeit oder Trägheit angehen können.

Konkret heißt das: Jemand, der gerade nicht in seiner Kraft ist, jedoch gerade vor einem wichtigen Termin steht, jetzt Ideen braucht oder auch einfach seiner kreativen Leistung auf die Sprünge helfen will, macht sich zunächst die eigene Körperhaltung bewusst. Und entscheidet sich dann bewusst, seine Körperhaltung zu verändern: zum Beispiel sich aufrecht hinzustellen, eine Siegerfaust zu machen oder auch eine sogenannte Power-Pose, also eine Siegerhaltung, einzunehmen. Auch wenn das zunächst albern klingen mag, merken Sie nach kurzer Zeit bereits positive Effekte auf Ihre Stimmung und Ihre kreativen Kräfte. Alleine mit körperlicher Bewegung können wir unangenehme Gefühlszustände auch schneller überwinden. Das beweisen auch Studien wie unter anderem von der Psychologin Amy Cuddy. Laut der Studie fühlen sich Menschen sicherer und kraftvoller, wenn sie eine solche Siegerpose für nur zwei Minuten einnehmen (Cuddy, Schultz & Fosse, 2018).

Das bedeutet: Für alle kreativen Runden vor allem in stressigen Situationen – ganz gleich ob alleine oder im Team – ist es wichtig, eine aufrechte Körperhaltung einzunehmen, um die Gefühle positiv zu beeinflussen. Denn es wird kaum möglich sein, unsere inneren Kräfte und damit unsere kreativen Ressourcen in einer eingefallenen Körperhaltung zu aktivieren (Nair, 2015).

! **Video-Tipp**

Die Psychologin Amy Cuddy zeigte in einer Studie, dass raumeinnehmende High-Power-Posen das subjektive Gefühl von Macht und den Hormonspiegel von Personen positiv beeinflussen. Ihr TED-Talk »Your body language may shape who you are« aus dem Jahr 2012 ist einer der meist gesehenen TED-Talks mit knapp 55 Millionen Views (Cuddy, 2012).

4.3.1 Übung: Powerpose in einer gemeinsamen Kreativsession

Laden Sie Ihre Kollegen zu einem gemeinsamen Experiment ein, um sie vom Stehen zu überzeugen. Das können Sie insbesondere gut nach und als »Energizer« während einer »**Sitz**ung« machen. Laden Sie alle ein, sich hinzustellen und sich dabei mit Kopf und Händen nach vorne überhängen zu lassen. Dann moderieren Sie an, dass gleich alle gemeinsam bei drei sagen: »Mir geht es gut!« – hier sind bereits die ersten Lacher und Irritationen garantiert. Danach laden Sie die Teilnehmer ein, sich aufzurichten, wahlweise die Arme nach oben zu strecken oder eine Siegerfaust oder Position einzunehmen. Und auch bei dieser neuen körperlichen Haltung zählen Sie bis drei und alle sagen gemeinsam »Mir geht es total schlecht«.

Danach werden Sie unmittelbar Lacher ernten und Feedback bekommen. Denn diese Übung zeigt klar, dass die Körperhaltung führt und nicht die Worte, die wir aussprechen. Auf diese Weise erleben Sie und Ihre Kollegen oder Workshop-Teilnehmer die Macht der Körpersprache.

4.4 Positive innere Haltung und Optimismus

Mit unserer Mimik und mit unserer Körperhaltung können wir also unsere Gedanken und Emotionen direkt beeinflussen. Eine weitere kleine Stellschraube mit ebenso großer Wirkung auf unsere Verfassung und damit auch unsere Kreativität ist unsere innere Haltung: Wie reden wir mit uns selbst und wie positiv sind wir uns selbst und unseren kreativen Fähigkeiten gegenüber gestimmt? (vgl. Kap. 2.1.4 »Der Glaubenssatz ›Ich bin nicht kreativ‹«).

Viele Visionäre und als herausragend kreativ geltende Menschen wie Leonardo Da Vinci, Thomas Edison, Albert Einstein oder Pablo Picasso hatten genau diese positive Grundeinstellung gemeinsam: Sie blieben dran an einer Sache, auch wenn etwas nicht funktioniert hat. Sie haben sich nicht mit dem zufrieden gegeben, was es gibt, sondern sie suchten immer wieder optimistisch nach neue Möglichkeiten, etwas zu erschaffen.

Frei nach Pippi Langstrumpf: »Das habe ich noch nie zuvor versucht, also bin ich völlig sicher, dass ich es schaffe.«

Jeder Mensch hat vermutlich eine gewisse Veranlagung, Dinge eher weiß oder schwarz zu sehen. Doch eine positive Grundeinstellung ist nichts, was von Geburt an gegeben und unveränderbar ist. Es ist vielmehr eine bewusste Entscheidung, die wir täglich treffen können. Sehen wir Dinge und Situationen positiv und bewerten sie als Chance oder sehen wir sie negativ und somit als Grenze?

Jeder kann eine positive Fehlerkultur für sich selbst entwickeln (vgl. Kap. 2.2.6 »Positive Fehlerkultur«), auch wenn es nicht in jeder Situation einfach ist und unsere Emotionen uns gelegentlich dazwischen »springen«. Doch mit jedem Fehler können wir mehr lernen, diesen nicht als »Niederlage« (vgl. Kap. 4.3» Embodiment« – »sich nieder legen«) und Bestätigung für unser Nichtkönnen oder Ähnliches zu sehen, sondern als Lernchance und Möglichkeit, es beim nächsten Mal besser zu machen.

Und genau wie auch eine Idee Zeit braucht, bis sie reif ist, braucht eine positive Grundeinstellung ebenfalls Geduld und Training (vgl. Innovations-Eisberg). Wie Sie sich selbst und Ihre Schöpferkraft mit Affirmationen bestärken und Ihre persönliche Kreativität langfristig mental trainieren, erfahren Sie in den Mental-Übungen (Kapitel 4).

So soll auch Buddha einst gesagt haben: »Wir sind, was wir denken«. Unsere positive Grundeinstellung ist also extrem wichtig für unsere kreativen Erfolge. Sie bringt Leichtigkeit mit sich und dass wir uns bei Fehlschlägen nicht klein machen, sondern aufstehen und weitermachen und unsere Ziele erreichen.

4.4.1 Übung: Motto für unbewusste Kräfte

Sogenannte Affirmationen oder auch Autosuggestionen – positive formulierte Kraftsätze – unterstützen uns dabei, positiv und kreativ zu denken, auch in herausfordernden Situationen.

Sie können sich von den folgenden Sätzen inspirieren lassen und schauen, welche Sie persönlich besonders ansprechen und Sie in Ihrem Marketingalltag unterstützen könnten. Oder Sie entwickeln Ihr eigenes Motto. Wiederholen Sie Ihren »Kraftsatz« im Alltag immer wieder – insbesondere in Situationen, in denen Sie mehr Optimismus gut gebrauchen können, zum Beispiel wenn Sie ein Meeting besuchen oder vor einem wichtigen Gespräch.

Das Schöne ist, Sie können den »Kraftsatz« nicht denken, während sie gleichzeitig etwas Negatives denken. Es gibt eine Art Verdrängungswettbewerb der Gedanken – und der positive bekommt Vorfahrt – auch langfristig!

- Ich bin vollkommen ruhig und entspannt.
- Ich bin kreativ und mutig.

- Ich habe Mut, alles wird gut.
- Ich habe die kreative Kraft, die alles schafft.
- Ich weiß, was ich erschaffen kann.
- Wer weiß, wozu es gut ist.

Besonders wirksam sind solche Sätze auch als »Bewegungsaffirmationen« – d.h. wenn Sie sich die Sätze sagen, während Sie in Bewegung sind. Zum Beispiel beim Spaziergang oder beim Sport. So nutzen Sie gleichzeitig den sogenannten »EMDR-Effekt« durch das innerliche Aufsagen der Silben während der Rechts-links-Impulse beim Gehen (Kap. 4.9).

4.4.2 Übung: Ding Dong

Eine weitere schriftliche Übung kann Ihnen ebenfalls helfen, wiederkehrende negative Gedanken umzulenken. Hierzu schreiben Sie einfach in eine erste Spalte negative Glaubenssätze, die Ihnen im Alltag beim kreativen Arbeiten im Weg stehen. Und in einer zweiten Spalte entwerfen Sie daraus jeweils positive Sätze wie zum Beispiel »Ich schaffe das« oder »Das wird sich alles auszahlen«. Mit jeder Übungseinheit trainieren Sie Ihren Optimismusmuskel. Und je häufiger Sie das machen, desto weniger wird in der ersten Spalte stehen.

4.4.3 Übung: Kritiker auf stumm schalten

Genauso wie wir unser Telefon lautlos schalten können, um ungestört zu sein, können wir das auch mit unseren Gedanken machen. Hierzu machen Sie sich den negativen Gedanken, der Ihre Kreativität stört, bewusst. Dann schreiben Sie die entsprechende positive Bestärkung einfach auf. Zum Beispiel: »Unsere Idee ist genial und wird Erfolg bringen!« Und Sie wiederholen das einfach so lange, bis Sie merken, dass Sie den Gedanken immer stärker verinnerlicht haben. Anfangs fühlt es sich vermutlich noch nicht wirklich an, doch wenn Sie den Satz ein zehntes oder fünfzehntes Mal aufgeschrieben haben, verselbstständigt er sich immer mehr. Und der innere Kritiker ist nicht mehr zu hören!

4.4.4 Übung: Check-out

Wenn es Ihnen lieber ist, eine Übung gedanklich statt schriftlich auszuführen, könnte Sie diese Check-out-Übung am Abend noch mehr ansprechen. Auch hier lenken wir unsere gedanklichen Scheinwerfer bewusst auf das Positive in Sachen Kreativität. Beantworten Sie sich einfach jeden Abend als kleines Ritual folgende Fragen:

1. Was habe ich heute Kreatives erlebt?
2. Wann war ich besonders kreativ?
3. Was habe ich heute gelernt?
4. Worauf bin ich heute in Sachen Kreativität stolz?

Mit der Zeit wird es Ihnen immer leichter fallen, diese Fragen zu beantworten. Wir geben diese offenen Fragen in unsere innere Suchmaschine als Suchauftrag ein und die findet Ergebnisse, auch wenn sie anfangs noch länger suchen muss.

Genereller Hinweis zu den Übungen

Am besten ist es, wenn Sie die hier vorgestellten Übungen im Alltag integrieren. Zum Beispiel jeden Morgen vor dem ersten E-Mail-Check oder auch in Gedanken auf dem Weg zur Arbeit. Oder Sie nutzen Wartezeiten – zum Beispiel im Wartezimmer, beim Warten auf die Bahn, im Supermarkt usw. Beobachten Sie einfach, wie sich Ihre Gedanken und Ihre Einstellung positiv verändern (vgl. Kap. 6.2 »Kreativitätsgewohnheiten etablieren«).

Kreativität ist Ihre Entscheidung!

Abschließend noch ein motivierendes Zitat von dem Kreativitätsexperten Michael Michalko. Er fasst unsere Entscheidungsmöglichkeit, kreativ zu sein, wie folgt zusammen:

> »We do not choose to be born. We do not choose our parents. We do not choose our historical epoch, or the country of our birth. We do not, most of us, choose to die, nor do we choose the time or conditions of our death. But within this realm of choicelessness, we do choose how we shall live: with purpose or adrift, with joy or with joylessness, with humor or despair, with a positive outlook or a negative outlook. We decide what makes us significant or insignificant. We decide to be creative or to be indifferent. No matter how indifferent the universe may be to our choices and decisions, these choices and decisions are ours to make. We decide. We choose. In the end, our own creativity is decided by what we choose to do or what we refuse to do. And as we decide and choose, so are our destinies formed.« (Michalko, 2006)

4.5 Die Vorstellungskraft nutzen

»If you can dream it, you can do it.«
Walt Disney

Unsere mentale Vorstellungskraft ist unser menschliches Kreativitätswerkzeug überhaupt. Und konkrete Mentaltechniken nutzen diese Vorstellungskräfte und helfen uns damit, auf den Punkt noch kreativer und generell ressourcenvoller zu sein, also zum Beispiel mutig, stolz oder voll innerer Ruhe.

Für uns Erwachsene ist es etwas ungewohnt geworden, unsere Vorstellungskraft gezielt im Berufsalltag zu nutzen, denn spätestens in der Schule, im Studium oder der Ausbildung haben wir uns diese Fähigkeit häufig abtrainiert (vgl. Kap. 1.4.2 und den Video-Tipp »Why school kills creativity) (Robinson, 2006).

Für Kinder, Schauspieler und Hochleistungssportler gehört die Anwendung – wenn auch teilweise unbewusst – zum Alltag. Beobachtet man spielende Kinder, sieht man, wie einfach es ist, in einer Rolle zu sein und zu bleiben, ob als Peter Pan oder Pippi Langstrumpf. Sie bewegen sich wie ihre Rollenvorbilder und glauben, es in diesem Moment wirklich zu sein.

Und auch Sportler nutzen ihre Vorstellungskraft als eine Art Geheimwaffe! So hat es beispielsweise Schwimmprofi Britta Steffen extrem geholfen, Mentaltechniken bei Wettbewerben unterstützend einzusetzen. Auf einem Coachingkongress 2018 erzählte die ehemalige Weltmeisterin, dass sie sich bei einem Wettkampf vorgestellt hat, ihr Trainer würde sie im Wettkampf an einem langen Gummiseil ziehen – und mit dieser Vorstellung überholte sie ihre Konkurrentin auf den letzten Metern und gewann den Weltmeistertitel. Und das ist heute keine Ausnahmen unter Hochleistungssportlern. Mentale Kraft bringt uns zu Spitzenleistungen – auch im Business!

Alltagsbeispiele für die Anwendung
Mit Mentaltechniken können Sie beispielsweise gestärkt in Ihre Ideenpräsentation gehen, entscheidende Gespräche noch gelassener führen oder eine Kreativsession souveräner moderieren oder erfolgreicher an ihr teilnehmen.

Wenn beispielsweise ein Kritiker versucht, Ihre Idee plattzumachen oder Sie einen »Fehlschlag« erlebt haben, können Sie mit den Mentaltechniken, die wir unten vorstellen, kurzfristig einen inneren Abstand gewinnen und mit solchen stressigen Situationen oder den damit verbundenen »negativen« Gefühlen besser umgehen. Denn zu viel negativer Stress und unangemessene Gefühle arbeiten gegen und nicht für uns (vgl. Kap. 1.5.3 »Kreativität und unsere Emotionen«).

Mit der Anwendung einer solchen Technik können Sie sich wie auf Knopfdruck wieder selber steuern, damit nicht zu großen Ärger oder eine andere unangemessene Emotion ans Ruder gelangt. Und zudem können Sie sich auch selber mit Ressourcen wie Mut und Kreativität versorgen und finden so zu innerer Stärke und Gelassenheit (vgl. 4.4.1 Übung: »Motto für unbewusste Kräfte«).

Unserer Vorstellung sind keine Grenzen gesetzt – und genau das können wir nutzen, um unsere Kreativität zu boosten. Hier eine Auswahl an Übungen, die Sie im Marketingalltag gut nutzen können, um sich emotional schnell ins Gleichgewicht zu bringen und sich ihren kreativen Zielen wieder zu nähern.

4.5.1 Übung: Stolzes Auftreten wie Sissi und der Kaiser

Innere Fantasiebilder helfen uns, Abstand zu unangenehmen Gefühlen zu gewinnen und selbstbewusster oder stolz zu sein. Wenn Sie beispielsweise Ihre Idee vor einem großen Publikum präsentieren und Lampenfieber haben, können Sie sich vorstellen, dass sie standfest wie ein Baum sind oder einen Königs- oder einen Sissi-Mantel tragen. Sobald wir uns so etwas vorstellen, sieht man das auch äußerlich. Wir richten uns auf und wirken auf unser Publikum stolz und groß. Und genau das ist auch im Kreativprozess an vielen Stellen immens wichtig. Denn häufig muss man auch für seine Ideen kämpfen und stark und groß sein, um andere nachhaltig zu überzeugen und mitzureißen.

Geben Sie diesen Übungen mehr als eine Chance – denn alles, was ungewohnt ist, braucht Übung. Es ist zudem hilfreich, sich zu fragen, wie Sie sich in dem Moment als Person oder Fantasiefigur fühlen, was sie sehen, hören, vielleicht auch riechen und schmecken. Das hilft vielen Menschen noch besser, in die »Rolle« zu schlüpfen (vgl. Kap. 4.1 »Gezielter Einsatz unserer fünf Sinne«).

Hier sind ein paar hilfreiche Bilder. Vielleicht probieren Sie eines in der nächsten Situation einfach mal aus. Oder Sie üben zunächst das »Trockenschwimmen« in einer weniger relevanten Situation, zum Beispiel an der Supermarktkasse, in der Kneipe oder zuhause mit Freunden. Es darf ja auch Spaß machen.

- Leuchtturmwärter oder Hubschrauberpilot mit Überblick
- Bergsteiger, der über allem steht
- dicke Elefantenhaut, die sich nicht leicht verletzen lässt
- gepanzert wie eine Schildkröte
- standfest wie ein Baum
- Energiekugel mit reflektierender Außensicht
- Panzerglasscheibe
- Superwoman oder Superman
- usw.

4.5.2 Übung: Film ab in stressigen Meetings und Momenten

Wenn wir gestresst sind, übertreiben wir manchmal und sagen Dinge, die uns im Nachhinein leidtun. Auch ist ein aggressiver Gegenangriff nicht immer hilfreich und konstruktiv, wenn jemand unsere Idee oder uns selbst kritisiert.

In solchen Momenten kann es hilfreich sein, emotional aus dieser Situation herauszutreten. Das gelingt, indem wir uns zum Beispiel vorstellen, dass wir in einem Kinosaal sitzen und gerade die schwierige Situation wie im Film als Zuschauer sehen. In dem Moment fühlen wir uns nicht mehr so »betroffen«, sondern sehen das Ganze mit Abstand, aus einer entfernten Perspektive. Und schon fällt das Stresslevel ab. Techniken wie diese setzt auch ein Coach ein, damit der Klient eine andere Sichtweise gewinnen kann.

Im nächsten stressigen Meeting können Sie sich alternativ vorstellen, dass Sie das ganze »Spiel« wie durch eine Kamera von außen beobachten. Auch diese Übung schafft sofort Distanz. Sie lässt sich auch sehr gut mit einem tiefen Ein- und Ausatmen verbinden, eine Übung, die nachweislich und schnell den Stress reduziert.

Sie werden auch in Kapitel 5 Kreativitätstechniken entdecken, die auf unserer Vorstellungskraft basieren. Unter anderem die Walt-Disney-Methode (Kap. 5.5.2) und die sechs Denkhüte nach Edward de Bono (Kap. 5.5.1). Bei diesen Techniken nimmt man unterschiedliche Perspektiven und Rollen ein, indem man sich vorstellt zum Beispiel ein konstruktiver Kritiker oder ein Träumer zu sein.

4.6 Die Perspektive wechseln

Bei dieser Methode geht es darum, aus einer Situation herauszutreten und bewusst alleine oder in der Gruppe andere Perspektiven einzunehmen. Das kann die Sichtweise Ihres Kunden sein oder diejenige eines kreativen Vorbilds oder auch eines Kritikers. Dieses bewusste Springen in andere Schuhe hilft von Anfang an, ein Thema, eine Fragestellung ganzheitlicher zu betrachten. Das kann am Anfang eines Kreativitätsprozesses sehr hilfreich sein, ebenso in sehr verfahrenden Situationen oder auch einfach als Technik zwischendrin.

Folgende Fragen können Sie nutzen, um eine andere Perspektive einzunehmen, und für sich und das Thema spezifizieren:

- Was würde Albert Einstein, Steve Jobs, Alex Osborne, meine Oma, ein fünfjähriges Kind, Walt Disney, Ihre Zielgruppe zu dieser Fragestellung denken oder auch fühlen?
- Falls es für Ihre Fragestellung hilfreich ist, können Sie auf die einzelnen Sinne eingehen: Was würde Person X sehen, hören, fühlen, riechen oder auch schmecken?

- Falls Sie vermehrt positive Aspekte zu einer Fragestellung gefunden haben, nehmen Sie bewusst eine konträre Position ein, zum Beispiel eines konstruktiven Kritikers: Was sollten wir noch bedenken? Was könnte kritisch sein? Welche Hindernisse oder Hürden könnte es geben?
- Stellen Sie sich vor, das Thema, die Fragestellung wird als Kinofilm inszeniert und Sie sitzen im Zuschauerraum. Was würden Sie als Zuschauer wahrnehmen?

Während eines solchen Perspektivenwechsels hat es sich bewährt hat, sich zu bewegen. Das unterstützt uns mental, eine neue Perspektive einzunehmen. Hierzu können Sie beispielsweise auch die Frage auf einen Zettel schreiben und sich dann zu diesen Zetteln im Raum bewegen und die jeweilige Frage beantworten. Solche Fragen können Sie immer wieder einstreuen und sie bewusst in kreativen Prozessen nutzen. Es gibt zudem sehr bewährte Kreativitätstechniken, die zu Perspektivenwechseln einladen wie zum Beispiel die Walt-Disney-Strategie (Kap. 5.5.2), die sechs Denkhüte nach de Bono (Kap. 5.5.1) oder auch die Kopfstand-Methode (Kap. 5.3.7).

4.7 Achtsam sein, meditieren und entschleunigen

In Meditationskreisen heißt es, wenn man wenig Zeit hast, sollte man versuchen, täglich fünf bis zehn Minuten zu meditieren. Wenn man gar keine Zeit hat, dann mindestens eine Stunde täglich. In einer sich immer schneller drehenden Welt ist das eine neue Art von Zeitmanagement. Und sie rentiert sich!

Die Meditation hat eine jahrtausendealte Tradition und ihre Heilkraft ist schon seit Langem bekannt und mittlerweile auch wissenschaftlich bewiesen. In den letzten Jahren gibt es auch innerhalb der Wirtschaft und Arbeitswelt ein sehr starkes Interesse an den Wirkungsweisen der Meditation und ihren Einflüssen auf unsere Produktivität und Kreativität.

Unsere Arbeitswelt ist meist von Stress und Beschleunigung geprägt. Deswegen haben seit einigen Jahren Achtsamkeitsseminare, Yoga und Meditieren eine gegenläufige Bewegung der Achtsamkeit und Entschleunigung ausgelöst.

Schauen wir uns die Meditation und ihre Wirkungen einmal genauer an:

Meditieren heißt zur Ruhe kommen, sich hinsetzen, die Augen schließen, sich bewusst auf den Atem fokussieren, aufkommende Gedanken und Emotionen betrachten – ohne sie zu bewerten – und diese dann weiterziehen zu lassen. Es sind also Übungen, die auf die volle Konzentration auf den Moment zielen. Das hat entgegen mancher Vorstellung auch nichts mit Räucherkerzen oder magisch-spirituellen Kräften zu tun. Medizinische Studien beweisen, dass wir unser Gehirn mithilfe von Meditation »umprogrammieren« können. So kann sich jeder Mensch mithilfe der Meditation in einen Zustand versetzen, in dem wir produktiver und kreativer sein können. Und es hat noch weitere sehr positive Effekte. Hier ein Einblick in die Wirkkraft dieser »inneren Einkehr«, insbesondere im Hinblick auf kreatives Arbeiten:

- Sie werden einfallsreicher.
- Sie können sich besser konzentrieren, was auch wichtig für kreatives Arbeiten ist.
- Sie können einfühlsamer kommunizieren, was auch die Team-Kreativität stärkt.
- Sie lernen das Gedankenkarussell zu stoppen, was auch wichtig für kreatives Arbeiten ist.
- Sie verbessern Ihre Intuition, was auch Ihre Kreativität stärkt.
- Sie empfinden mehr (grundlose) Freude (Glückshormone).
- Sie verstärken Ihr Mitgefühl für sich und andere.
- Sie reduzieren Angstgefühle, was auch Ihre Kreativität stärkt.
- Sie fühlen sich entspannter, was auch Ihre Kreativität stärkt.
- Sie stärken Ihr Immunsystem, was auch Ihren kreativen Erfolg vergrößert.
- Sie steigern Ihre Empathie, was auch die Team-Kreativität stärkt.
- Sie können ein positives Verbundenheitsgefühl mit der Welt erleben (Bindungshormon Oxytocin) und natürlich mit Ihrem Kreativteam.
- ...

Alleine diese Aufzählung zeigt, wie wertvoll Meditieren für Kreativprozesse ist und dass es viele weitere positive »Begleiterscheinungen« mit sich bringt (vgl. Abb. 29).

Abb. 29: Kreativitätsboost durch Meditation

Achtsamkeitspraxis in Unternehmen

In den innovativsten Unternehmen der Welt wird dieser Kreativitätsboost schon einige Jahre genutzt und gilt als das »neue Koffein«. Im Silicon Valley praktizieren Mitarbeiter von Google die Methode »Mindful lunchen«, bei denen sie sich schweigend nur auf ihre Nahrungsaufnahme konzentrieren und keine Gespräche führen. In Unternehmen wie Twitter und Facebook meditieren die Mitarbeiter während der Arbeitszeit.

Auch deutsche Unternehmen sind nachgezogen. Als Trainerin erlebe ich selbst eine immer größer werdende Nachfrage nach Achtsamkeitstrainings, Work-Health-Balance-Seminaren oder Meditationsworkshops. Vielen Unternehmen ist bewusst, dass der Stress und Druck, der bei allen Mitarbeitern angekommen ist, ihren Mitarbeitern und auch dem gesamten Unternehmen schadet und sie andere Wege gehen müssen.

Bei BASF nehmen täglich 600 Mitarbeiter Seminare rund um Achtsamkeit und mentale Fitness wahr. Das Ziel des Chemiekonzerns ist vor allem die Stressprävention und der Umgang mit Belastungen am Arbeitsplatz.

Auch SAP bietet seit 2013 seinen Mitarbeitern mit großem Erfolg kostenlose Achtsamkeitsprogramme nach dem Vorbild von Google an. Das Ziel des Software-Konzerns ist, dass die Mitarbeiter lernen, sich besser zu beobachten und zu regulieren, ihre Ziele klarer zu formulieren und sich selbst stärker zu motivieren.

Achtsamkeit hat sich in vielen Unternehmen zum Status quo entwickelt, insbesondere um die Mitarbeiter in ihrer Stresskompetenz zu stärken. Und, wie ich aus meiner Trainer- und Coach-Erfahrung heraus weiß, nehmen Mitarbeiter diese Angebote dankend an und können das Gelernte sehr gut in ihrem Alltag einsetzen.

McMindfulness oder Zugang zu Frieden

Bei all den positiven Wirkungen von Achtsamkeit und Meditation im Arbeitsalltag gibt es auch Kritiker, die von einer McMindfulness-Bewegung sprechen. Denn wenn Unternehmen Achtsamkeit gezielt einsetzen, um den Profit zu steigern und somit auch den Konsumkapitalismus zu stärken, widerspricht das ethischen und auch buddhistischen Grundsätzen (Blomeyer, 2015).

Der Ingenieur und Bestsellerautor Chade-Meng Tan ist einer der Verfechter davon, Achtsamkeit und Meditieren in den Unternehmen zu verankern. So glaubt er, dass die Menschen, auch wenn sie mit dem »falschen« Ziel, mehr Geld zu verdienen, anfangen zu meditieren, sie Zugang zu Frieden und Freude finden und spüren, dass sie glücklich sind, egal was gerade passiert. Und das sie auch mehr Gutes tun. Selbst der Dalai Lama hat Chade-Meng Tans Bestseller »Search Inside Yourself: Optimiere dein Leben durch Achtsamkeit« für gut befunden (Hellenkemper, 2019).

Fazit
Ich glaube, dass in unserer sich kontinuierlich beschleunigenden VUCA-Welt ein Bremspedal und ein achtsames Entschleunigen enorm wichtig für das Wohlbefinden unserer Gesellschaft als auch für die Innovationskraft aller Unternehmen und Menschen sind.

Ich sehe die Achtsamkeitspraxis auch außerhalb des buddhistischen Kontextes als eine große Chance. Sie kann in Unternehmen bei Mitarbeitern bedeutende Impulse für positive Veränderungen bringen. Möglicherweise auch über das eigentliche Aufgabenfeld hinaus. Deswegen lohnt sich Meditieren nicht nur für kreativere Kampagnen und Produkte, sondern kann auch persönlich und gesellschaftlich Positives bewirken.

4.7.1 Übung: Meditationsanleitung für Anfänger

Sie brauchen nicht viel, um zu meditieren: Letztendlich nur einen Timer, einen Stuhl oder ein Meditationskissen. Den Timer können Sie anfangs auf fünf Minuten stellen und mit der Zeit langsam auf zehn bis fünfzehn Minuten hochsetzen.

Sie können sich einfach aufrecht auf Ihren Stuhl setzen mit beiden Füßen auf den Boden oder sie setzen sich auf ein Meditationskissen. Beim Kissen gibt es unterschiedliche Möglichkeiten: entweder im Schneidersitz, im Yogasitz oder auf den Knien. Probieren Sie einfach aus, wie es sich am besten für Sie anfühlt. Es gibt hier nicht die eine richtige Position.

Ihren Daumen können Sie einfach auf Ihre Zeigefinger legen, so dass sich jeweils ein Kreis mit den beiden Fingern bildet. Legen Sie Ihre Hände dann mit dem Handrücken auf Ihren Beinen ab. Alternativ legen Sie die Hände wie eine Schale ineinander, so dass sich Ihre Daumen berühren. Diese Haltung hat den Vorteil, dass Sie merken, wenn Sie kurz vor dem Einschlafen sind, denn dann gehen die Daumen leicht auseinander und Sie werden wieder wacher.

Ihre Zunge können Sie oben in den Gaumen legen.

Beim Meditieren geht es darum, an »nichts« zu denken, und wenn man erst mit dem Meditieren beginnt, ist das kaum möglich! Daher bleiben Sie ganz entspannt, wenn Ihnen viele Gedanken durch den Kopf gehen. Dann können Sie einfach üben, diese Gedanken wie Wolken vorbeiziehen zu lassen oder wie ein Zug, der in den Bahnhof einfährt und auch wieder hinaus. Oder Sie nutzen ein anderes hilfreiches Bild.

Stille ist für die Meditationspraxis am besten, doch mit der Zeit lernen Sie, Hintergrundgeräusche »auszublenden«.

Konzentrieren Sie sich auf Ihren Atem. Sie können dabei den Fokus Ihrer Atmung auf die Herzgegend richten. Das sorgt nachweislich für einen ruhigeren Puls. Dabei atmen Sie in Ihrer Vorstellung zum Herzen ein und wieder aus (vgl. Kap. 6.1.2).

Zusätzlich können Sie auch einfach lächeln, während Sie meditieren (vgl. Kap. 4.2 »Facial Feedback: Bitte lächeln«). Und das Wichtigste: Bleiben Sie neugierig bei all den neuen Erfahrungen.

Dranbleiben lohnt sich: Es dauert erfahrungsgemäß ein paar Wochen, bis Sie positive Effekte spüren. Und zusammen mit Ihren Kollegen fällt es leichter, regelmäßig zu meditieren – ob persönlich vor Ort oder über Skype.

Anwendungsvarianten und Impulse

- Als morgendliche »Seelenhygiene« zuhause direkt nach dem Aufstehen oder morgens vor dem ersten E-Mail-Check oder Termin.
- Gemeinsam im Meeting – zum Beispiel als Ritual, bevor Sie mit Ihrem Teammeeting starten.
- Mit Kollegen gemeinsam oder alleine in der Mittagspause in einem Park oder an einem anderen angenehmen Ort.
- Zahlen oder Challenges treiben Sie besonders an? Sie können auch unterstützend technische Tools wie z. B. das Gerät »Muse« nutzen. Nach jeder Meditation erhalten Sie sofort ein Feedback, zu wie viel Prozent Sie Ihren Geist ruhig halten konnten. Zudem erhalten Sie auch während der Meditation ein auditives Feedback und können so direkt beim Meditieren lernen, welche »Art« gut tut.

4.7.2 Übung: Achtsam essen

Verabreden Sie sich mit Kollegen oder auch nur mit sich selbst zum bewussten Nicht-Reden und genießen Sie über alle Sinne Ihr Essen. Diese Übung hilft dabei, unsere Nahrung bewusst mit allen Sinnen wertzuschätzen und noch mehr zu genießen. Denn Essen sollte mehr sein als nur Hungerstillen und schnelles Schlingen. Doch im Alltag essen wir oftmals unter Stress mit all den begleitenden negativen Konsequenzen.

Ablauf

- Schalten Sie sämtliche Devices aus und lassen Sie alle Ablenkungen weg – es geht nur um das bewusste Essen und eine wirkliche Pause! Suchen Sie vielleicht auch einen stilleren Ort auf, statt der lautstarken Kantine.
- Wählen Sie gesundes und schmackhaftes Essen.
- Schauen Sie sich Ihr Gericht in Ruhe an, bevor sie loslegen: Was sehen Sie? Was sieht schmackhaft aus? Welche Farben und Formen sehen Sie usw.?
- Riechen Sie auch mal bewusst an Ihrem Gericht. Was können Sie alles riechen?

- Was fühlen Sie beim Anblick oder während Sie das Essen riechen?
- Nehmen Sie einen Happen in den Mund. Kauen Sie bedächtig. »Erfühlen« Sie die Konsistenz. Schmecken Sie die unterschiedlichen Aromen heraus. Sie können auch die Augen kurz schließen, um den Geschmack intensiver wahrzunehmen.

Wenn Sie gemeinsam essen waren, können Sie sich im Anschluss auch – bedächtig – austauschen. Vielleicht auf dem Weg zurück zu Ihrem Arbeitsplatz. Achtsames Essen hilft uns, erholt aus einer Pause zu kommen, das Essen wieder zu genießen und bringt eine Reihe weiterer Vorteile für unsere Gesundheit mit. All das hilft uns, kreativ zu bleiben.

4.7.3 Übung: Achtsamkeits-Check-in am Morgen

Es ist hilfreich zu wissen, in welchem emotionalen Zustand Sie sind. Nur wenn Sie das wissen, können Sie gut mit sich und anderen umgehen.

Ablauf
Zuhause oder sobald Sie im Büro ankommen, setzen Sie sich für drei Minuten in aufrechter Haltung ruhig auf einen Stuhl. Spüren Sie den Kontakt mit dem Stuhl. Nehmen Sie Ihre Atembewegung wahr. »Routinemäßig« scannen Sie hintereinander Körper, Emotionen und Ihre Gedanken.

- **Körper:** Welche Signale gibt Ihnen der Körper heute Morgen? Wo erleben Sie Spannung? Können Sie dort ein wenig nachgeben? Wo fühlen Sie sich gut in Ihrem Körper?
- **Emotionen:** Wie sind Sie heute Morgen gestimmt, wie fühlen Sie sich? Geben Sie diesem Gefühl ein Wort, eine Farbe oder eine Metapher.
- **Gedanken:** Welche Gedanken sind heute Morgen dominant? Wohin zieht es Ihren Geist?

Tipp: Beobachten Sie, welche Auswirkungen dieser Achtsamkeits-Check-in hat.

4.7.4 Übung: Stress wegatmen

Diese einfache Übung hilft Ihnen, sich direkt zu erden, zum Beispiel wenn Sie sich gestresst fühlen oder auch als Vorsorge. Setzen Sie sich aufrecht auf einen Stuhl oder eine andere – am besten ungestörte – Sitzmöglichkeit. Schließen Sie Ihre Augen und atmen Sie tief ein uns aus. Versuchen Sie, einige Sekunde einzuatmen und noch länger auszuatmen – zum Beispiel fünf Sekunden ein- und sieben Sekunden ausatmen. Oder in einem anderen Intervall, das sich für Sie gut anfühlt. Und mit jedem Einatmen stellen Sie sich vor, dass Sie energievolle frische Luft einatmen und mit jedem Ausatmen alles an Anspannung, Stress und belastenden Gedanken ausatmen. Wiederholen Sie das ein paar Mal, bis Sie sich erfrischter fühlen.

Meditative Tätigkeiten

Für alle, die sich nicht wohlfühlen beim Meditieren und sich selbst eher unter Druck setzen, kann es hilfreich sein, zunächst zu versuchen, andere Tätigkeiten zu finden, die meditative Zustände auslösen – einen Spaziergang im Wald, Ausdauersport wie Laufen oder Schwimmen, entspannte Gartenarbeit oder der Blick auf einen ruhigen See oder das Meer.

4.8 Moment of Creativity – Kreativität auf Knopfdruck

Kreativität auf Knopfdruck – Sie fragen sich bestimmt, wie das möglich sein soll. Welche mentalen Kräfte wir mit unserem Körper und Geist anstoßen können, haben wir bereits in den vorherigen Abschnitten gesehen und vielleicht haben Sie auch bereits einzelnen Übungen gemacht und es selbst erlebt.

Wir können unseren Körper und Geist auch nutzen, um gewissermaßen an unserem Körper einen »kreativen Knopf« zu installieren, mithilfe der sogenannten Ankertechnik. Sie werfen bildlich gesehen einen Anker für Kreativität, der auch seinen festen Platz erhält – an einer Körperstelle, die Sie frei wählen können.

Das Ankern ermöglicht es Ihnen konkret, ein erlebtes »geniales« Gefühl in einer besonders kreativen Situation an einem bestimmten Ort im bzw. am Körper zu »speichern«. Dieses geankerte Gefühl können Sie jederzeit abrufen in Situationen, in denen Sie Kreativität »auf Knopfdruck« benötigen und sich so in einen ressourcenvollen, einfallsreichen Zustand versetzen.

Herkunft aus dem Neurolinguistischen Programmieren (NLP)

Dieser Moment of Creativity geht auf das NLP-Coaching-Format »Moment of Excellence« zurück und ist auf die Ressource Kreativität umgemünzt. Das klassische NLP-Format nutzen Hochleistungssportler auch als mentale Technik, um in ihren Disziplinen sportliche Höchstleistungen zu erreichen. Beruflich wird diese Technik von Menschen in Situationen eingesetzt, in denen eine hohe Konzentration erforderlich ist, wie zum Beispiel bei Vorträgen, Prüfungen, wichtigen Gesprächen, in denen man sich ressourcenvoll erleben möchte.

Tipps zur Durchführung des Moment of Creativity

Am besten führen Sie den Moment of Creativity zu zweit oder sogar zu dritt durch, eine vertraute Person ist dabei der Coach, der den Knopf gemeinsam mit dem Coachee installiert, die zweite Person ist entsprechend der Coachee und eine dritte vertraute Person ist unterstützend für den Coach da. Er kann den Prozess beobachten und Stichworte für den Coach und Coachee mitschreiben. Planen Sie pro Runde ca. 20 Minuten ein. Es ist vielleicht zunächst ungewohnt, eine solche Technik durchzuführen.

Mein Tipp: Gehen Sie mit Neugier und Selbstbewusstsein heran und nutzen Sie als Coach Ihre dritte Person zur Unterstützung. Sie können mit dieser Übung nur Gutes anstellen. Und ein persönliches Du ist im Coachingkontext am Wirkungsvollsten.

Ablauf

1. Mit Unterstützung des Coaches findet der Coachee drei Situationen, in denen er sich besonders kreativ gefühlt hat. Das kann auch im privaten Kontext gewesen sein und lange zurückliegen.
   Coach: »Finde drei Situationen, die du irgendwann in deinem Leben erlebt hast, in denen du dich richtig kreativ gefühlt hast!«
2. Anschließend folgt die Auswahl der für den Coachee kreativsten Situationen. **Coach:** »Nun wähle von den drei Situationen eine aus, und zwar diejenige, die dir jetzt am besten gefällt und in der du dich am kreativsten fühlst.«
3. Danach legt der Coachee eine Körperstelle fest, an dem er das Gefühl ankern möchte – am besten ein gut und leicht erreichbarer Ort, zum Beispiel eine Stelle an den Händen.
4. Dann ist es wichtig, dass sich der Coachee mit Anleitung seines Coaches die Situation in allen Details noch einmal vorstellt. Der Coach fragt hierzu unterstützend und Stück für Stück mit Pausen nach der Wahrnehmung des Erlebten über alle fünf Sinneskanäle (vgl. Kap. 4.1.1). Der Coachee schließt dabei am besten die Augen, damit er sich noch intensiver auf die Situation einlassen kann.
   Coach: »Gehe noch einmal in diese schöpferische Situation hinein und erlebe sie mit all deinen Sinnen. Genieße das wunderbare Gefühl. Was siehst du in diesem besonders einfallsreichen Moment? Welche Geräusche, Klänge, Worte oder Töne hörst du? Vielleicht auch eine innere Stimme? Was fühlst du in diesem Moment – äußerlich wie innerlich? Nimm auch wahr, ob du etwas riechen oder schmecken kannst in diesem Moment!«
5. Dann führt der Coach den Coachee in den kreativsten Moment dieser Situation – dem Moment of Creativity – und ankert das Gefühl an der festgelegten Körperstelle. Als Coach achtet man an dieser Stelle genau auf die Physiologie des Coachee. Sobald eine positive, ressourcenvolle Mimik und Körpersprache zu sehen ist, wird der Anker mit einem Tippen auf der festgelegten Körperstelle gesetzt. Das Tippen wird stärker, je stärker der Klient in diesem besonderen Gefühl ist, und schwächer, wenn seine Mimik und Körpersprache verrät, dass er weniger in dem Gefühl ist. Der Coachee speichert durch das Tippen körperlich auf unbewusster Ebene dieses kreative Hochgefühl.
   Coach: »Erlebe noch einmal den entscheidenden Augenblick in dieser Situation. Suche dir den schöpferischsten und kreativsten Moment heraus. Genieße das wunderbare Gefühl und lass es stärker werden.«
6. Anschließend folgt ein kurzer Separator – das ist eine ablenkende Unterbrechung, um den Coachee wieder ins Hier und Jetzt zurückzuholen:

Coach: »Was für ein Tag ist heute?« oder »Was isst du am liebsten?« oder »Was war der schönste Urlaub?« oder eine andere neutrale Frage.

7. Optional kann der Coachee dem schöpferischen Hochgefühl einen Namen geben. Dabei beobachtet der Coach, ob der Coachee noch eine besondere Bewegung bei der Namenfindung macht, die er danach nochmal mit Nennung des Namens ausführt.
   Coach: »Welchen Namen möchtest du diesem kreativsten Moment geben? Ich habe beobachtet, dass du gerade folgende Bewegung gemacht hast. Kannst du sie jetzt genau so machen und zusätzlich das Wort oder den Namen nochmal sagen?«
8. Nun können Coach und Coachee gemeinsam den Anker testen, während sie ein neutrales Gespräch führen. Das heißt, der Klient kann selber die Körperstelle »drücken« und zusätzlich die optionale Bewegung ausführen und den Namen sagen oder an ihn denken. So erkennen beide gemeinsam, dass der Anker »richtig« sitzt.
9. Danach reisen Coach und Coachee gemeinsam in die Zukunft mit einem sogenannten Future Pace. Der Coachee wendet den Moment of Creativity in der Vorstellung auf eine zukünftige Situation an wie zum Beispiel eine Kreativsession, einen Vortrag über sein innovatives Produkt oder eine andere konkrete Situation, in welcher der Coachee den kreativen Zustand benötigt. Damit überprüfen und verifizieren Coach und Coachee die Wirkung des Ankers.
   Coach: »In welcher zukünftigen Situation kannst du diesen Zustand gut gebrauchen? Dann denke jetzt an diese Situation.«
   Gleichzeitig drückt der Coachee den Anker und der Coach beobachtet die Körpersprache und vor allem die Mimik des Coachee. Denn die Mimik ist die Bühne unsere Emotionen und zeigt, ob sich der Coachee in einem kreativen Hoch befindet (vgl. Kap. 4.2 »Facial Feedback: Bitte lächeln«). Zum Beispiel durch ein Lächeln mit Mund und Augen oder auch eine stolze leicht nach oben zeigende Kopfhaltung.
10. Mit einem Ökocheck vergewissert sich der Coach, ob es noch irgendwas gibt, was gegen diesen Knopf sprechen könnte, oder ob er ihn in gewissen Situationen nicht nutzen sollte. Das kann der Coachee am Ende des Prozesses also nochmal ergänzend für sich feststellen.
    Coach: »Wie fühlt es sich an, diesen Knopf im Berufsalltag zu nutzen? Gibt es noch etwas, was dagegen spricht? Oder Situationen, in denen du den Knopf nicht anwenden magst?«

So einfach geht es tatsächlich, sich gegenseitig einen Kreativknopf zu »installieren«. Und dieser Knopf kann sich durch häufigen Gebrauch auch nicht abnutzen – im Gegenteil, dadurch verinnerlichen Sie ihn noch mehr.

Wie Sie mithilfe von »bilateraler Musik« kreativer werden, erfahren Sie im nächsten Abschnitt.

4.9 Kreativitäts-Selbstcoaching mit EMDR

EMDR steht für Eye Movement Desensitization and Reprocessing (Desensibilisierung und Verarbeitung durch Augenbewegung) – ein auf den ersten Blick sperriger Begriff. Doch die Coachingkraft, die hinter EMDR steckt hat ein großes Potenzial, um Ihre Kreativität wie im Schlaf zu steigern.

Was hat nun der Schlaf damit zu tun? In der REM-Schlafphase (vgl. Kap. 2.2.12) träumen wir und bewegen dabei unsere Augen von links nach rechts. Daher kommt auch die Abkürzung REM für Rapid Eye Movement. Im Schlaf verarbeiten wir in dieser Phase belastende Gedanken und Gefühle, wie der Volksmund sagt: »Schlaf eine Nacht drüber!« Den Effekt kennen Sie bestimmt auch: Am Vorabend haben Sie sich noch große Sorgen über irgendetwas gemacht und am nächsten Morgen sieht die Welt schon anders aus.

Die EMDR-Technik nutzt genau diesen REM-Effekt und setzt »wache REM-Phasen« ein. Wann immer wir Rechts-links-Impulse initiieren, erleben wir in unserem Gehirn den bilateralen Hemisphärenausgleich. Experten vermuten, dass der positive Effekt dieser Stimulationstechnik durch die »Anbahnung« einer optimalen Zusammenarbeit zwischen den beiden Gehirnhälften und somit aller Gehirnareale entsteht.

EMDR hat seinen Ursprung in der Traumatherapie. Ende der 1980er Jahre entwickelte die US-Amerikanerin Dr. Francine Shapiro diese Psychotherapieform zur Behandlung von Traumafolgestörungen. Und was die Kraft hat, Traumata zu therapieren, kann auch Stress und mentale Belastungen gesunder Menschen im (Arbeits-)Alltag abbauen und uns dabei unterstützen, punktgenau leistungsfähig zu sein, und ganz nebenbei zu mehr Kreativität und Gelassenheit führen.

EMDR für Kreative
Insbesondere im Marketing sind wie am Fließband ständig neue Ideen und Lösungen gefragt – doch zwischendurch braucht unser Gehirn auch Regenerationsphasen. Wenn allerdings emotionale Belastungen wie privater Stress hinzukommen, streikt unser neuronales Netzwerk. Das Ergebnis hat vermutlich schon jeder erlebt: Die zündende Idee will einfach nicht kommen und wir fühlen uns gestresst und keinesfalls einfallsreich (vgl. Kap. 2.1.1 und 2.1.2).

Genau hier setzen die unten vorgestellten EMDR-Selbstcoaching-Tools ein. Ja genau: Selbstcoaching. Denn Alltagsthemen können wir sehr gut auch selber coachen – bei schwerwiegenderen Themen empfehle ich in jedem Fall einen Coach (vgl. Abschnitt »Grenzen des Coachings«). Mit den effektiven Techniken lassen sich emotionale Blockaden innerhalb kürzester Zeit auflösen. Mit der richtigen Anwendung kann sich der Ärger über einen Streit schnell wieder in Freude verwandeln, Sorge vor einem

Gespräch in Mut und einfallslose Stunden verwandeln sich schnell in kreative Schaffenszeiten.

Grenzen des Selbstcoachings

Selbstcoaching hat natürlich Grenzen – anders als bei der rein therapeutischen Anwendung von EMDR geht es im Selbstcoaching um eine Unterstützung bei kleinen alltäglichen Blockaden und nicht um die Bewältigung von schwerwiegenderen Themen. Dabei kann ein Therapeut oder Coach weiterhelfen. Unter www.coach-dein-glueck.de finden Sie Coaches.

EMDR-Selbstcoaching ist also keine medizinische Therapie oder eine sonstige Heilkunde. Es werden keine Krankheiten und keine Krankheitssymptome behandelt.

Medizinische Kontraindikationen für EMDR sind:

- Augenerkrankungen (bei visueller Stimulation)
- hirnorganische Erkrankungen
- reduzierte Ich-Stärke wie z. B. eine Borderline-Erkrankung oder psychotische Zustände
- starker sekundärer Krankheitsgewinn
- geringe (Selbst-)Coaching-Motivation

Der Einsatz aller hier beschriebener EMDR-Tools ist nur für psychisch gesunde Menschen gedacht. Die Autorin übernimmt keine Haftung für gesundheitliche Schäden.

Überblick: Übungen über alle fünf Sinneskanäle (VAKOG)

Welche Möglichkeiten haben Sie im Marketingalltag, diesen wertvollen EMDR-Effekt bewusst und ganz einfach wahlweise über einen oder mehrere Sinne (vgl. Kap. 4.1) zu nutzen? In den folgenden Übungen finden Sie konkrete Anleitungen für Übungen zu den drei Hauptkanälen Sehen, Hören und Fühlen.

- **Visuell:** Abwechselnde Augenbewegungen, indem Sie selber von links nach rechts vor Ihren Augen winken und Ihren Fingern dabei mit den Augen folgen (siehe Übungen in den Kapiteln 4.9.1 bis 4.9.4).
- **Auditiv:** Musik mit »EMDR-Effekt« mit Kopfhörern oder an den Ohren abwechselnd schnippen (siehe Übungen sowie das Experteninterview mit Walter Friedrich in Kap. 4.10).

Abb. 30: Kreativitätsboost über Kopfhörer

- **Kinästhetisch:** Körperliche Rechts-links-Impulse über einen Spaziergang oder bewussten Gang zum nächsten Meeting, Klopfen/Tippen auf den Schultern, Oberschenkelklopfen, Zehen »wackeln« oder die Wechselatmung aus dem Yoga (siehe Übungen unten).
- **Olfaktorisch:** Abwechselnd an einem oder zwei verschiedenen Ölen, Kräutern oder anderen angenehmen Düften am linken und rechten Nasenloch abwechselnd riechen.
- **Gustatorisch:** Abwechselnd auf der linken und rechten Seite der Zunge einen sauren oder süßen Impuls schmecken.

4.9.1 Übung: EMDR-Selbstcoaching zur Stressreduktion

Diese Übung eignet sich, um gezielt Stress abzubauen, der Sie auch am kreativen Arbeiten hindert. Sie können diese Übung wunderbar alleine machen, aber auch mit einem vertrauten Kollegen gemeinsam. Und die Übung eignet sich in akuten Situationen oder auch vorsorglich zum Beispiel am Vorabend vor einem wichtigen Kreativtag.

Die Übung ist über alle VAKOG-Kanäle möglich. Am wirksamsten und einfachsten ist es, wenn Sie die Übung visuell über Augenbewegungen, auditiv über EMDR-Musik oder kinästhetisch über das Tappen oder Klopfen auf der Schulter machen. Theoretisch ist es aber auch olfaktorisch über die Nase oder gustatorisch über den Geschmackssinn möglich. Hier die Anleitung für alle drei empfohlenen Varianten:

Das brauchen Sie für die Übung

- ca. 20 bis 30 Minuten Zeit
- am besten einen ungestörten Ort
- Notizzettel und Stift
- Falls Sie sich für die auditive Variante entscheiden: Kopfhörer und EMDR-Musik. Dafür empfehle ich die EMDR-Musikstücke von »Coach dein Glück« auf www.coach-dein-glueck.de.

Ablauf

1. **Thema bewusst machen:** Was stresst Sie gerade? Welche Gedanken, welche Emotionen belasten Sie derzeit? Was ist das unangenehmste Bild, der unangenehmste Satz? Für den ein oder anderen ist es auch hilfreich, sich Notizen zu machen oder eine Mindmap zu erstellen.
2. **Emotionen bestimmen:** Welche Emotion empfinden Sie beim Gedanken an die Situation? Zum Beispiel: Wut, Ärger, Empörung, Genervtsein, Angst, Panik, Sorge, Beunruhigung, Trauer, Hilflosigkeit, Ohnmacht, Ausgeliefertsein, Überraschung, Verwirrung, Scham, Schuld, Entwürdigung, Ekel, Hass, Abscheu, Widerwille, »Grusel«, Müdigkeit, Durst, Hunger, Gefühllosigkeit oder eine andere Emotion?
3. **Empfindung auf einer Skala einordnen:** Sobald Sie Thema und Emotionen ausgemacht haben, ordnen Sie das Thema auf einer Skala von -10 bis +10 ein. -10 ist dabei das allerschlimmste Gefühl, 0 ein emotional neutraler Zustand und +10 das positivste und schönste Gefühl, das Sie sich vorstellen können.

Abb. 31: Die EMDR-Selbstcoaching-Skala (→ Arbeitshilfen online)

4. **Körperscan:** Spüre Sie Ihren Körper. Was empfinden Sie körperlich? Zum Beispiel ein Druck, ein Ziehen, Wärme, Kälte, ein Nichtempfinden oder etwas anderes? Wo genau können Sie den Stress wahrnehmen?

5. **Intervention:** Als Nächstes folgt die Intervention über die Augen, Ohren oder den Körper – die Dauer ist individuell und kann von ein paar Minuten bis ca. 20 Minuten reichen. Entscheidend ist Ihr Gefühl dabei, mancher Stress löst sich sehr schnell und anderer braucht ein wenig länger. Hier nun die drei Varianten, die Sie wählen können:
   a) **Visuell:** Halten Sie Mittel und Zeigefinger Ihrer führenden Hand vor Ihren Augen und bewegen Sie Ihre Hand von links nach rechts in Höhe Ihres Gesichts. Variieren Sie dabei auch die Höhe der Bewegungen – also auf Kinnhöhe, Nasenhöhe sowie Stirnhöhe.
   b) **Kinästhetisch:** Nehmen Sie die linke Hand auf Ihre rechte Schulter und die rechte Hand auf Ihre Linke Schulter, so dass sich Ihre Arme vor Ihrem Oberkörper kreuzen. Dann tappen Sie abwechselnd rechts und links auf Ihre Schulter und das in einem schnellen Tempo – etwas zwei bis vier Anschläge pro Sekunde. Das Tappen auf den Schultern hat den Vorteil, dass Sie neben dem Körpergefühl auch gleichzeitig das Klopfen deutlich hören und somit die Rechts-links-Impulse direkt über zwei Kanäle wahrnehmen. Sie können alternativ auch einfach Ihre Hände auf Ihre Oberschenkel legen (linke Hand auf das linke Bein und rechte Hand auf das rechte Bein) und dabei genauso in einem schnelle Tempo tappen. Oder Sie können sogar abwechselnd rechts und links mit den Zehen wackeln.
   c) **Auditiv:** Hören Sie die EMDR-Musik über Kopfhörer. Dadurch erhalten Sie die Rechts-links-Impulse. Sie können bei Bedarf auch dabei spazieren gehen und zusätzlich über die Bewegung kinästhetische Impulse erleben.
6. **Körperscan:** Spüren Sie, wie sich das Körpergefühl verändert. Vielleicht wandert es im Körper, wird weniger stark oder vielleicht auch erst mal stärker, bevor es sich auflöst. Vielleicht gähnen Sie auch, müssen schlucken oder erleben andere körperliche Reaktionen. Das zeigt, dass sich der Stress löst.
7. **Gedankenscan:** Nehmen Sie Ihre Gedanken wahr. Wie denken Sie jetzt über diesen Stressauslöser? Wie fühlt sich Ihr Körper jetzt dabei an?
8. **Körperscan nach Restempfindungen:** Wenn Sie noch kleine Restempfindungen entdecken, machen Sie einfach noch etwas weiter mit der Intervention. Hören Sie die Musik, tappen Sie auf Ihre Schulter oder bewegen Sie Ihre Augen, solange es Ihnen gut tut. Sie können auch jetzt eine andere Intervention wählen. Einfach so lange bis Sie das Gefühl haben, dass es jetzt »gut« ist.
9. **Verankerung eines positiven Satzes oder Wortes:** Denken Sie jetzt an Ihr Thema und bemerken den ersten positiven Gedanken, der Ihnen dazu einfällt. Wiederholen Sie diesen angenehmen Gedanken oder auch ein positives Wort im Geiste immer wieder. Dabei können Sie entweder langsam Ihren Fingern mit den Augen folgen oder auch in einem jetzt langsameren Tempo mit den Händen auf Ihre Schultern klopfen. Zusätzlich und wenn Sie mögen, können Sie auch eine Skizze zu Ihrem Thema mit neuen Gedanken und Gefühlen anfertigen.

10. **Abschließende Einordnung auf der Skala:** Nutzen Sie nun noch einmal die Skala von -10 bis +10 und bewerten Sie, wo Sie jetzt auf der Skala stehen, wenn Sie an Ihr Thema denken.

4.9.2 Übung: Kreativitätsboost

Diese Übung eignet sich, um ein kreatives Gefühl noch mehr zu verstärken bzw. zu vergrößern. Sie fühlen sich bereits kreativ und würden sich auf der Skala von -10 bis +10 mindestens bei 0 – also im neutralen Bereich einordnen. Mit der Übung können Sie noch weiter in den positiven Bereich von +1 bis + 10 gelangen.

Sie können diese Übung sehr gut allein machen, aber auch gemeinsam mit einem oder mehreren vertrauten Kollegen.

Das brauchen Sie für die Übung

- ca. 20 bis 30 Minuten Zeit
- am besten einen ungestörten Ort
- Notizzettel und Stift
- Falls Sie sich für die auditive Variante entscheiden: Kopfhörer und EMDR-Musik. Hier empfehle ich die EMDR-Musikstücke von »Coach dein Glück« auf www.coach-dein-glueck.de.

Ablauf

1. **Kreatives Empfinden auf einer Ressourcen-Skala einordnen:** Ordnen Sie Ihr Empfinden in Bezug auf Ihre kreative Power auf einer Skala von 0 bis +10 ein. 0 ist, wie auch in der vorangegangenen Übung, ein emotional neutraler Zustand und +10 das positivste und schönste Gefühl, das Sie sich vorstellen können.

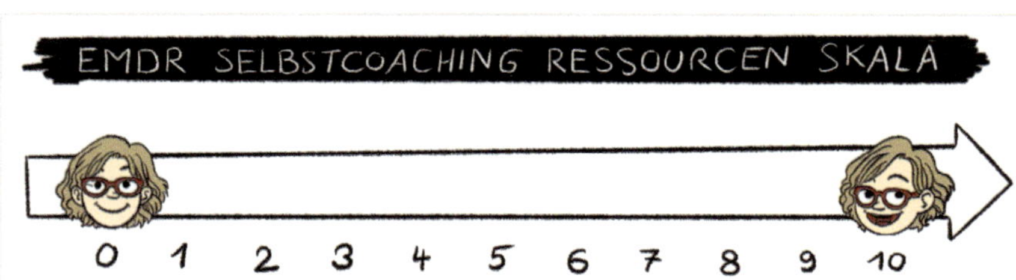

Abb. 32: EMDR-Selbstcoaching – die Ressourcen-Skala (→ Arbeitshilfen online)

2. Suchen Sie sich bewusst eine kreative Situation, ein angenehmes schöpferisches Erlebnis und ein kreatives Vorbild aus, das Ihnen gut tut. Das kann etwas aus Ihrer persönlichen Erfahrung sein oder auch ein »Fantasieprodukt«. Lassen Sie sich überraschen, was Ihnen einfällt.

3. Denken Sie an diesen positiven Auslöser und spüren Sie, wo genau Sie ein wohliges Gefühl in Ihrem Körper wahrnehmen können, und nehmen Sie diese Empfindung ganz bewusst in Ihrem Körper wahr.
4. **Intervention:** Wie auch in der Übung zur Stressreduktion können Sie hier frei zwischen den alternativen Kanälen wählen, also über die Augen, Ohren oder den Körper:
   - **Visuell:** Halten Sie Mittel und Zeigefinger Ihrer führenden Hand vor Ihren Augen und bewegen Sie Ihre Hand von links nach rechts in Höhe Ihres Gesichts. Variieren Sie dabei auch die Höhe der Bewegungen – also auf Kinnhöhe, Nasenhöhe sowie Stirnhöhe. In dieser Übung geschieht dies in einem sehr langsamen Tempo. Genießen Sie die Bewegungen. Und experimentieren Sie, welche Höhe und Geschwindigkeit Ihnen gut tut.
   - **Kinästhetisch:** Nehmen Sie die linke Hand auf Ihre rechte Schulter und die rechte Hand auf Ihre linke Schulter, so dass sich Ihre Arme vor Ihrem Oberkörper kreuzen. Dann tappen Sie abwechselnd rechts und links auf Ihre Schulter und das in einem langsamen Tempo – etwa ein Anschlag pro Sekunde. Das Tappen auf den Schultern hat den Vorteil, dass Sie neben dem Körpergefühl auch gleichzeitig das Klopfen deutlich hören und somit die Rechts-links-Impulse direkt über zwei Kanäle wahrnehmen. Sie können alternativ auch einfach Ihre Hände auf Ihre Oberschenkel legen (linke Hand auf das linke Bein und rechte Hand auf das rechte Bein) und dort genauso in einem schnellen Tempo tappen. Oder Sie können sogar abwechselnd rechts und links mit den Zehen wackeln. Experimentieren Sie, welche Höhe und Geschwindigkeit Ihnen gut tut.
   - **Auditiv:** Hören Sie die EMDR-Musik über Kopfhörer. Dadurch empfangen Sie die Rechts-links-Impulse. Sie können bei Bedarf auch dabei spazieren gehen und somit auch zusätzlich über die Bewegung kinästhetische Impulse erleben. Hier brauchen Sie kein Tempo zu variieren. Lesen Sie hierzu auch das Experteninterview mit Walter Friedrich in Kapitel 4.10.
5. Spüren Sie, wie das kreative Gefühl im Körper sich verändert. Vielleicht wandert es. Vielleicht wird es stärker. Vielleicht breitet sich das gute schöpferische Gefühl wohlig in Ihrem Körper aus.
6. Vielleicht nehmen Sie neue Gedanken wahr. Wie fühlt sich Ihr Körper jetzt dabei an?
7. Machen Sie mit der Intervention solange weiter, wie es Ihnen gut tut, und hören Sie am Ende bewusst mit der jeweiligen Intervention auf. Spüren Sie nach, wie sich ein kreativeres Selbstbewusstsein in Ihnen ausbreitet.
8. **Abschließende Einordnung auf der Skala:** Nutzen Sie nun noch einmal die Skala von 0 bis + 10 und bewerten Sie, wo Sie jetzt mit Ihrer Kreativität oder Ihrem schöpferischen Gefühl auf der Skala stehen.

4.9.3 Übung: EMDR-Musik im Team

Sie können sich auch vor einem Kreativitätsmeeting gemeinsam im Team jeweils über Kopfhörer in einen kreativen Zustand bringen. Dazu stellen Sie zum Beispiel einen Timer auf fünf bis zehn Minuten und in dieser Zeit darf jeder eine kurze Pause mit Musik genießen und sich auch mental auf die Ideensuche oder die Kreativsession vorbereiten. So kann jeder frei entscheiden, ob er ganz entspannt den Klängen folgt und einfach diese Regenerationsminuten genießt oder Stress abfließen lässt (siehe Übung zur Stressreduktion in Kap. 4.7.4) oder sich seiner Schöpferkraft bewusst wird und diese mit der Musik mental größer werden lässt (vgl. Übung Kreativitätsboost in Kap. 4.9.2). Wenn Sie das Ritual einführen, wird es ganz schnell so »normal« wie in manchen Meetings eine Powerpoint-Präsentation.

Das brauchen Sie für die Übung
- ca. fünf bis zehn Minuten Zeit
- Vertrauen und Commitment zur gemeinsamen Durchführung
- Notizzettel und Stift
- Kopfhörer für jeden und EMDR-Musik. Dazu empfehle ich die EMDR-Musikstücke von »Coach dein Glück« auf www.coach-dein-glueck.de.

4.9.4 Übung: Kinästhetisches EMDR mit der Yoga-Wechselatmung

Yoga-Übungen helfen, im Hier und Jetzt zu sein und uns zu erden. Die sogenannte Wechselatmung oder auch »Nadi Shodhan Pranayama« ist eine Atemtechnik, die den Geist beruhigt und zentriert. Sie wirkt regulierend auf Kreislauf und Atemtrakt und befreit Körper und Geist von übermäßigem Stress und sorgt damit für Entspannung. Und sie nutzt wie die EMDR-Technik ebenfalls die Stimulation der beiden Gehirnhälften. Somit können Sie auch diese Atemtechnik nutzen, um sich zu entstressen und Ihre Kreativität anzuregen. Das geht natürlich auch wunderbar im Team, zum Beispiel vor einem Meeting oder auch als Aktivierungsübung zwischendrin.

Das brauchen Sie für die Übung
- ca. fünf bis zehn Minuten Zeit
- Vertrauen und Commitment zur gemeinsamen Durchführung

Ablauf
1. Schließen Sie Ihre Augen während der Übung, um noch einfacher entspannen zu können, und zur »inneren Einkehr«. Legen Sie Ihre linke Hand auf Ihr linkes Knie, die Handfläche zeigt nach oben.
2. Legen Sie die Spitzen von Zeige- und Mittelfinger der rechten Hand auf die Stelle zwischen den Augenbrauen. Ihren Ring- und den kleinen Finger platzieren Sie am

linken, den Daumen am rechten Nasenloch. Mit Ihrem Ring- und kleinen Finger öffnen und schließen Sie das linke Nasenloch, mit Ihrem Daumen öffnen und schließen Sie das Nasenloch auf der rechten Seite.

3. Schließen Sie nun mit Ihrem Daumen sehr sanft das rechte Nasenloch und atmen Sie leicht durch das linke Nasenloch aus.
4. Atmen Sie jetzt sanft durch das linke Nasenloch ein und schließen es dann mit Ihrem Ring- und dem kleinen Finger.
5. Dann öffnen Sie wieder das rechte Nasenloch, um dort auszuatmen. Jetzt atmen Sie rechts ein und dann wieder auf der linken Seite aus – alles auf eine sanfte Art und Weise.
6. Fahren Sie mit der Wechselatmung fort und vollenden Sie neun solcher Runden. Nach jedem Ausatmen atmen Sie wieder durch dasselbe Nasenloch ein, durch das Sie ausgeatmet haben.
7. Mit dieser kurzen Übung schaffen Sie es gemeinsam im Team, Ihre Kreativität anzufachen und akuten Stress loszuwerden.

Im Folgeabschnitt wird uns der Komponist, Trainingsinstitutsleiter und Coach Walter Friedrich wertvolle Einblicke und Tipps in kreativitätsfördernde Musik geben.

4.10 Kreativitätsfördernde Musik – Experteninterview mit Walter Friedrich

Walter Friedrich – ein begnadeter Komponist und zugleich Gründer des Walter Friedrich Instituts für Training, Coaching & Consulting – ist ein wahres Multitalent. In seiner Arbeit verbindet er musikalisches Talent mit einer langjährigen und vielfältigen Coaching- und Training-Expertise. So profitieren seine Klienten von einer maximal heilsamen Wirkung seiner Arbeit. Für die »Coach dein Glück«-Box, einer einzigartigen Initiative der EMDR-Therapeutin Tanja Klein (vgl. Kap. 4.9.3), hat Walter Friedrich **wunder**volle Musikstücke wie beispielsweise den »Herzensflüsterer« und den »Seelenwanderer« komponiert, die wahre Kreativitätsbooster sind.

! **Weiterführende Informationen**

Mehr Informationen zu Walter Friedrich: http://www.walterfriedrichinstitut.de und www.walterfriedrichinstitut.de/soundcoaching/
Mehr Informationen zur »Coach dein Glück«-Box in Kapitel 4.9.3 und auf www.coach-dein-glueck.de.

Sarah Remmel: Lieber Walter, aus eigener Hörerfahrung weiß ich, wie wertvoll, heilsam und auch kreativitätsfördernd deine EMDR-Musik »Glück fürs Ohr« ist. Was macht denn diese besondere Heil- und Kreativitätskraft im Vergleich zu anderer Musik aus?

Walter Friedrich: Das ist eine gute Frage. Besonders fasziniert mich an Musik generell, dass nichts schneller ins Unterbewusstsein geht als Musik. Das zeigen zum Beispiel auch Studien mit Demenzkranken, die sich erst durch Musik wieder an frühere Zeiten erinnern. Das ist total spannend – sie hören beispielsweise Musik aus ihrer Jugend und fangen »plötzlich« an, von ihren Erinnerungen zu berichten. Musik führt scheinbar in die Tiefe der menschlichen Seele.

Auch die EMDR-Musik berührt Menschen zutiefst. Das Besondere an den EMDR-Musikstücken »Glück fürs Ohr« ist auch, dass diese Musik mit einer Rechts-links-Stimulation etwas in den Menschen bewirkt – sie bewegt die Menschen. Und viele meiner Klienten finden die Musik zeitlos. Einige hören sie in der Dauerschleife, zum Beispiel um zu entspannen oder auch kreativ zu arbeiten.

Sarah Remmel: Wie genau schafft das deine Musik?

Walter Friedrich: Ich glaube, dass die Menschen meine Emotionen spüren, die in den Aufbau der Lieder fließen.

Erst lange nach dem Komponieren ist mir insbesondere durch die Rückmeldung meiner Klienten bewusst geworden, dass jedes dieser Musikstücke aus drei Phasen besteht.

In der ersten Phase verstärkt die Musik etwas, was den Hörenden gerade emotional berührt – das kann durchaus zu einem starken emotionalen Erleben führen. Es ist auch nicht selten, dass ein Klient dabei weint. Die Emotionen zeigen sich und kommen ans Licht. In der zweiten Phase fährt der Hörende regelrecht herunter, er entspannt sich. Auch sein Muskeltonus lässt das erkennen. Und in einer abschließenden dritten Phase kommt der Hörende mit einer positiven Stimmung und einer Leichtigkeit nach einer anfänglichen Schwere heraus.

Sarah Remmel: Das ist sehr interessant. Denn genau dieser entspannte Zustand beflügelt die menschliche Kreativität.

Walter Friedrich: Ja, genau. Und diese Phasen bis hin zum entspannten Zustand laufen unbewusst ab. Es lässt sich im Außen bei meinen Coachingklienten erkennen zum Beispiel an der Körperhaltung und ihrer Mimik. Die Hörenden spiegeln es mit ihren Worten und vor allem ihren Empfindungen.

Sarah Remmel: Der Hörende kann also direkt eine Veränderung bemerken. Von welchen Veränderungen berichten Menschen, die deine Musik als Selbstcoaching-Tool nutzen?

Walter Friedrich: Die Wirkungen sind so unterschiedlich wie die Menschen, die die Musik hören. Einige berichten von einer großen Leichtigkeit, andere von einer Linderung körperlicher Symptome. Bei einer Klientin ist der Augendruck gesunken, eine weitere konnte ihre langjährige Migräne bis auf 20% lindern.

Sarah Remmel: Und das zeichnet deine Musik aus: der besondere Klangteppich deiner Lieder, deine besondere, zeitlose Note und zudem die Rechts-links-Stimulation, also der EMDR-Effekt. Du setzt noch weitere Effekte ein wie beispielsweise binaurale Beats – was hat es damit auf sich?

Walter Friedrich: Binaural bedeutet so viel wie »mit beiden Ohren«. Der Effekt der binauralen Beats tritt nur bei beidohrigem Hören auf und entsteht im Gehirn als Folge der Interaktion von Wahrnehmungen.

Binaurale Beats stellen eine akustische Täuschung dar, die wahrgenommen wird, wenn beiden Ohren ein Schall mit leicht unterschiedlicher Frequenz zugeführt wird. Der Unterschied zwischen den Frequenzen für das linke und rechte Ohr darf nicht größer sein als 30 Hz, da ansonsten zwei verschiedene Töne gehört werden. Beispiel: Wenn man auf dem linken Ohr eine Frequenz von 440 Hz und auf dem rechten Ohr eine von 430 Hz hört, so wird im Gehirn ein Ton mit der mittleren Frequenz von 435 Hz erzeugt. Ähnlich wie bei einer Schwebung wird dabei ein pulsierender Ton wahrgenommen, der binaurale Beat. Die Frequenz, mit der dieser pulsiert, ist gerade die Differenz der beiden ursprünglichen Frequenzen, in diesem Beispiel 10 Hz. Im Gehirn mischt sich das nicht, sondern es bildet sich aus der Differenz eine eigene Schwingung. Diese Differenz-Schwingung, auch Schwebung genannt, ist dann die Schwingung, die den gewünschten Bewusstseinszustand im Gehirn fördert, also z. B. Tiefschlaf, Entspannung, Alpha-Zustand oder Konzentration. Und dieser gewünschte Bewusstseinszustand ist wiederum der Nährboden für Kreativität.

Sarah Remmel: Da stecken also eine Menge Kreativitätsbooster in deiner Musik. Auch das spannende Gebiet der sogenannten Herzintelligenz greifst du in deiner Musik auf. Was hat es denn mit dieser Herzfrequenzvariabilität auf sich?

Walter Friedrich: Darunter versteht man die menschliche Fähigkeit, die Frequenz des Herzrhythmus zu verändern. Auch im Ruhezustand treten spontan Veränderungen des zeitlichen Abstandes zwischen zwei Herzschlägen auf. Über autonome physiologische Regulationswege passt ein gesunder Organismus die Herzschlagrate beständig momentanen Erfordernissen an.

Körperliche Beanspruchung oder psychische Belastung hat deswegen in der Regel eine Erhöhung der Herzfrequenz zur Folge, die bei Entlastung und Entspannung normalerweise wieder zurückgeht. Dabei zeigt sich eine höhere Anpassungsfähigkeit an Belastungen in einer größeren Variabilität der Herzfrequenz.

Unter chronischer Stressbelastung ist beides dagegen wegen der beständig hohen Anspannung mehr oder weniger eingeschränkt und infolgedessen reduziert. Genau hier hilft die Musik. Sie verbessert die sogenannte Herzkohärenz, baut Anspannungen und Stress ab und trägt zu mehr Gelassenheit bei. Alles, was Kreativität auch gut tut.

Sarah Remmel: Die Leser finden auch in Kapitel 6.1.2 eine Anleitung zur Herzatmung, die genau auf diesem Wissen basiert. Mit deiner Musik haben sie also eine wundervolle weitere Variante, um Stress abzubauen. Kommen wir zur Nutzung im Alltag: Wie können Marketingverantwortliche und Mitarbeiter, die täglich Ideen »abliefern« müssen, die Musik am effektivsten nutzen?

Walter Friedrich: Wenn Kreative eher in einem sogenannten Stuck State sind, sich also gewissermaßen festgefahren fühlen, kann es sehr hilfreich sein, den Seelenwanderer über Kopfhörer zu lauschen. Einfach in der Dauerschleife.

Aber auch in einem Flow oder Flow-ähnlichen Zustand hilft die Musik, diesen weiter zu verstärken oder auch drin zu bleiben. Auch das Stück »Summer Breeze« ist prädestiniert, um den Flow-Zustand zu verstärken.

Vielen meiner Klienten hilft es zudem, Mini-Rituale zu nutzen, um entspannter und damit auch kreativer im Alltag zu sein, zum Beispiel zu einer bestimmten Tageszeit Musik zu hören und dabei spazieren zu gehen.

Sarah Remmel: Prima, danke für deine wertvollen Anregungen und Tipps. Die Leserinnen und Leser finden auch in Kapitel 6 Empfehlungen zum Etablieren von kreativen Gewohnheiten. Das passt doch gut zusammen. Kommen wir noch zu einem anderen Thema. Wir Menschen sind ja sehr unterschiedlich in unserer Wahrnehmung. So hast du auch speziell für hochsensible Zuhörer Musik komponiert. Welche Tipps hast du für diejenigen, die sich als hochsensibel einschätzen?

Walter Friedrich: Hochsensible Menschen nehmen drei bis fünf Mal so viele Sinneseindrücke auf. Daher kommt es bei diesen Menschen schneller zu einer Reizüberflutung. Sowohl beim »Herzensflüsterer« als auch beim »Seelenwanderer« setze ich daher auf wenige Reize – möglichst nur Klavier, damit das innere »Gefühleteam« zur Ruhe kommt.

Wenn ein hochsensibler Kreativer sich gestresst fühlt, kann er mit der Musik den Stress reduzieren, damit er wieder mehr in einen kreativen Zustand kommt. Zudem kann er seine Arme vor seiner Brust überkreuzen und dann im langsamen Tempo tappen. So fühlt er die Rechts-links-Impulse und hört das Tappen zugleich. Und es fühlt sich auch an, als ob er sich in den Arm nimmt. Bewusstes Atmen hilft ebenso nachweislich gegen den Stress. Bis vier zählen und einatmen, Luft anhalten und bis sechs zählen und ausatmen. Und ein paar Mal wiederholen, bis es sich entspannter anfühlt.

Sarah Remmel: Klasse – das sind wertvolle Impulse für alle hochsensiblen Menschen. Wir haben uns in diesem Buch intensiv mit der kreativen Wirkung deiner Werke auseinandergesetzt. Schauen wir uns an, wie deine Musikstücke entstanden sind. Beschreib doch mal deinen persönlichen Kreativprozess, den du selber beim Komponieren erlebst.

Walter Friedrich: Puh, gute Frage ... es ist alles in meinem Kopf, ich spiele einfach ...

Die »Glück fürs Ohr«-Musikstücke habe ich beispielsweise in Holland am Meer geschrieben – innerhalb von drei Tagen. Die endlose Weite des Meeres ist für mich eine absolute Kreativitätsquelle. Ich fühle mich hier zuhause. Als ich dort die Stücke komponierte, war ich wie in einem hypnoseartigen Zustand. Das war ein ganz irrer Prozess – ich wollte zwischendurch immer wieder mal einen Spaziergang am Meer machen, doch ich konnte nicht. Irgendetwas hat mich angetrieben, immer weiter zu komponieren, ganz ohne Pausen und mit nur vier bis fünf Stunden Schlaf in der Nacht. Und plötzlich war alles vorproduziert. Ich kann nicht »kurz kreativ« sein, ich muss am Stück lange und intensiv im Flow komponieren. Und dann finde ich unbewusst diesen tiefen Zugang. Vielleicht war es auch hilfreich, dass ich zu der Zeit einen konkreten Auftrag für die Musikstücke hatte.

Sarah Remmel: Das klingt nach einem »selbstvergessenen Flow-Zustand«. Du beschreibst das Meer als eine Kreativitätsquelle. Wie schaffst du es darüber hinaus, diesen kreativen Zustand zu erreichen?

Walter Friedrich: Hm, vieles läuft unbewusst ab. Wenn ich jetzt drüber nachdenke, sind es viele verschiedene Faktoren.

Gerade beim Komponieren inspiriert mich mein Sohn Jakob. Menschen, mit denen man schwingen kann, sehe ich als Kreativitätsbooster. Also die vertrauensvolle Zusammenarbeit und das blinde Verstehen und gegenseitige Ergänzen. Das ist sozusagen mein Kreativteam: Jakob spielt die E-Gitarre und die Akustik bei den Stücken ein und mein Freund Jörg Stadler die Bässe.

Und ich bin generell davon überzeugt, dass jeder Mensch kreativ und auch musisch ist. Auch wenn man als Kind kein Instrument gelernt hat. Es ist nie zu spät, ein Instrument zu lernen. Ich habe mir als Autodidakt das Komponieren sogar selbst beigebracht als ich Mitte zwanzig war. Und letztes Jahr habe ich mir zu Weihnachten ein Altsaxophon selbst geschenkt, um es zu lernen. Es ist also nie zu spät! Vielmehr eine Entscheidung! Jeder Mensch ist musikalisch und die Kreation muss nicht perfekt sein …

Sarah Remmel: Also ist es wichtig, eine Entscheidung für seine innere Kreativität zu treffen und neugierig zu bleiben …

Walter Friedrich: Ja genau!

Sarah Remmel: Was hilft dir und möglichweise auch anderen Menschen darüber hinaus, kreativ zu sein?

Walter Friedrich: Ich finde es sehr wichtig, Räume zu schaffen. Damit meine ich, dass ich nichts abbauen oder aufbauen muss, keinen Aufwand oder Hürden habe, die mich daran hintern, kreativ zu arbeiten. In meinen Coachingräumen steht beispielsweise eine Staffelei – hier kann ich jederzeit einfach malen, ohne sie vorher aufbauen zu müssen. Ich nenne das auch einen »kreativen Bereitschaftsdienst«.

Sarah Remmel: Das könnte also für Marketingverantwortliche bedeuten, dass sie beispielsweise Metaplanwände, Whiteboards, Material zum Prototyping immer in greifbarer Nähe haben.

Walter Friedrich: Ja, das ist eine vermeintliche Kleinigkeit. Doch sie macht es viel leichter, kreativ loszulegen.

Und ich schöpfe auch kreative Kraft aus meiner Coachingarbeit. Menschen zu begleiten und ihre Stärken herauszuarbeiten stärkt mich in meiner Kreativität. Für Kinder, mit denen ich zusammenarbeite, bin ich der Gefühle-Zauberer. Ich lebe also in meiner Arbeit als Coach meine Kreativität. Und gerade Kinder haben eine große Vorstellungskraft, die mich auch wiederum inspiriert.

Ach ja und auch das Meer mit seiner endlosen Weite inspiriert mich in meinem Schaffen. Hier fühle ich zuhause. Schließlich sind ja auch hier die EMDR-Musikstücke entstanden.

Und privat ist Kochen mein Kreativitätsbooster. Ich mache Gewürze selber, kaufe bewusst ein und das Zubereiten ist wie ein meditativer Prozess für mich.

Sarah Remmel: Du lebst deine Kreativität also sehr facettenreich aus. Es hört sich an, als ob sich das durch alle Lebensbereiche zieht. Ob Malen, Skulpturen erschaffen, Musik komponieren, Musizieren, Kochen oder Coachen … eine große Bandbreite …

Walter Friedrich: [Lacht] Ja, vielleicht nennen mich daher auch viele meiner Kunden und Klienten liebevoll einen Paradiesvogel oder Lebenskünstler. Ich glaube zudem, dass es auch wichtig ist, dass man in den eigenen Talenten gefördert wird. Ich hatte das große Glück, dass meine Oma Lisa das schon ganz früh gemacht hat. Und vermutlich hat mich auch meine Oma in meinen Kreativität als Kind stark gefördert. Sie hat mein musisches Talent entdeckt – mit ihren Holzstricknadeln und Alukochtöpfen konnte ich schon früh Schlagzeug spielen.

Sarah Remmel: Hast du Tipps für unsere Leserinnen und Leser, die Musik auch im Team gemeinsam nutzen möchten, um beispielsweise eine Kreativsession noch ergiebiger und erfolgreicher zu gestalten?

Walter Friedrich: Ich nutze gerne Bügelkopfhörer, die man sich um den Hals legen kann. Denn so kann man die Musik wahrnehmen und weiter im Gespräch bleiben. Das gilt insbesondere für kreative Prozesse im Team.

Sarah Remmel: Vielen Dank, Walter, für das Interview, für deine Musik und deine hilfreichen Praxistipps!

! **Tipp**

Im »Coach dein Glück«-Shop können Sie den USB-Stick »Glück fürs Ohr« mit 16 Tracks direkt erwerben.
Siehe: www.coach-dein-glueck.de/shopzumglueck/

5 Die besten Kreativitätstechniken für den Marketingalltag

Was Sie in diesem Kapitel erwartet!
Zu kreativen Erfolgen gehören zwei Bausteine. Den ersten Baustein »**Let it happen!**« haben Sie bereits in den vorangegangen Kapiteln kennengelernt: Hier geht es darum, Hürden der Kreativität zu erkennen und sie abzubauen, sowie um kreative Erfolgsfaktoren, die wir nutzen können.

Bei dem zweiten Baustein geht es ums Machen im Sinne von »**Make it happen!**«: Hier kommen geeignete Kreativitätstechniken zum Einsatz, die uns helfen, auf neue, auch verrückte Ideen zu kommen, damit wir von Standardlösungen abrücken und in den innovativen Bereich gelangen.

Abb. 33: Kreativitätstools

Einordnung der Kreativitätstechniken

Techniken lassen sich prozessual (vgl. Kap. 5.1.3) oder nach ihrer Vorgehensweise einordnen. Um die Übersicht auf die Vielzahl der Kreativitätstechniken nicht zu verlieren, haben wir in diesem Kapitel fünf Untergruppen gebildet: Auflockerungstechniken (Kap. 5.2), intuitiv-fantasieanregende Kreativitätstechniken (Kap. 5.3), strukturierte bzw. analytisch-logische Kreativitätstechniken (Kap. 5.4), kombinierte Methoden, die Elemente von intuitiven und strukturierten Techniken vereinen (Kap. 5.5), sowie Bewertungstechniken (Kap. 5.6).

So unterschiedlich jeder Mensch ist, so wichtig ist es auch, in einer Kreativsession und in kreativen Teams eine Vielfalt an unterschiedlichen Methoden anzubieten.

- **Auflockerungstechniken** werden häufig unterschätzt, da sie scheinbar keinen direkten und messbaren Output bringen. Doch sie wirken wie ein Warming-up und helfen somit nachhaltig in der anschließenden Kreativitätsrunde.
- Die **intuitiv-fantasieanregende Methoden** fördern das divergente Denken. Sie sind für viele Menschen ungewohnt und brauchen daher Zuspruch und Übung.
- Die **strukturierten Methoden** leiten die Anwender mit einer strukturierten Vorgehensweise, doch bieten sie genug Freiraum für divergentes Denken.
- Die **kombinierten Methoden** bieten auf der einen Seite einen klaren roten Faden und auf der anderen Seite fantasieanregende Elemente.
- Die aufgeführten **Bewertungstechniken** sind streng genommen eher Projektmanagement-Tools. Mit ihnen bewerten Sie die kreativen Ergebnisse und konkretisieren sie für eine anschließende Umsetzung.

Jede Technik hat ihre Vorzüge

Sie finden in diesem Kapitel eine Vielfalt an Techniken, die Sie teilweise alleine anwenden können, vor allem aber im Team. Jede Technik bietet ihre eigenen Vorzüge. Sei es, dass sie das Potenzial von leiseren Menschen gezielt nutzt, Perspektivenwechsel fördert oder als wertvolle Checkliste für neue Sichtweisen dient. Sie finden zu jeder Technik eine Art Steckbrief: Was macht die Technik aus? Welches Material und wie viel Zeit brauchen Sie? Wie ist der genaue Ablauf?

Sie können viele der Techniken auch online nutzen. Dazu finden Sie Tipps in den jeweiligen Methodenabschnitten. Und im Methodenüberblick (Kap. 5.1.5) sehen Sie direkt, welche der Techniken Sie in virtuellen Räumen nutzen können. Der Methodenüberblick hilft Ihnen zudem bei der Entscheidung, welche Technik die geeignete für Ihre jeweilige Situation und Anwendung ist.

Ergänzend finden Sie in der Einleitung zu diesem Kapitel wertvolle Informationen zu Kreativitätsprozessen (Kap. 5.1.3) sowie ein Design-Thinking-ABC (Kap. 5.1.4). Das hilft auch, die Techniken besser anzuwenden und einzuordnen. Zudem finden Sie Tipps, wie Sie Workshops kreativ gestalten und moderieren (Kap. 5.1.6). Somit bietet Ihnen

Kapitel 5 ein Rundum-sorglos-Paket und dem Erfolg Ihres nächsten Kreativ-Workshops steht nichts mehr im Wege.

5.1 Einführung

5.1.1 Allgemeine Empfehlungen für die Anwendung der Methoden

Techniken als Denkstütze

Ganz gleich, welche Technik Sie nutzen – Kreativitätstechniken helfen nicht unbedingt dabei, die Qualität von Ideen zu steigern, sondern sie helfen vor allem, andere und mehr Ideen in gleicher Zeit zu produzieren. Ebenso helfen sie, den inneren Kritiker zu überwinden. Und sie helfen dabei, Teilnehmer zu »Teilgebern« zu machen. Und genau das sollte das Ziel in Workshops sein.

Um die Kreativitätstechniken gewinnbringend zu nutzen, brauchen wir Expertenwissen und unsere Erfahrungen. Wie bei zahllosen Puzzleteile, die für unser Wissen stehen, helfen die Techniken, die Teile zu sortieren und zu etwas Großem zusammenzusetzen. Dabei gibt es aber nicht nur eine Puzzlelösung, vielmehr ist derjenige kreativ, der eine ganz neue Lösung findet.

Bei der Anwendung insbesondere von neuen Techniken ist es wichtig, Mut, Ausdauer und Kontinuität zu beweisen. Denn der Erfolg stellt sich nicht immer von Anfang an ein. Das macht kreative Erfolge aus (vgl. Abb. 11).

Nachfolgend finden Sie konkrete Tipps, die Ihnen die Anwendung der Kreativitätstechniken leichter machen sollen.

Praxistipps zur Anwendung

!

1. Nutzen Sie die Kraft einer Moderation: Ein Moderator kann gezielt durch den Prozess führen, den Überblick behalten, Teilnehmer motivierten und ihnen Mut machen. Gleichzeitig kann er auf die Einhaltung der Kreativitätsregeln achten. Es ist sehr ratsam, dass der Moderator ausschließlich in seiner moderierenden Rolle bleibt und nicht in die teilnehmende Rolle eines Ideengebers wechselt. So kann er sich ausschließlich auf den Prozess und die Teilnehmer konzentrieren und sie zum Erfolg lenken und Leitplanken setzen.
2. Als Moderator ist es hilfreich, einen Blumenstrauß an Methoden vorzubereiten. Wenn Sie den Teilnehmern eine Vielfalt an Methoden anbieten, treffen Sie jeden Geschmack bzw. die unterschiedlichen Stärken der Teilnehmer. Dabei hat es sich bewährt, auch offen zu kommunizieren, dass nicht jeder jede Methode zu 100 Prozent genial findet. Auf diese Weise nehmen Sie den Kritikern Wind aus den Segeln.

3. Manchmal ist weniger mehr: Mit Sätzen wie »Wir probieren eine neue Kreativitätstechnik aus« stoßen Sie möglicherweise bei einzelnen Kollegen oder Teilnehmern auf Widerstände. Je nach Offenheit der Teilnehmer macht es also manchmal Sinn, gar nicht erst den Namen einer Methode zu erwähnen oder von »ausprobieren« oder einer Kreativitätsmethode zu sprechen. In vielen Fällen führt es zu mehr Erfolg, selbstbewusst durch den Prozess zu steuern. Bei den sechs Denkhüten beispielsweise oder auch bei der Walt-Disney-Strategie können Sie die Teilnehmer einfach einladen, verschiedene Perspektiven einzunehmen, ohne dem Vorgehen einen Namen zu geben.
4. Wir alle wissen, dass Blicke töten können – und natürlich auch Ideen! Sprechen Sie daher nonverbale Einwände an, die Sie im Gesicht Ihres Gegenübers erkennen. Am besten ist es, ganz neutrale Resonanzaussagen zu treffen, wie »Du runzelst die Stirn« oder »Du lächelst«. Damit sprechen Sie nur Ihre objektiven Beobachtungen aus, ohne zu interpretieren. Und Sie werfen Ihrem Gegenüber den Ball zu, damit er seinen Einwand, seine Gedanken oder Gefühle in Worte fassen kann. Das hilft sehr, eine kreative und konstruktive Atmosphäre für alle zu wahren.
5. Laufen Sie in den Schuhen Ihres Kunden. Sie können beispielweise Kunden in den Prozess mit einbeziehen (vgl. Kap. 5.1.4 »Das Design-Thinking-ABC«) oder auch Mentaltechniken einsetzen, um die Perspektive eines Kunden einzunehmen. Versetzen Sie sich also in die Rolle des Kunden und fragen Sie sich, was er braucht.
6. Machen Sie die Methoden zu Ihren! Auch mit den Techniken selbst ist es wichtig, kreativ umzugehen. Improvisieren Sie, falls Sie ein anderes Setting oder zu wenig Material haben. Und behalten Sie die Übung, in Ihrem Team immer wieder neue Methoden zu nutzen. So verlieren Sie und Ihre Kollegen eine mögliche Scheu, bauen mögliche Vorurteile ab und lernen die Kraft solcher Tools kennen. Es muss nicht gleich ein ganzer Workshop sein, sondern zum Beispiel im Teammeeting eine Kopfstand-Methode, statt des klassischen Brainstormings oder beispielweise mit einem Kollegen zusammen die Walt-Disney-Strategie zur Ideenfindung und Konkretisierung. Lieber viele kleine Babyschritte als ein zu großer Schritt.
7. Generell gilt bei der Anwendung das Prinzip der Schriftlichkeit: Visualisieren Sie immer Ihre Ideen und Ergebnisse und halten Sie sie schriftlich fest! Denn das schafft Übersicht und Ordnung und motiviert die Gruppe, da die Ergebnisse sichtbar werden und bleiben. Nutzen Sie auch Bilder, Icons und Symbole. Das macht es einfacher, sich zu erinnern, zu begreifen und spricht mehr an. Wichtig ist es dabei, nicht über die Ästhetik von Zeichnungen zu diskutieren, sondern sie ohne inneren Kritiker zu nutzen. Ideen können so auch besser gemerkt werden und sie bringen die Ideen auf den Punkt. Auch können Sie so einfach ein Fotoprotokoll erstellen. Wichtig ist es daher, auch mit Filzstiften, Markern zu arbeiten, damit man das Geschriebene auf dem Foto erkennen kann.

Weiterführende Tipps, wie Sie kreativ moderieren, finden Sie in Kapitel 5.1.6.

5.1.2 Virtuelle Kreativsessions

Den Trend, dass immer mehr online stattfindet, gab es bereits vor den Corona-Zeiten. Doch können Kreativsessions überhaupt erfolgreich online stattfinden? Wie wir ohne eine persönliche Begegnung gemeinsam kreativ sein können und welche Besonderheiten es gibt, beleuchten wir in diesem Abschnitt.

Sie kennen bereits die beiden Prinzipien »Let it happen!« – die erfolgreichen Rahmenbedingungen für kreatives Arbeiten – und »Make it happen!«, das für die Kreativitätswerkzeuge selbst steht (vgl. Kap. 2). Wie können wir beide Prinzipien online leben? Werfen wir zunächst einen kurzen Blick auf das »Make it happen!«-Prinzip und darauf, inwieweit sich Kreativitätstechniken auch online umsetzen lassen.

»Make it happen« und Kreativitätsmethoden in der virtuellen Welt
Die meisten der vorgestellten Kreativitätsmethoden lassen sich virtuell sehr gut umsetzen. Welche der Methoden sich für den Online-Einsatz eignen, sehen Sie auf einem Blick in Kapitel 5.1.5. Zudem finden Sie konkrete Tipps zur virtuellen Umsetzung der entsprechenden Methoden in den einzelnen Methodenabschnitten (Kap. 5.2 bis 5.6).

Online-Tools zur Ideenbewertung finden Sie weiterhin in Kapitel 5.6.9 »Digital abstimmen«. Diese Abstimmungstools lassen sich auch sehr gut in Präsenz-Sessions einbinden.

Auch Energizer bzw. Auflockerungsübungen können Sie gemeinsam in Videokonferenzen machen. Und da Pausen für virtuelle Meetings noch wichtiger sind, können und sollten Sie diese sogar noch häufiger machen. Insbesondere unsere Augen sind sehr beansprucht. Am Ende dieses Abschnitts finden Sie Impulse und Übungen, wie das digitale Arbeiten kreativ und entspannt für Ihre Augen und Ihr ganzes Wohlbefinden bleibt.

»Let it happen« und kreative Rahmenbedingungen in der virtuellen Welt
Kommen wir nun zum »Let it happen!«-Prinzip und damit zu den kreativen Erfolgsfaktoren und Rahmenbedingungen. Die meisten kreativen Erfolgsfaktoren (vgl. Kap. 2.2) und Rahmenbedingungen (vgl. Kap. 3) lassen sich auch gut virtuell umsetzen, wie etwa eine positive Fehlerkultur, Humor, Bewegungseinheiten, wertschätzende Zusammenarbeit oder Entspannungsübungen. Jedoch fehlt die persönliche Nähe und ein bewusstes gemeinsames Erleben über alle fünf Sinne.

In Kapitel 4.1 »Gezielter Einsatz unserer fünf Sinne« haben wir uns angeschaut, dass ein bewusster und gezielter Einsatz all unserer Sinne sehr nützlich für Kreativitätsprozesse und eine kreativitätsfördernde Atmosphäre ist. Je mehr Sinne wir bewusst mit einer bestimmten Botschaft adressieren, desto mehr Aufmerksamkeit erreichen wir und desto besser können wir auch eine kreative Atmosphäre in einem gemeinsamen Raum schaffen. Und genau diese erlebnisreiche Atmosphäre stößt in der virtuellen Welt an ihre Grenzen. So lässt sich zwar ein virtueller Raum visuell und auch auditiv kreativ einrichten und erleben, doch die Teilnehmer können virtuelle Gegenstände nicht in die Hände nehmen, einen »kreativen Raumduft« nicht riechen, sich nicht persönlich begegnen oder etwa spontane Gespräche in der Pause führen. Auch die Gruppendynamik ist durch dieses distanziertere Zusammensein eine andere. Eine lebendige Moderation und auch Abwechslung bekommen dadurch eine noch größere Bedeutung für die Förderung einer kreativen Workshop-Atmosphäre.

Auf der anderen Seite lassen sich in virtuellen Räumen audiovisuelle Einheiten wie Bilder, Videos oder etwa witzige auditive Signale noch fokussierter als in Seminarräumen einsetzen. Denn es gibt hier weniger Ablenkung und sie bekommen dadurch einen ganz anderen Fokus.

Hinzu kommt, dass man in Videokonferenzen nicht den ganzen Menschen sehen kann, sondern meist nur das Gesichtsfeld – sprich die Mimik und Kopfhaltung, die Schultern und Teile der Gestik. Das Gute ist, dass sich damit visuell alle Emotionen im Gesicht erkennen lassen. Doch ein Teil der Körpersprache und Gestik – etwa was der Gesprächspartner mit den Füßen und Beinen signalisiert – geht verloren. Aus Sicht des Workshopleiters sind das wichtige Zeichen, um Stimmungen zu erkennen und gegebenenfalls entsprechend zu unterstützen oder gegenzulenken. Der Moderator sollte also noch mehr auf die Stimmen der Teilnehmer achten, die ihre Stimmung transportiert, und vor allem in die Gesichter schauen. Ein großer Unterschied ist auch, dass Online-Teilnehmer nicht direkt erkennen können, ob sie angeschaut werden, und auch wenn sie selbst jemanden anschauen, erkennt dies das Gegenüber nicht, wie in einer persönlichen Begegnung. Damit fehlt eine wichtige Komponente in der Kommunikation, die auch für den Kreativprozess eine wichtige Basis darstellt.

Nicht funktionierende Technik kann auch ein Stressfaktor und damit ein Gegenspieler von Kreativität sein und zudem wertvolle Zeit kosten (vgl. Kapitel 2.1.2 »Angst und Stress«). Gute Vorbereitung ist hier wichtig, um im Vorfeld technische Störungen möglichst auszuschließen oder zumindest gering zu halten. Doch die technischen Möglichkeiten lassen uns auch Zeit gewinnen. Arbeiten die Teams etwa in Kleingruppen in sogenannten »Break out rooms«, werden Sie nach Ablauf der vereinbarten Zeit wieder zurückgeschaltet. In einem Präsenzworkshop hingegen sind meist nicht alle pünktlich zurück.

Fest steht, dass Kreativsessions auch in der virtuellen Welt gut möglich sind und beide Welten ihre Vorzüge bieten. Meiner Erfahrung nach muss es auch kein Entweder-oder sein. Es gilt vielmehr, diese beiden Welten miteinander zu verbinden, als sie getrennt wahrzunehmen. Sie können auch Offline-Elemente in Online-Sessions integrieren und umgekehrt, um das Beste für sich und Ihre Kreativsessions herauszuholen. Das kann ein digitales Abstimmen in einem Präsenzworkshop sein oder ein Spaziergang während einer virtuellen Kreativsession.

Insbesondere in Zeiten, in denen das »digitale Leben« immer mehr Zeit einnimmt, sehnen sich viele nach entspannten Offline-Phasen, um wieder aufzutanken. Stichwort »Digital Detox« – doch es muss gar nicht zu einer »digitalen Vergiftung« kommen, wenn sich Off- und Online-Phasen abwechseln und insbesondere in Online-Kreativsessions reichlich Offline-Elemente integriert sind und bewusste Pausen gemacht werden. Das hilft der Kreativität ungemein (vgl. Kap. 2.2.8 und 2.2.11).

Tipps für stressfreie digitale Kreativsessions

- Machen Sie regelmäßig kurze Pausen, etwa stündlich fünf bis zehn Minuten.
- Achten Sie auf Ihre Körperhaltung (vgl. Kap. 4.3) und stehen Sie zwischendurch auf, strecken Sie sich oder arbeiten Sie im Stehen.
- Machen Sie regelmäßig kurze Bewegungseinheiten – in der Gruppe und auch alleine.
- Die Augen surfen immer mit und leisten Schwerstarbeit. Den größten Anteil an digitalen Informationen nehmen wir über das Nadelöhr Auge auf, was die Augen zum Schlüssel für ein stressfreies digitales Arbeiten macht. Schonen Sie Ihre Augen auch tagsüber mit dem »Nachtmodus« Ihres Laptops oder anderen digitalen Devices, denn blaues LED-Licht schädigt die Augen.
- Lassen Sie Ihren Blick regelmäßig in die Ferne schweifen lassen und entspannen Sie so Ihre Augen. Schließen Sie zudem regelmäßig Ihre Augen bewusst etwa jede halbe Stunde und blinzeln Sie – das ist eine wichtige Pause von der Reizüberflutung. Und machen Sie Augenübungen, um Ihre Augen zu entlasten (vgl. Kap. 3.2.1 und 3.2.2). Unten finden Sie eine kurze Übung, mit der Sie Ihren peripheren Blick trainieren und Ihren Augen und sich etwas Gutes tun.
- Entspannen Sie auch Ihre Gesichtsmuskeln (vgl. Kap. 4.2 »Facial Feedback: Bitte lächeln«). Dafür finden Sie zwei Gesichtsübungen, die mit wenig Aufwand einen großen Effekt haben. Probieren Sie es gleich aus.

Das virtuelle Seminarhaus – Analog trifft Digital

Das »Seminarhaus 1« bietet Ihnen einen virtuellen Stuhl an, stellt Ihnen eine virtuelle Pinnwand zur Verfügung und konfrontiert Sie mit echten Menschen. Ob bei einem Fair-Trade-Kaffee in der virtuellen Coffee Corner oder einer konstruktiven Gruppenarbeit in einem der zahlreichen Mottoräume – das Seminarhaus lädt dazu ein, sich aktiv zu beteiligen und Spuren zu hinterlassen. Alle Themen werden in Verbindung mit virtuellem Arbeiten und digilogen Werkzeugen und Techniken betrachtet. Weitere Informationen finden Sie auf www.seminarhaus1.de.

Übung: Gesichtskirmes

Mit dieser kurzen Miniübung erzielen Sie einen maximal positiven Effekt auf Ihr Wohlbefinden. Sie können die Übung gemeinsam oder auch für sich alleine machen. Für manchen ist es hilfreich, den Bildschirm kurz auszuschalten bzw. die Ton- und Videoübertragung des Meetings kurz zu pausieren oder sich auch bewusst für ein paar Minuten an einen anderen entspannten Wohlfühlort zu begeben.

Achten Sie auf Ihre Gesichtsmuskeln und nehmen Sie wahr, wo Sie gerade im Gesicht angespannt sind, zum Beispiel im Stirnbereich. Oder fühlt sich Ihr Kiefer angespannt an? Nehmen Sie dann die Hände vor Ihr Gesicht, ziehen Sie Grimassen und entspannen Sie danach bewusst Ihre Gesichtsmuskeln. Das hat direkt positive Auswirkungen auf Ihr Wohlbefinden (vgl. Kap. 4.2 »Facial Feedback: Bitte lächeln«).

Übung: Saure Zitrone

Auch mit dieser Übung können Sie sich in kurzer Zeit entspannen und etwas Gutes für sich tun. Sie können die Übung gemeinsam oder auch für sich alleine machen. Für manche ist es hilfreich, den Bildschirm kurz auszumachen bzw. Video- und Tonübertragung des Meetings kurz zu pausieren oder sich auch bewusst für ein paar Minuten an einen anderen Wohlfühlort zu begeben.

Nehmen Sie wahr, wie sich Ihre Gesichtsmuskeln anfühlen. Wie fühlt sich Ihr Stirnbereich an und Ihr Kiefer? Wo merken Sie eine Anspannung? Stellen Sie sich dann vor, dass Sie in eine saure Zitrone beißen und machen Sie die entsprechenden Bewegungen dazu. Sie können also bewusst Ihr Gesicht dabei zusammenziehen und diese Anspannung ein paar Sekunden halten. Dann lassen Sie bewusst los und entspannen sämtliche Gesichtsmuskeln. Halten Sie anschließend kurz Ihre Augen geschlossen und machen Sie ein paar bewusste und tiefe Atemzüge. Schon werden Sie den Erholungsfaktor spüren (vgl. Kap. 4.2 »Facial Feedback: Bitte lächeln«).

Übung: Peripherer Blick

Beim digitalen Arbeiten ruht unser Blick sehr vertieft auf unseren Bildschirmen. Das ständige Fokussieren auf die gleiche Stelle kann dabei unsere Augen überlasten. Unsere Aufmerksamkeit in der Peripherie – unserem Seitenblickfeld – wird dadurch vermindert. Mit dieser Übung trainieren Sie das periphere Sehen und tun damit etwas Gutes für sich und Ihre Augengesundheit. Sie können die Übung auch sehr gut als Energizer zwischen zwei Methoden machen oder bevor Sie in eine Ideenbewertung starten.

Nehmen Sie beide Daumen hoch und halten Sie Ihre Hände dabei vor Ihr Gesicht auf Augenhöhe. Schauen Sie auf Ihre beiden Daumen. Dann bewegen Sie langsam Ihre Daumen jeweils zur Seite und wandern Sie parallel mit Ihrem Blick und öffnen so Ihren Blickwinkel. Schauen Sie, wie weit Sie Ihre Daumen nach außen bewegen können und nicht aus dem Blickfeld verlieren. Sie können hier auch zusätzlich mit den Daumen wackeln, um sie noch besser wahrzunehmen. Halten Sie Ihre Hände ein paar Sekunden so. Je häufiger Sie das periphere Sehen trainieren, desto größer wird Ihr Blickwinkel. Schließen Sie nach der Übung kurz Ihre Augen und entspannen sich bewusst. Spüren Sie einen kurzen Moment nach.

5.1.3 Der Kreativitätsprozess

Kreativitätsprozesse lassen sich in fünf Phasen untergliedern:
- Problemwahrnehmung
- Problemformulierung
- Ideenfindung
- Ideenbewertung
- Ideenrealisation

Die Anzahl der Phasen verdeutlicht, dass keine Innovation vom Himmel fällt. Es braucht einen Vorlauf, eine gezielte Problemwahrnehmung, einen durchdachten Problemfokus, die Anwendung von Techniken für die Ideenfindung und Bewertung und natürlich am Ende die Umsetzung.

Doch gerade ein Kreativitätsprozess ist nicht unbedingt ein linearer Prozess. So kann es in der Praxis durchaus vorkommen, dass zwischen den Phasen gesprungen wird. Beispielsweise zeigt sich bei der Realisation eine unabsehbare Schwierigkeit, für die es eine neue Lösung braucht. Oder in der Evaluationsphase zeigt sich, dass keine der Ideen geeignet ist. Oder unsere VUCA-Welt bringt Veränderungen mit sich, die die Ideen beeinflussen.

Abb. 34: Der Kreativitätsprozess

Schauen wir uns die fünf Phasen genauer an.

Phase 1: Problemwahrnehmung

Die Kunst liegt ganz am Anfang darin, überhaupt ein Problem zu erkennen, das mit den bestehenden Lösungen zu keinem Erfolg führt. Für diese Phase ist es wichtig, die eigene Wahrnehmung zu sensibilisieren und ein Problembewusstsein zu entwickeln. In dieser Phase werden alle notwendigen Informationen gesammelt, um die Herausforderung zu erkunden. Wichtig ist es auch, zu prüfen, welche funktionierenden oder nicht funktionierenden Lösungsansätze es schon gibt. Daher ist der Austausch mit dem Kunden, der ein »Problem« zu einem Produkt oder einer Dienstleistung schildert, von großer Bedeutung. Oder auch ein regelmäßiger Austausch mit dem Vertrieb, dem Callcenter und allen, die Kontakt zu den eigenen Kunden haben.

Phase 2: Problemformulierung

Die Problemfrage oder auch Problemformulierung leitet den ganzen folgenden Prozess. Generell ist es hilfreich, eine offene Frage zu formulieren, die so startet:

- Wie erreichen wir ...?
- Mit welchen Maßnahmen ...?
- Was können wir tun ...?

Durch die Wir-Form erreichen Sie eine Identifikation des Kreativteams. Darüber hinaus sollte der Fokus klar gewählt werden. Eine zu enge Frage lässt wenig Spielraum für ganz andere Ideen. Eine zu weite Frage hat möglicherweise zu wenig Fokus. Fragen Sie beispielsweise »Welche andere nachhaltige Verpackung können wir nutzen?«, liegt der Suchfokus nur auf den Verpackungen. Fragen Sie hingegen »Welche anderen Maßnahmen in Sachen Nachhaltigkeit und Umweltschutz können wir umsetzen?«, können noch weitere Ideen entstehen. Das braucht eine klare Entscheidung.

Phase 3: Ideenfindung

> *»Der beste Weg, gute Ideen zu erhalten, besteht darin, möglichst viele Ideen zu entwickeln.«*
>
> Linus Pauling (Nobelpreisträger)

In dieser Querdenkerphase gilt es, unterschiedliche Kreativitätstechniken anzuwenden, um viele und verrückte Ideen zu generieren. Das können intuitive und strukturierte oder kombinierte Methoden sein, die alle die Ideenfindung fördern. In dieser Phase geht Quantität vor Qualität, daher ist es wichtig, keine Kritik zu üben, sondern zu »träumen« (vgl. Kap. 1.4.1 »Divergierendes Denken«).

Phase 4: Ideenbewertung

Nach der divergenten Ideenfindungsphase schließt sich eine konvergente Phase der Ideenbewertung an. Die Ideensammlung wird strukturiert und Ideen zu Clustern geordnet. Anhand von Kriterien werden die Ideen bewertet und gemeinsam gefiltert.

Auch für diese Phase gibt es diverse Techniken, die die Bewertungsphase unterstützen (vgl. Kap. 5.6 »Bewertungstechniken«).

Phase 5: Ideenrealisation
Die Ideenrealisation kann die Geburtsstunde von Innovationen sein, wenn sie erfolgreich in den Markt eingeführt ist und sich bewährt. In dieser Phase ist insbesondere das Projektmanagement gefragt.

Eine Ideenrealisation kann auch ein Pilotprojekt sein, um die Idee vorab zu testen. Im Design Thinking werden beispielweise auch Prototypen angefertigt, die noch nicht perfekt, aber funktional genug sind, um sie zu testen. Hier ist es auch möglich, eine weitere Schleife zu drehen, da weitere Probleme vorab beim Testen oder mit der Markteinführung erkannt werden.

5.1.4 Das Design-Thinking-ABC

Design Thinking wird oftmals als eine Trendmethode bezeichnet. Doch sie ist viel mehr: Sie ist eine spezielle **Denkhaltung**, ein Set an Prinzipien und eine systematische Herangehensweise an komplexe Fragestellungen mit einer Vielzahl von unterstützenden Werkzeugen. Die Fragestellungen können beispielsweise das Produktdesign, die Produktgestaltung, eine Dienstleistung oder irgendeine andere Herausforderung betreffen. Letztendlich braucht es als Voraussetzung nur einen Anwender bzw. Kunden.

Design Thinking trägt auch den Namen *Human Centred Design*, denn bei allem steht der Mensch bzw. Anwender im Mittelpunkt. Die Methode zielt darauf, Lösungen zu finden, die aus Anwendersicht überzeugend sind.

Geprägt hat den Begriff Design Thinking insbesondere David Kelley, Gründer der renommierten Design- und Innovationsagentur IDEO, der auch die d-school an der Stanford University mit aufbaute.

Drei Kernprinzipien: People, Place und Process
Im Design Thinking gelten die drei Kernprinzipien People, Place und Process, die die Arbeit und Denkkultur prägen. Schauen wir uns das genauer an:

People: Dieses Prinzip fordert interdisziplinäre Teams – also eine Zusammenarbeit von Experten aus unterschiedlichen Bereichen, die gemeinsam Grenzen überwinden können. Hierbei gilt das T-Shape-Prinzip: Der vertikale Teil des Buchstabens steht für tiefes Wissen in einem Fachgebiet und der horizontale Teil des Ts für breitgefächerte interdisziplinäre Kenntnisse des Teams.

Place: Nach diesem Prinzip soll eine freie und flexible Arbeitsumgebung genutzt werden, die Kreativität fördert. Stehtische, ausreichend Platz, bewegliche Möbel, Whiteboards, Haftnotizzettel, Materialien zum Prototypen sind eine typische Ausstattung dieser Kreativräume (vgl. Kap. 3.1.6 »Innovationsräume«).

Process: Der Design-Thinking-Prozess besteht aus den drei Hauptphasen Inspiration, Ideenfindung und Implementierung. Diese wiederum lassen sich in die sechs Phasen Verstehen, Beobachten, Synthese, Ideation, Protoyping und Testen unterteilen (siehe Abb. 35). Weiter unten finden Sie einen detaillierten Ablauf mit weiteren Tipps zu den einzelnen Phasen.

Der Prozess wird häufig linear dargestellt, ist jedoch iterativ gestaltet, d. h. das Design-Thinking-Team wiederholt bei Bedarf einzelne Phasen.

Abb. 35: Der Design-Thinking-Prozess (→ Arbeitshilfen online)

Eine positive Fehlerkultur prägt den Prozess, denn nur so entsteht am Ende ein Produkt, das den Nutzer begeistert.

Auch wechseln sich Phasen der Divergenz und Konvergenz ab, sind aber jeweils klar voneinander getrennt. In divergenten Phasen liegt der Fokus auf spielerisches Denken und einer Vielzahl an Ideen, während mit dem konvergenten, logischen Denken Erkenntnisse und Ideen zusammengeführt und verdichtet werden.

Visualisierung und Prototyping spielen ebenfalls eine wichtige Rolle im Prozess. Ideen werden mit Skizzen oder Storyboards visualisiert und zudem werden schnell und einfach Prototypen beispielweise mit Lego, Knetgummi oder Bastelmaterial angefertigt. Ein IT-Programm kann auch einfach mittels Skizzen gezeichnet sein. Es ist wichtig, hier nicht perfektionistisch und zeitintensiv Prototypen zu entwickeln, sondern mit möglichst geringem Aufwand mutig und schnell vorzugehen.

Die wichtigsten Regeln für den Design-Thinking-Prozess finden Sie in der folgenden Abbildung.

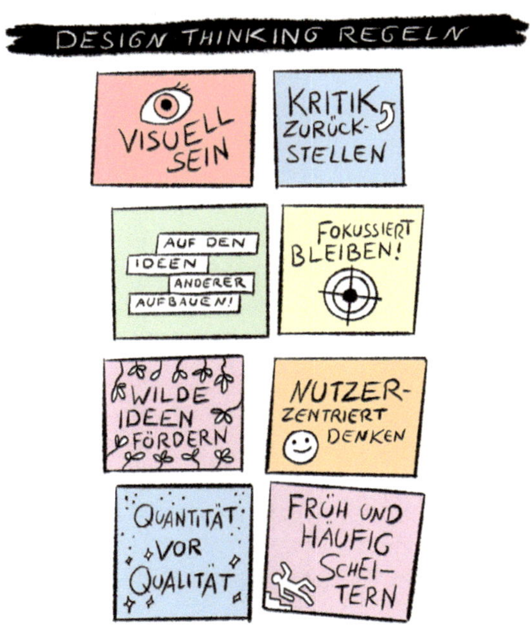

Abb. 36: Design-Thinking-Regeln (→ Arbeitshilfen online)

Der Prozess im Detail

Die ersten drei Phasen Verstehen, Beobachten und Synthese dienen der Beschäftigung mit dem Problem und werden auch als Problemraum bezeichnet. Und die anschließenden drei Phasen Ideation, Prototyping und Testen machen den Lösungsraum aus. Problem und Lösung werden dabei klar voneinander getrennt betrachtet. Tauchen wir nun tiefer in die sechs Phasen ein:

1. **Verstehen:** Albert Einstein sagt: »Wenn ich eine Stunde habe, um ein Problem zu lösen, dann beschäftige ich mich 55 Minuten mit dem Problem und fünf Minuten mit der Lösung.« Dieser erste Schritt widmet sich ausschließlich damit, das Problem gänzlich zu verstehen – er ist die Basis für alles, was folgt, und sollte daher so genau und gründlich wie möglich wahrgenommen werden. Dabei decken Sie möglichst alle Zusammenhänge auf und analysieren, wer involviert ist, welche Vorgeschichte es gibt usw. Hierzu können Sie als Tool eine Mindmap verwenden, um alle Aspekte zu sortieren (vgl. Kap. 5.3.5).
2. **Beobachten:** Beobachten wird auch häufig als Empathie-Phase bezeichnet, denn hier geht es darum, sich in den Nutzer hineinzuversetzen und seine Bedürfnisse und Emotionen herauszufinden. Wie fühlt sich der Nutzer mit dem Problem? Welches Bedürfnis hat er in einer bestimmten Situation? Das ist eine sehr wertvolle Phase, die eben nicht nur die Eisbergspitze, wie z. B. das Verhalten, betrachtet, sondern tief eintaucht, um auch für den Nutzer oftmals unbewusste Bereiche zu entdecken (vgl. Abb. 8 »Eisberg-Modell«). Hier hilft es, die Nutzer genau zu beobachten und insbesondere ihre Gesichter zu lesen. Denn das ist die Bühne der Emotionen. Alles zeigt sich unwillkürlich im Gesicht, auch wenn das dem Nutzer nicht bewusst ist oder er etwas verbergen will (vgl. Kap. 1.5.4 auch Mimik, Empathie und Unausgesprochenes erkennen). Qualitative Marktforschung in Form von Tiefeninterviews oder auch Selbsterfahrung sind typische Tools in dieser Startphase. Wenn zum Beispiel ein Produkt für Senioren Ü70 entwickelt werden soll, ist es wichtig, wirklich zu erleben, wie ein Ü70-Jähriger das Produkt beispielsweise mit seinen Sinnen wahrnimmt. Insbesondere durch diese Selbsterfahrung kommt es zu Aha-Erlebnissen.
3. **Synthese:** In dieser dritten Phase des Problemraums werden die Erkenntnisse aus den ersten beiden Phasen zusammengeführt. Deswegen ist hier konvergierendes Agieren gefragt: Der Kern des Problems wird definiert. Und das Ganze verschmilzt in der entsprechenden Leitfrage, die startet mit »Wie könnten wir …?«.
4. **Ideation:** In dieser Ideenfindungsphase regiert das divergente und spielerische Denken. Sie leitet die Lösungsphase ein. Hier können Sie sämtliche Ideenfindungs-Tools nutzen, um wilde Ideen zur Problemlösung zu entwickeln. Die bekannten Regeln des divergierenden Denkens – Quantität vor Qualität, Kritik zurückstellen, visualisieren und auf den Ideen anderer aufbauen – gelten hier. Hier eignen sich sämtliche intuitiv-fantasieanregenden Tools wie zum Beispiel die Kopfstand-, die

635- oder auch die Reizwortmethode (vgl. Kap. 5.3). Die Phase wird konvergent mit einer Ideenbewertung abgerundet.

5. **Protoyping:** Diese Lösungsphase zeichnet Design Thinking aus, denn hier geht es darum, die Lösungen sehr schnell und mit wenig Aufwand greifbar zu machen. Einfache Prototypen werden gezeichnet, gebastelt oder konstruiert. Hier kommen insbesondere Legosteine, Knetgummi, Rollenspiele oder auch Zeichnungen zum Einsatz. Statt Perfektionismus ist hier Mut zum »einfachen und unfertigen Modell« gefragt. Denn damit lässt sich viel schneller erkennen, ob die entwickelte Lösung für den Nutzer passt und was sich noch optimieren lässt. Bevor beispielsweise Programmierer in die Entwicklung gehen, kann das Team anhand einfacher Zeichnungen ein direktes Feedback zum Aufbau und Handling vom Nutzer erfahren. Somit spart das Team am Ende des Prozesses, in der Entwicklungsphase, Zeit und auch Budget.
6. **Testen:** Der entwickelte Prototyp kommt in dieser Phase zum Einsatz, um zu prüfen, wie die Idee beim (zukünftigen) Nutzer ankommt und was sich noch verbessern lässt. Welche weiteren Wünsche hat der Kunde an den Prototypen? Hier heißt es zu beobachten, zu fragen und eine positive Fehlerkultur zu leben. Es ist wertvoll, wenn sich in dieser Phase Fehler zeigen, bevor das Produkt am Markt »floppt«. Mit diesen wertvollen Hinweise oder Erkenntnissen kann das Team nochmals in die Ideationsphase »springen«, um Ideen für das Problem zu finden. Der Prozess ist beendet, wenn der Nutzer in der Testphase begeistert ist und seine bewussten und unbewussten Bedürfnisse erfüllt sind.

Fazit

Insbesondere in unserer schnelllebigen Zeit erfreut sich Design Thinking zunehmender Popularität. Die strukturierte Vorgehensweise, die Kreativität ermöglicht, die konsequente Anwenderorientierung und die Möglichkeit, durch schnelles Prototyping frühzeitig Fehler aufzudecken, machen Design Thinking zu einem sehr nützlichen Instrument, um auf die Probleme unserer Zeit effizient Lösungen zu finden. Und es ist zugleich mehr als ein Tool, es lädt ein zur Gestaltung einer kreativen Kultur.

5.1.5 Methodenüberblick

In meinen Kreativitätsseminaren erreicht mich immer wieder die Frage, wann welche Methode am Sinnvollsten einzusetzen ist. So hat jede Methode in der Tat ihre Besonderheiten und nicht jede Methode eignet sich für jedes Thema, jeden Prozessschritt, jede Persönlichkeit oder auch jedes Team.

Abbildung 37 zeigt eine Matrix, die Sie als eine Art **Methodenkompass** nutzen können. In der Matrix sind Kriterien aufgeführt, die Sie dabei leiten können, die passenden Tools für Ihre Situation auszuwählen. So erfahren Sie zu jeder der in diesem Kapitel vorgestellten intuitiven, kombinierten und strukturierten Methoden in der Spalte »Besonderheit der Technik« in Stichworten, was die jeweilige Technik auszeichnet und von anderen Methoden unterscheidet.

Neben konkreten und »typischen Einsatzgebieten im Marketing« finden Sie in einer weiteren Spalte ergänzende praktische Einsatztipps. Das sind vielseitige und praxisnahe Impulse, um das jeweilige Tool beispielsweise für die Moderation eines Meetings zu nutzen, mit ihm eine Laudatio oder ein Protokoll zu erstellen oder es am Ende eines Prozesses als Bewertungsinstrument einzusetzen. In der Spalte »typischen Einsatzgebiete« finden Sie häufig vorkommende Anwendungsbeispiele und typische Situationen für den Einsatz der Methoden und Tools. Nutzen Sie sie als Anregung und Inspiration auch für weitere Einsatzzwecke.

Darüber hinaus sehen Sie in der Matrix, ob Sie die Methode alleine und/oder im Team anwenden können, ob sie leise bzw. schriftliche Elemente und/oder laute und kommunikative Elemente enthält. Zudem erfahren Sie, ob die Methode auch online funktioniert.

So können Sie ganz situativ und zielgenau entscheiden, welche der Techniken Sie für Ihre Zwecke nutzen möchten. Wollen Sie zum Beispiel auch das Potenzial von stillen Kollegen nutzen? Dann empfiehlt sich eine Technik mit leisen Elemente wie Brainswarming (Kap. 5.3.4) oder die 635-Brainwriting-Methode (Kap. 5.3.3). Oder wollen Sie etwas Bestehendes verbessern? Dann könnte die Osborne-Checkliste (Kap. 5.4.1) oder die SCAMPER-Methode (Kap. 5.4.2) genau richtig sein. Oder Sie sind allein auf der Suche nach Ideen zu einer Werbekampagne oder neuen Produktnamen? Dann können Sie gleich aus mehreren Techniken auswählen wie die Reizwort- oder Kopfstand-Methode (Kap. 5.3.7 und 5.3.8) oder auch ein KAWA© (Kap. 5.3.10) erstellen.

METHODENÜBERBLICK

	Kreativitätstechniken	Besonderheit	Einsatztipp	Leise Elemente Schriftlich	Laute Elemente Mündlich	Alleine	Im Team	Online geeignet	Typische Einsatzgebiete im Marketing: Werbung	Namensfindung	Strategiefindung	Kundenprozesse	Produktentwicklung	Strategieentwicklung	Verbesserungen
INTUITIV	3D Brainstorming	Universalwaffe mit taktilen Reizen, Alternative zu Brainstorming	Hohe Themenflexibilität, besonders geeignet, um Ideensuchende an Alternativen zu Brainstorming heranzuführen	X	X	X	X	X	X	X		X	X	X	X
	Brainwalking	Bewegte Universalwaffe, besonders geeignet, um Ideensuchende wach und aktiv zu halten	Hohe Themenflexibilität, super um Ideensuchende an Alterativen zu Brainstorming heranzuführen		X		X		X	X		X	X	X	X
	635 Brainwriting	Leise Universalwaffe, die das Potenzial leiser Menschen nutzt und zum Aufbau auf den Ideen anderer einlädt	Hohe Themenflexibilität, besonders geeignet, um Ideensuchende an Alternativen zu Brainstoming heranzuführen	X			X		X	X		X	X	X	X
	Brainswarming	Leise Universalwaffe, die das Potential leiser Menschen nutzt	Hohe Themenflexibilität, super um Ideensuchende an Alterativen zu Brainstorming heranzuführen	X			X	X	X	X		X	X	X	X
	Mind Mapping	Stukturierung und Sortierungstool, nicht geeignet zur Ideenfindung	Protokoll anfertigen oder allgemein Übersicht verschaffen		X	X	X	X							
	Visionboard	Visuelle Strategiefindung	Teamziele, Produkte oder auch persönliche Ziele entwickeln und verwirklichen		X	X	X	X			X		X		
	Kopfstand-Methode	Humorvolle Universalwaffe	Hohe Themenflexibilität, empfehlenswert bei skeptischen Ideensuchenden oder "verbrannten" Themen		X	X	X	X	X	X		X	X	X	X
	Reizwort-Methode	Universalwaffe mit hilfreichen Zufallsbegriffen	Hohe Themenflexibilität		X	X	X	X	X	X		X	X	X	X
	ABC-Liste	Leise Universalwaffe auch als Feedbackinstrument nützlich	Hohe Themenflexibilität	X		X	X	X	X	X		X	X	X	X
	KAWA ©	Leise Universalwaffe mit Schlüsselbegriff	Protokolle, Präsentationen, Mitschriften, Laudatio	X		X	X	X	X	X		X	X	X	X
	Dali-Technik	Universalwaffe mit unbewussten Kräften	Hohe Themenflexibilität	X		X			X	X	X	X	X	X	X
	Konzeptextraktion	Ableitung weiterer Ideen	Zum Schluss als ergänzende Technik		X		X	X	X	X		X	X	X	X
KOMBINIERT	6 Denkhüte	Ganzheitlich und mit strukturiertem Perspektivwechsel	Moderation von Meetings und allgemein für Entscheidungsfindungen		X	X	X	X	X			X	X		
	Walt Disney	Ganzheitlich inklusive Bewertung	Visionen, Neu- und Weiterentwicklungen von Produkten, Dienstleistungen		X	X	X	X	X		X	X	X		
	Word Café	Kaffeehausatmosphäre für Großgruppen	Strategieworkshops		X		X	X	X		X	X	X		X
STRUKTURIERT	Osborne-Checkliste	Checkliste für Verbesserungen	Bestehende Produkte, Dienstleistungen, Prozess verbessern		X	X	X	X					X		X
	SCAMPER	Checkliste für Verbesserungen	Bestehende Produkte, Dienstleistungen, Prozess verbessern		X	X	X	X					X		X
	Kundennutzen-Matrix	Für sämtliche Prozesse	Interne Prozesse im Marketing, Kundenprozesse		X		X	X			X	X	X		X
	Morphologischer Kasten	Für komplexe Fragestellungen empfehlenswert	Neue Varianten von bestehenden Produkten, Dienstleistungen		X		X	X		X			X	X	X

Abb. 37: Matrix der vorgestellten Methoden – Ihr Methodenkompass (→ Arbeitshilfen online)

Eine Übersicht über alle Bewertungstechniken finden Sie zudem in Kapitel 5.6.

Bevor wir uns den Kreativitätstechniken im Einzelnen zuwenden, erfahren Sie im nächsten Abschnitt, wie Sie mithilfe von Kreativtechniken Workshops erfolgreich moderieren können. Zudem finden Sie ergänzende Tipps zur Vorbereitung und Gestaltung von Workshops.

5.1.6 Workshops kreativ gestalten und moderieren

Die richtige Auswahl und Anwendung von Moderationsmethoden ist ein zentraler Erfolgsfaktor für Kreativitätsworkshops. Empfehlungen für die Anwendung finden Sie in den jeweiligen Abschnitten zu den einzelnen Techniken, allgemeine Anwendungstipps für alle Methoden stehen in Kapitel 5.1. In diesem Abschnitt erfahren Sie, was Sie als Workshopleiter alles beachten können, um Workshops kreativ und lebendig zu gestalten.

Vorbereitung ist die halbe Miete: Für einige Methoden wie etwa das 3D-Brainstorming gilt es beispielweise, Gegenstände mitzubringen und mit Vorlauf zu »sammeln«. Doch auch um eine lebendige Workshop-Atmosphäre zu kreieren, können Sie einiges vor dem Workshop vorbereiten, um es im Workshop selbst einfacher zu haben. Von der Auswahl des Raums, über vorbereitete Flipcharts, eine kreative Musikplaylist, kreative Kurzübungen bis hin zu inspirierenden Gegenständen finden Sie hier einfach umsetzbare Impulse, die Ihre Workshops kreativer und erfolgreicher machen:

- Moderatorenrolle: Die Moderation von Workshops ist ein wesentlicher Erfolgsfaktor. Sie beeinflusst die Stimmung, verantwortet den Kreativprozess und hat letztendlich einen erheblichen Einfluss auf die Ergebnisse. Als Moderator ist es wichtig, sich ausschließlich auf diese Rolle zu konzentrieren und nicht gleichzeitig zu versuchen, Ideen zu generieren. So behält der Moderator den Prozess und die Gruppendynamik im Blick und kann frühzeitig einlenken.
- Als Workshopleiter empfiehlt es sich, Erfahrungen mit den Tools bereits vor dem Einsatz im Workshop zu sammeln. Einige Tools können Sie auch vorab alleine oder in kleineren Teams in einer Art Generalprobe durchspielen, um ein Gefühl für Prozess und Anwendung zu bekommen. Zudem haben Sie so Beispiele im Hinterkopf, die Sie in der Anwendung zusätzlich unterstützen können. Falls die Anwendung aus zeitlichen Gründen nicht mehr möglich ist, kann es alternativ hilfreich sein,

ein Flipchart mit einem Anwendungsbeispiel vorzubereiten – so können Sie die Ideensuchenden visuell und auditiv abholen und für die Anwendung motivieren.

- Zudem sollten Sie als Moderator unterschiedliche Methoden vorbereiten und mitbringen, denn nicht jede Methode sagt jedem zu. So kann es Menschen, die gerne strukturiert arbeiten, anfangs schwerer Fallen, mit intuitiven Methoden zu arbeiten, oder extrovertierte Teilnehmer sind es nicht gewohnt, schriftliche Tools wie Brainswarming oder die 635-Methode anzuwenden. Neben der vorbereiteten Methodenvielfalt ist es auch wichtig, auf die Verschiedenartigkeit der Tools hinzuweisen und den Anwendern den Druck zu nehmen. So kann der Workshopleiter betonen, dass nicht jedes Tool gleich von Anfang an jedem passen muss, doch Offenheit und eine neugierige Haltung wichtig für eine erfolgreiche Anwendung sind. Somit nehmen Sie insbesondere kritischen Kollegen den Wind aus den Segeln.
- Die Methodenmatrix in Kapitel 5.1.5 können Sie als Basis für Ihre Auswahl nutzen. Diese Auswahl ist sehr stark vom Thema des Workshops, von den Erfahrungen der Gruppe und des Moderators, der Teilnehmerzahl als auch von den Persönlichkeiten abhängig. Nutzen Sie die Matrix und Ihr Bauchgefühl, um herauszufinden, welche Methoden für Ihre Situation am besten geeignet sind. Das Wichtigste ist hier, mit Mut ins kalte Wasser zu springen und aktiv zu werden. Einen beispielhaften Fahrplan mit einem konkreten Timing finden Sie am Ende dieses Abschnitts als Praxistipp.
- **Schnitzelkoma ade:** Wir alle kennen das Mittagstief. Es gibt typische Tageszeiten, zu denen wir regelmäßig ein Leistungstief oder auch ein Leistungshoch haben. Der Vormittag ist in der Regel bei den meisten Menschen eine sehr produktive Zeit, denn dann sind sie vom Tag noch nicht so beansprucht. Daher empfiehlt es sich, Kurzworkshops in die Morgenstunden oder am Vormittag zu legen. Auch nach dem »Schnitzel- oder Suppenkoma« steigt die Leistungsfähigkeit ab 15 Uhr bis ca. 20 Uhr. Auch diese Zeit ist prädestiniert für Kurzworkshops. Bei ganztägigen Veranstaltungen empfiehlt es sich mit Rücksicht auf unsere schwankende Leistungsfähigkeit, eine Pause in der Zeit von 13 bis 14.30 Uhr zu machen – bei einer zu frühen Pause ab 12 Uhr würden Sie auf die noch überdurchschnittlichen Leistungspotenziale des Teams verzichten. Natürlich gelten auch noch andere Faktoren, die die Zeitplanung bestimmen wie Kantinenzeiten, Pausengewohnheiten usw. Hier finden Sie die typische Leistungskurve, die für die meisten Menschen gilt.

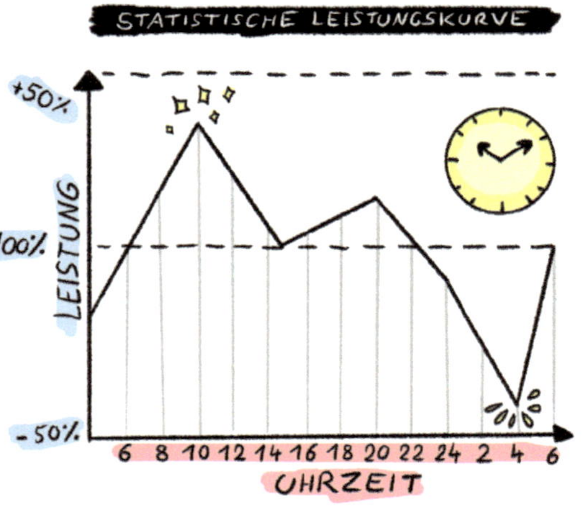

Abb. 38: Statistische Leistungskurve

- **Raum und Ausstattung:** Der Raum selbst hat einen signifikanten Einfluss auf die Arbeitsatmosphäre und damit auch das Ergebnis. So haben Sie in Kapitel 2.2 schon viel über Innovationsräume, Licht und Farben gelesen. Wichtig ist es also, einen Raum zu nutzen, der genug kreative Freiräume zulässt. Ein ausreichend heller Raum möglichst mit Tageslicht und Frischluftzufuhr hat Priorität. Alternativ können Sie für Kleingruppenarbeiten auf geschützte Raumnischen, Kaffeeecken oder andere passende Räumlichkeiten zurückgreifen, die ein entspanntes Arbeiten ermöglichen. Im Sommer und je nach Möglichkeit eignen sich für Kreativarbeiten auch Outdoor-Plätze – zum Beispiel im naheliegenden Park. Weiterhin hilft die folgende Ausstattung, einen inspirierenden Erlebnisraum zu schaffen: bewegliche Möbeln für Kleingruppenarbeiten, Stehtische und Hocker, Visualisierungsmöglichkeiten auf Whiteboards, Flipcharts, Metaplanwänden oder digitale Alternativen.
- **Raumdekoration:** Eine neugierig machende Atmosphäre schaffen Sie zudem mit inspirierender Musik, Deko und Farben. Vor dem Start fröhliche Musik, Gegenstände, die neugierig machen und die Sie auch in einem 3D-Brainstorming nutzen, einladende Flipcharts, die Sie vorbereitet haben, machen einen großen Unterschied zu »normalen Meetings«.
- **Workshoperöffnung:** Für kreative Einstiege in Workshops können Sie eine bunte Auswahl an Postkarten nutzen, um anfangs eine Vorstellungs- oder erste Meinungsrunde zum Ankommen zu machen. Eine Frage kann sein »Wie möchten Sie am Ende diesen Raum verlassen?« oder »Was wäre das genialste Ergebnis für diesen Workshop?« oder auch direkt ein humorvoller Perspektivenwechsel zum kreativen Ankommen: »Was wäre der peinlichste und schlimmste Ausgang dieses Workshops?« Alle dürfen sich dann eine Postkarte aussuchen, um ins Blaue zu assoziieren und kreativ zu erklären, wie das Bild oder der Spruch auf der Karte mit ihrer Antwort zusammenhängt. Bei einer Gruppengröße von zehn Teilnehmern sind 20 bis 40 Karten ideal.

Abb. 39: Kreative Workshop-Übung mit Postkarten

- **»Rulebreaker Tools«:** Quietsche-Entchen oder andere witzige geräuschmachende Gegenstände sind wichtig, um beispielsweise Kritiker auf humorvolle Art in die »Schranken« zu weisen. Denn die Einhaltung der Kreativitätsgebote hat eine großen Anteil am Erfolg des Workshops.
- **Zeitwächter:** Eine gut sichtbare Countdown-Tischuhr unterstützt Sie als Moderator in der Zeitwächter-Funktion (vgl. Kap. 2.1.3). Sie können Sie für sämtliche Kreativitätsmethoden nutzen. Das gibt den Teilnehmern Struktur und unterstützt den kreativen Prozess durch zeitliche Limitierung (vgl. Kap. 2.2.1).
- **SOS-Innovationsboxen:** Falls Sie ganz spontan eine Kreativsession moderieren, wäre es gut, auf unterstützendes Material zurückzugreifen. So könnten Sie in jedem Meetingraum »SOS-Innovationsboxen für Meetings« bereitstellen – Countdown-Tischuhr, Quietsche-Entchen oder auch Postkarten sind ideale Basictools für die Box. Motivieren Sie auch zur regelmäßigen Anwendung. So wird die Anwendung zur Selbstverständlichkeit und unterstützt dabei, Workshops und Meetings kreativer und auch effizienter zu gestalten.
- **Die Abwechslung macht's:** Machen Sie genug Pausen mit Bewegungseinheiten und nutzen Sie zwischen den Methodenanwendungen Aktivierungsübungen, die müde Geister wieder wach machen (vgl. Kap. 5.2). Insbesondere durch körperliche Bewegung könne wir schnell wieder konzentriert und energievoll werden (vgl. Kap. 4.3).

Zeitplan für einen Kreativworkshop

In dem folgenden Praxistipp finden Sie einen beispielhaften Zeitplan für einen mehrstündigen Kreativworkshop. Diesen Fahrplan können Sie direkt einsetzen oder auf Ihre Bedürfnisse hin anpassen. Die Zeiten können variieren, je nach Gruppengröße, Thema und Teamzusammensetzung. Sie sollten daher genügend Pufferzeiten einplanen und flexibel agieren. Also zwischendrin kurze Pause ergänzen oder auch Übungen charmant »abkürzen« oder beschleunigen.

!

Praxistipp: Workshop-Fahrplan für einen halbtägigen Kreativworkshop (180–290 Min.)

1. **Begrüßung und kreativer Einstieg** (20 Min.) z. B. mit der Postkartenübung
2. **Status quo:** Der Moderator präsentiert die aktuelle Situation des Themas, wie zum Beispiel die aktuelle Customer Journey, wenn ein Service optimiert werden soll (10–20 Min.)
3. **Fragestellung formulieren:** Gemeinsam einigen Sie sich auf die konkrete Fragestellung »Wie können wir …?« (15 Min.)
4. **Warm-up-Übung** (10–20 Min.) zur Entfachung des kreativen Feuers wie z. B. Marshmallow Challenge oder die Armwippe
5. **Start der Ideensuche** in kleinen Teams (75–120 Min.) mit der Anwendung von mehreren Methoden, die in den Kleinteams parallel angewendet werden. Nach jeder Kleingruppenarbeit ist es wichtig, die Ideen kurz im Plenum zu präsentieren und sie beispielweise auf Haftklebezetteln auf einer Ideenwand festzuhalten.
   a) Brainwriting (30–40 Min.)
   b) Reizwortmethode (30–40 Min.)
   c) **Konzeptextraktion zur Ideenergänzung** und zum vorherigen Clustern gemeinsam im Plenum (15–30 Min.)
   d) **Pause** (10 Min.)
   e) **Ideenbewertung** zum Beispiel mit Dot-Mocracy (15–20 Min.)
   f) **Ideenvertiefung und Dokumentation** z. B. mit dem Ideensteckbrief und anschließender Präsentation (20–60 Min.)
   g) **Kurzer Abschluss** durch Moderator mit Aussicht und Einigung auf die nächsten Schritte (5 Min.)

Im nächsten Abschnitt finden Sie Auflockerungs- sowie Aktivierungsübungen, die Sie wunderbar in Ihrem Workshop verwenden können. Weiterhin finden Sie in Kapitel 5.5.2 »Walt-Disney-Methode« weitere Infos zum Ablauf und zur Gestaltung von Innovationsworkshops.

5.2 Auflockerungs- und Aktivierungsübungen

Die folgenden kreativen Warm-up-Übungen haben den Zweck, das kreative Feuer bei jedem Einzeln zu entfachen. Alternativ können Sie diese Übungen beispielsweise auch in einem kreativen Workshop zwischendrin als kreative Aktivierungseinheit nutzen.

Es mag sein, dass sich in Workshops der ein oder andere fragt, wozu eine kreative Warm-up-Übung sinnvoll sein sollte. Wozu sollte man jetzt ein Bild malen oder einen Marshmallow-Turm aus Spaghetti bauen, wenn viel wichtigere und dringende Probleme warten? Wir sind es gerade in der heutigen Arbeitswelt gewohnt, effizient zu arbeiten. Durch einen häufig erlebten Zeit- und Erfolgsdruck sollte jede Minute gut investiert sein. Doch mit dem kreativen Arbeiten verhält es sich ähnlich wie mit Pausen. Erst wenn wir nach einer langen und intensiven Arbeitseinheit eine Pause machen, regenerieren wir und haben neue Kräfte und Energien, um wieder loszulegen im Sinne von »Power durch Pausen«. Pausen sind also keine verlorene Zeit, sondern durch sie gewinnen wir am Ende Zeit, da wir nach einer Pause konzentrierter, wacher sind und wesentlich effektiver arbeiten können.

Auch in der Kreativität braucht es solche spielerischen Einheiten, die helfen, die kreativen Denkbahnen zu öffnen und somit in den folgenden Kreativrunden auf neue, kreative Lösungen zu kommen. Es braucht eine spielerische Grundhaltung. Die folgenden Übungen können Sie teilweise alleine oder auch in Teams machen. Einige Übungen sind schriftliche, stille Übungen wie »Malen in Kreisen« (Kap. 5.2.2) oder das »Neun-Punkt-Problem« (Kap. 5.2.3), andere bauen auf Kommunikation und Teamwork wie die Marshmallow Challenge (Kap. 5.2.4). Wiederum andere setzen auf körperliche und geistige Bewegung wie die Armwippe (Kap. 5.2.5) oder die Foto-Performance (Kap. 5.2.7). Schauen Sie einfach, welche der Übungen für Ihre Situation am besten passt und Sie am meisten anspricht.

5.2.1 Menschengroßes A4-Papier

Eine ganz simple Übung, die Sie auch gut zu Beginn einer Kreativitätsrunde machen können, um ein »Out of the box«-Denken zu demonstrieren und erlebbar zu machen. Das Besondere dieser Übung ist, dass Sie kreatives Denken mit Prototypen verbinden. Das liefert auch gleich wichtige Erkenntnisse darüber, wie ein zusätzliches Modellieren bei der Lösungsfindung hilft (vgl. Kap. 5.1.4 »Das Design-Thinking-ABC«). Mit einer anschließenden Reflexion können Sie insgesamt 15 bis 20 Minuten einplanen.

Material

- Schere
- DIN-A4-Papier
- Stifte für jeden Teilnehmer

Übung: Menschengroßes A4-Papier

Jeder im Raum bekommt ein Blatt DIN-A4-Papier und eine Schere. Die Aufgabe lautet, aus diesem Blatt Papier einen Kreis zu schneiden, durch die mindestens zwei Personen durchpassen.

Diese Aufgabe löst zunächst meist Irritationen hervor, denn wie soll es möglich sein, einen menschengroßen Kreis aus einem solchen kleinen A4-Papier zu schneiden?

Lösung

Die Lösung lädt zum Querdenken ein: Sie schneiden einfach eine Spirale von außen nach innen, so dass Sie nachher einen langen Streifen haben, den Sie als Kreis formen können.

5.2.2 Malen in Kreisen

Diese kreative Malübung könnte auch den Titel »Paint statt Pain« tragen. Es ist erstaunlich, wie stark eine solche einfache Übung die Kreativität ankurbelt. Und wie Malen eben kein »Schmerz« sein muss, sondern neben der Aktivierungswirkung auch noch Spaß macht.

Anwendungstipps
Sie können diese Übung allein machen oder auch als Auflockerung in Ihren Teammeetings oder Kreativsessions. Stellen Sie am besten den Timer auf fünf bis zehn Minuten – ein bisschen »Zeitdruck« spornt an. Sie können diese Übung zudem in einer virtuellen Session als kurzen Energizer verwenden.

Material

- Vorlage für Kreise oder ein Blatt Papier
- bunte Stifte

Abb. 40: Vorlage für die Übung »Malen in Kreisen« (→ Arbeitshilfen online)

Übung

Es geht einfach darum, eine Vorlage mit 30 Kreisen zu befüllen – und das natürlich ganz kreativ. Das kann irgendein Gegenstand oder Lebewesen sein, das einen Kreis als Basis hat wie z. B. Sonne, Blume, Kopf usw. Nutzen Sie einfach den Kreis als Basis – der Rest ist frei. Sie können auch mehrere Kreise zu einer Einheit verbinden und zum Beispiel ein Auto visualisieren. Sie werden merken, dass die Übung das kreative Denken anregt und Sie dabei unterstützt, in einen spielerischen Modus zu kommen.

5.2.3 Neun-Punkt-Problem

Mit dieser kurzen Denkübung laden Sie alle Teilnehmer ein, ihr kreatives Feuer zu entfachen und auf diese Weise in einen kreativen Denkmodus zu gelangen. Sie brauchen nur einen Stift und einen Zettel. Sie können diese Übung ganz vielfältig einsetzen: Als Energizer zwischendurch, als Start in eine Kreativsession und sowohl online als auch in Präsenz-Workshops. Probieren Sie es doch gleich selber aus!

Material

- ein Blatt Papier
- Stifte für jeden Teilnehmer

Übung: Neun-Punkt-Problem

Jeder Einzelne oder auch kleine Teams bekommen die Aufgabe, aus neun quadratisch angeordneten Punkten durch vier oder weniger gerade Linien mit einem Stift zu verbinden, ohne diesen abzusetzen.

Abb. 41: Ausgang: Neun-Punkt-Problem (→ Arbeitshilfen online)

Probieren Sie es einfach mal aus, bevor Sie die Lösung bei den Arbeitshilfen online auf mybook.haufe.de nachlesen können.

5.2.4 Teamwork mit der Marshmallow Challenge

Innovationsexperte Peter Skillman – lange Designer bei Palm und Microsoft – war Initiator des Marshmallow-Challenge-Experiments, bei dem er die kreative Herangehensweise von Berufstätigen, Business-Studenten und Kindergarten-Kindern verglich. Vielleicht ahnen Sie es schon: Kinder haben in diesem kreativen Experiment mit einem deutlichen Vorsprung ihre Kreativität bewiesen.

Schauen wir uns das Experiment genauer an, das sie auch in einem Team als Kreativ-Warm-up durchführen können. Für das Experiment planen Sie mit anschließender Reflexion ca. 60 Minuten ein.

Sie können beliebig viele Teams zusammensetzen, die gegeneinander antreten (Tipp: Mindestens drei Personen, max. neun Personen pro Team).

Material

Jedes Team bekommt folgende »Zutaten«:

- ein Meter Kordel
- ein Meter Klebeband
- ein Marshmallow
- 20 rohe Spaghetti

Ablauf

Innerhalb von 18 Minuten haben die Teams nun die Aufgabe, den höchsten freistehenden Turm aus diesen »Zutaten« zu bauen. Dabei muss der Marshmallow auf die Spitze und darf nicht verformt werden. Die Teams können jeweils eine Schere benutzen, um Kordel, Klebeband, Spaghetti bei Bedarf zu zerschneiden oder auch zu zerdrücken. Sie dürfen die Schere jedoch nicht im Bau selbst verwenden.

Erkenntnisse aus diesem Experiment

Als Ergebnis seines Experiments stellte Skillman fest, dass Kinder mit Abstand besser abschnitten. Der Turm ist im Durchschnitt 50 cm hoch. Business-School-Absolventen kommen im Schnitt nur auf 25 cm. CEOs konstruieren im Schnitt 60-cm-Bauwerke. Kindergartenkinder bauen bis zu 75 cm hoch.

Skillman beobachtete zwei Gründe hierfür:

1. Kinder beginnen direkt zu experimentieren und zu bauen, während Erwachsene zunächst die »Machtfragen« klären. Wer ist Chef und darf ansagen usw.
2. Zudem gehen Erwachsene beim Turmbau von unten nach oben vor und merken erst ganz zum Schluss, ob ihre Konstruktion so funktioniert und stehen bleibt. Kinder hingegen fangen beim schweren Marshmallow an und bauen dann langsam herunter. Dadurch können sie direkt eingreifen und das Bauwerk verändern, wenn die Konstruktion nicht mehr hält.

Reflexionsrunde nach der Challenge

Aus dieser Challenge lassen sich auch für den Marketing- bzw. Unternehmensalltag Rückschlüsse ziehen, wie man im Team noch innovativer arbeiten kann. Es lässt sich wunderbar nach einer Challenge mit den Teams reflektieren, was gut funktioniert hat und was die Teams noch besser machen können.

Hier noch einige Anregungen zu möglichen Einsichten aus der Challenge:

- Mehr »machen« und »Learning by Doing« als zu viel theoretisch planen. Denn Kinder sehen am Modell und probieren so lange aus, bis etwas klappt. Erwachsenen fehlt am Ende die Zeit bzw. es wird zu knapp, wenn etwas theoretisch Geplantes nicht aufgeht.
- Prototyping ist angesagt: Es zahlt sich aus, sich von seinem Perfektionismus zu trennen und Prototypen zu kreieren, den Mut zu haben, auch Unfertiges in wesent-

lich kürzerer Zeit zu präsentieren. Denn so spart man Zeit und bekommt schon früher Feedback zu seiner Idee oder seinem Produkt.

- Aus Fehlern lernen: Im konkreten Machen entstehen Fehler, die die Teams unmittelbar voranbringen. Das Fehlermachen zeigt in dieser Übung die positive Kehrseite: Zeit sparen und Fortschritte machen.

!

Video-Tipp

In dem TED-Talk beschreibt Peter Skillman seine Marshmallow-Design-Challenge und nennt einige Ergebnisse.
Siehe: https://www.youtube.com/watch?v=1p5sBzMtB3Q

5.2.5 In Bewegung mit der Armwippe

Diese Technik eignet sich als Auflockerungsübung und ist eine wunderbare Alternative zu Kaffee. Denn sie macht wach und aktiviert beide Gehirnhälften. Sie ist somit genau das Richtige vor einer Kreativsession oder eben als Pause zwischendrin.

Ablauf

1. Zunächst bilden Sie Zweierteams, die sich im ganzen Raum oder, besser, in verschiedenen Räumen verteilen. Sie sollten möglichst etwas Platz und Abstand zu den anderen Teams haben. Denn es kann »lauter« werden.
2. Die beiden Personen wippen dann seitenversetzt im gleichen Takt mit dem Arm. Alleine diese körperliche Bewegung aktiviert die beiden Gehirnhälften.
3. Sie wählen ein Thema Ihrer Wahl. Das kann auch Ihr »Kreativthema« sein oder einfach ein Thema, zu dem jeder etwas beizutragen weiß.
4. Nehmen wir hier beispielsweise einfach Kreativität als Thema. Person 1 startet mit einem Begriff zum Thema, sobald jeweils ein Arm vorne ist. Person 2 assoziiert zu diesem Begriff möglichst schnell ein weiteres Wort und »wippt« es Person 1 wieder zu. Das Assoziierte muss nicht immer Sinn ergeben (auf den ersten Blick), sondern darf auch Spaß machen. In unserem Beispiel könnte eine Assoziationskette wie folgt aussehen:
   Person 1: »Methode«
   Person 2: »Intuitiv«
   Person 1: »Systematisch«
   Person 2: »Bewertung«
   Person 1: »Prozess«
   Person 2: »Auswahl«
   Person 1: »Kriterien«
   usw.

Das Ganze können Sie ein paar Minuten machen – so lange, bis alle wach, frisch und fröhlich sind.

5.2.6 Kreativ-Reise nach Jerusalem

Die »Reise nach Jerusalem« kennen Sie vermutlich noch aus Kindheitstagen. Ein Bewegungsspiel, das zum Wettbewerb und zur Bewegung einlädt und sich abgewandelt auch sehr gut im Meeting einsetzen lässt, um die Kreativität anzukurbeln.

Ablauf

1. Angenommen, Ihr Team besteht aus zwölf Personen – dann stellen Sie zwölf Stühle vorne in zwei Sechserreihen auf, die Stuhlreihen jeweils Rücken an Rücken. Jeder darf sich einen Platz aussuchen.
2. Dann erinnern Sie an die Reise nach Jerusalem und erklären, dass die Teilnehmer nun als kurzweiligen Energizer nun eine Art Kreativitäts-Reise mit Bewegung erleben werden.
3. Auch hier ist Schnelligkeit gefragt und zusätzlich Kreativität. Denn die Teilnehmer bekommen beim Start der Musik eine zusätzliche Aufgabe, die sie erst lösen müssen, bevor sie sich wieder einen der heiß begehrten Plätze sichern.
4. Pro Runde werden ein Stuhl oder auch gleich zwei Stühle reduziert und am Ende wird es einen Gewinner geben, der am schnellsten die Kreativaufgaben gelöst hat. Und letztendlich auch zwölf Gewinner, die wach und meist dopamingeflutet sind. Also die beste Voraussetzung für eine danach folgende Kreativtechnik zu Ihrer Fragestellung.

Hier noch ein paar Impulse zu möglichen Aufgaben, die jeweils ca. eine Minute dauern können:

- Schreibe mindestens zehn Begriffe zum Thema xy auf.
- Besorge Süßigkeiten für alle.
- Trinke ein Glas Wasser.
- Male ein Selbstportrait.
- Erfinde zwei verrückte Namen für Produkt xy und schreibe diese auf.
- Notiere drei Killerphrasen für Kreativität.
- Schreibe drei Erfolgsfaktoren für Kreativität auf.
- Diverse kurze Denksportaufgaben.
- Zwei Ideen, wie unsere Meetings verbessert werden.
- usw.

Sie können diese Übung auch mit relevanten Themen verknüpfen, um die es auch in der Session geht oder die generell nützlich für Ihre Runde sind. Somit bekommen Sie Ideen für mögliche Fragestellungen, Bewegung in die Runde, schaffen Leichtigkeit, Freude und Wachheit für die folgenden Kreativrunden.

5.2.7 Kreative Fotoperformance

Die Fotoperformance ist eine kurzweilige kreative Bewegungseinheit, die Müdigkeit austreibt, Kreativität fördert und auch als Teamübung dienen kann.

Als Moderator oder Prozessverantwortlicher können Sie einfach ein paar witzige und bekannte Bildmotive von bekannten Künstlern oder Prominenten mitbringen. Wichtig ist, dass die Anzahl der Personen in Ihrer Kreativsession der Personenzahl auf den Bildern entspricht.

Angenommen, Sie sind in einem Team von zwölf Personen, dann können Sie beispielsweise drei Bilder mit jeweils vier Personen nutzen oder auch abhängig von der Gruppengröße variieren. Von den Beatles über die Backstreet Boys bis hin zu Politikermotiven können Sie alle Motive nutzen, die sich von den jeweiligen Personen kreativ darstellen lassen.

Ablauf

1. Die Auswahl kann über eine Verlosung stattfinden. Beispielsweise können Sie eine Box mit Süßigkeiten herumreichen, in der Anzahl der Personen mit der Einladung, so dass sich jeder eine aussuchen darf, auch wenn er sie (jetzt) nicht konsumieren möchte. Mit dieser Aktion haben Sie schon die gespannte Aufmerksamkeit und Neugier der meisten Teammitglieder gewonnen.
2. Ganz konkret zum Beispiel für drei Teams à vier Personen: Süßigkeit 1 jeweils viermal, Süßigkeit 2 und 3 ebenfalls je viermal. Sobald jeder sein »süßes Los« gezogen hat, lösen Sie das Ganze auf, so dass sich die Süßigkeitenteams zusammenfinden können. Die drei Teams in unserem Beispiel bekommen dann jeweils ihr Teambild, das Sie vorher den Süßigkeiten zugeordnet und auf die Rückseite geschrieben haben. Zum Beispiel: Süßigkeit 1: Beatles; Süßigkeit 2: Politikerrunde mit Angela Merkel, Horst Seehofer, Markus Söder und Andrea Nahles; Süßigkeit 3: Die Fantastischen Vier.
3. Die Teams haben jeweils drei bis fünf Minuten Zeit, können sich frei bewegen und auch Requisiten nutzen. Sie können auch einen aus dem Team als Fotografen beauftragen oder Sie machen als Moderator die Fotos, die Sie dann zum Beispiel am Ende des Meetings zeigen können, um einen witzigen Abschluss zu haben. Als Erinnerung könnten die Fotos ins Protokoll genommen werden.

Mit dieser kurzen Aktivierungseinheit ermöglichen Sie gleichzeitig auch eine Mischung im Team für eine »spaßige« Übung. Das hat ebenfalls einen positiven Effekt auf eine folgende Kreativsession. Und durch die Bewegung und den vorprogrammierten Spaß tanken alle Energie für die kommenden Kreativsessions.

5.3 Intuitiv-fantasieanregende Kreativitätstechniken

Wie wichtig spielerisches und divergentes Denken für Innovationserfolge sind, haben wir bereits an mehreren Stellen in diesem Buch beleuchtet (vgl. Kap. 1.4.1 »Divergierendes Denken«). Um diesem Erfolgsprinzip einer spielerischen Strategie Rechnung zu tragen, können Sie gezielt die folgenden intuitiv-fantasieanregenden Kreativitätstechniken in der Ideenfindungsphase (vgl. Kap. 5.1.3 »Der Kreativitätsprozess«) nutzen. Alle diese Tools setzen auf unsere Intuition und nicht in erster Linie auf den Verstand. Sie werden auch chaotische Methoden genannt, was schon viel über sie aussagt. Alle fordern und fördern das freie »chaotische« Assoziieren – das Sortieren und Ordnen spielt hier noch keine Rolle. Die Vorstellungskraft oder Fantasie hingegen ist bei diesen Methoden sehr bedeutend (vgl. Kap. 4.5). Hier gilt es, dranzubleiben und auch ungewohnte vermeintliche Umwege zuzulassen, denn sie sind in Wahrheit eine Abkürzung, die am Ende des Prozesses Zeit spart. Das bedeutet: Logik, kritische Gedanken und damit auch die Einschränkung von Ideen durch Fragen ihrer Umsetzbarkeit, der Realitätsferne oder den Kosten werden zunächst bewusst zurückgestellt. Diese Kriterien brauchen Sie zu einem späteren Zeitpunkt der Ideenbewertung (vgl. Kap. 5.1.3 und 5.6).

Die intuitiven Methoden machen von zufälligen Anregungen Gebrauch wie Gegenständen im 3D-Brainstorming oder auch Zufallsbegriffen oder Bildern in der Reizwortmethode. Zu jeder Methode finden Sie hilfreiche Tipps und weitere praktische Impulse auch für den Einsatz in virtuellen Räumen.

5.3.1 3D-Brainstorming zum Begreifen

Diese Methode, die von Christiane Friedemann und Andreas Steinle (Friedemann, 2014) vom Zukunftsinstitut entwickelt wurde, setzt auf Gegenstände zum Anfassen – also auf taktile Reize durch das wortwörtliche »Befassen« mit den Gegenständen. Sie hat das Ziel, noch mehr Kreativität freizusetzen. Das 3D-Brainstorming unterstützt uns somit dabei, unübliche Denkpfade zu erkunden und zu entdecken.

Anwendungstipps

Die Methode ist in der Ideenfindungsphase sehr gut geeignet. Sie kombiniert auch »leise« mit »lauten« Phasen (vgl. Kap. 3.1.10). Anfangs sammelt jeder Teilnehmer schriftlich für sich Ideen mithilfe eines Gegenstandes und danach tauschen sich alle Teilnehmer im Plenum aus. Die Teilnehmerzahl sollte zwischen mindestens vier und maximal acht liegen, jeweils plus Moderator. Bei einer größeren Teilnehmerzahl ist es sinnvoll, mehrere Teams zu formen.

Besonderheit	Einsatztipp	leise Elemente (schriftlich)	laute Elemente (mündlich)	Alleine	Im Team	Online geeignet	Typische Einsatzgebiete im Marketing
Universalwaffe mit taktilen Reizen, Alternative zu Brainstorming	Hohe Themenflexibilität, besonders geeignet, um Ideensuchende an Alternativen zu Brainstorming heranzuführen	x	x	x	x	x	Werbung, Namensfindung, Kundenprozesse, Produktentwicklungen, Logo-Entwicklung, Verbesserungen

Überblick zur Brainstorming-Methode

Material

- Gegenstände und Box: Jeder aus dem Team bringt für dieses besondere Brainstorming einfach Gegenstände mit, die er spannend oder inspirierend findet. Das können Gegenstände aus dem Büro, aus dem Kinderzimmer oder dem privaten Leben sein. Gerne auch seltsame Dinge. Wichtig ist es, eine große Auswahl zu haben und diese auch von Session zu Session zu variieren. Alle Gegenstände können Sie zum Beispiel in eine große Tüte oder einen Karton zur Kreativsession mitbringen.
- Stifte
- Haftnotizzettel
- Flipchart oder Metaplanwand

Ablauf

1. Als Erstes bestimmen Sie gemeinsam im Team die Fragestellung zu Ihrem Thema.
2. Diese hält ein Moderator zentral für alle sichtbar schriftlich fest, zum Beispiel auf einem Flipchart oder einer Metaplanwand, ganz gleich ob auf analogen oder digitalen Wänden.
3. Jeder Teilnehmer bekommt nun einen Fragenkatalog, der bei der freien Ideenfindung hilft und die Ideensuchenden durch den Prozess begleitet.
4. Jeder Teilnehmer nimmt nun einen Gegenstand aus der Box, der ihn intuitiv in Bezug auf die Fragestellung anspricht. Welcher Gegenstand könnte ihm helfen, Ideen zu finden? Aus Moderatorensicht ist es wichtig zu betonen, dass es keine rationale Wahl ist, sondern der Bauch bzw. das Gefühl die Wahl dominieren soll, auch wenn es rational – noch – keinen Sinn macht. Eine enge Begleitung durch den Moderator ist hier sehr wichtig, damit die Teilnehmer diesem »komischen Vorgehen« vertrauen. Auch rationale Gründe können helfen, den einen oder anderen Skeptiker zu überzeugen oder mitzunehmen.

5. Jeder Teilnehmer bekommt zunächst zehn Minuten Zeit, die folgenden Fragen für sich selbst zu beantworten:
   a) Mein Gegenstand ist …
   b) Welche emotionalen Qualitäten hat der Gegenstand?
   c) Welche rationalen Qualitäten hat der Gegenstand?
      Rationale Qualitäten: Stabilität, Gleichmäßigkeit, Vorwärtskommen …
   d) Der Gegenstand hilft beim Thema, weil …
   e) Wenn dieser Gegenstand ab morgen eine Millionen Mal in unserem Unternehmen (oder unserer Zielgruppe) wäre, …
6. Im Anschluss trägt jeder kurz in ca. drei bis fünf Minuten seine Ergebnisse vor. Danach diskutiert das Team die Ergebnisse mit Unterstützung des begleitendes Moderators. Ideen werden dabei im Prozess einfach auf Haftnotizzetteln oder Ähnliches festgehalten und auf dem Flipchart gesammelt.

Beispiel: 3D-Brainstorming !

Schauen wir uns das an der beispielhaften Frage an, wie wir neue Kunden gewinnen können. Wir nehmen an, jemand hat eine gelbe Kerze als Gegenstand – so könnte sein schriftliches 3D-Brainstorming aussehen:

- Mein Gegenstand ist …
  Eine gelbe Kerze
- Welche emotionale Qualitäten hat der Gegenstand?
  Wärme, Geborgenheit, gemütliche Stimmung, Romantik, Sonne, für etwas brennen, Aufmerksamkeit
- Welche rationalen Qualitäten hat der Gegenstand?
  Spendet Licht, Alternative bei Stromausfall, flexibler Wachs zum Kneten und Basteln, gelb macht gute Laune
- Der Gegenstand hilft beim Thema, weil wir unseren potenziellen Kunden Wärme, Nähe und Vertrauen vermitteln sollten, damit sie sich zu uns hingezogen fühlen. Zudem sind wir das Licht bzw. die Lösung am Ende eines langen Tunnels. Wir sind die Lösungsfinder für alle Probleme unseres Kunden. Und wir sind flexibel und formen individuelle Lösungen. Und bei allem ist Humor und gute Laune wichtig, denn damit wird alles leichter für den Kunden und für uns. Und wenn wir alle für unsere Produkte brennen, dann transportieren wir diese Leidenschaft auch zum Kunden.
- Wenn dieser Gegenstand ab morgen eine Millionen Mal in unserem Unternehmen wäre …, dann würde die ganze Welt auf uns aufmerksam werden, weil wir am Produkthimmel strahlen. Wir würden Kunden anziehen, die auf besonderen Service setzen und sich nicht mehr die Laune von anderen Callcentern und schlechtem Service vermiesen wollen. Wir setzen alles dran, dass wir selber von unseren Produkten und unserem Service überzeugt sind und alle dafür brennen.

Durch die unterschiedlichen Gegenstände bringt jeder Teilnehmer ganz andere Aspekte und Ideenansätze ein. Und das wiederum inspiriert zu einer Vielfalt an Ideen. Vertrauen Sie dabei auf den Prozess. Nach den zehn Minuten »Einzelbrainstorming«

haben Sie noch keine fertigen Maßnahmen entwickelt, sondern jeder Teilnehmer hat erste Ideenansätze, die sich anschließend in der Gruppe zu konkreteren Ideen entwickeln lassen.

Praxistipp: Methodenvariation

Sie können auch die Fragen ein wenig variieren. So könnten Sie zum Beispiel »nur« die Gegenstände nutzen und sich hierzu jeweils überlegen, was Sie mit dem Gegenstand verbinden – emotional sowie rational – und diese Assoziationen dann auf Ihre Fragestellung übertragen. Folgen Sie Ihrem Gefühl und probieren Sie einfach aus, was für Sie gut passt.

Tipps zur Umsetzung in virtuellen Kreativsessions

Das 3D-Brainstorming lässt sich, leicht modifiziert, auch in einer virtuellen Kreativsession durchführen. Dazu lädt der Moderator ein, spontan »inspirierende Gegenstände« aus dem eigenen Haushalt zu nutzen, damit jeder Teilnehmer diese auch wirklich in den Händen halten kann. Der weitere Ablauf bleibt gleich. Auch Kleingruppenarbeiten lassen sich virtuell in Break-out-Rooms gut umsetzen.

5.3.2 Brainwalking für bewegte Ideen

Diese Technik ist eine besondere Version des klassischen Brainstormings. Sie kombiniert Bewegung, Perspektivenwechsel mit der Arbeit in kleinen Teams. Somit nutzt sie wichtige Erfolgsfaktoren, die Sie in Kapitel 2.2 kennengelernt haben.

Durch die Bewegung bringt diese Methode Schwung in Kreativsessions und hilft, Ideen zu generieren. Durch die Aufteilung in kleinen Teams kommen – im Vergleich zu großen Runden – auch stillere Menschen mehr zu Wort. Zudem hilft sie, dass Ideen anderer weiterentwickelt werden: Jeder wird eingeladen, auch andere Perspektiven zu entdecken.

Anwendungstipps

Die Methode eignet sich ebenfalls in der Ideenfindungsphase und ist als Abwandlung des klassischen Brainstormings für viele leicht und ohne viel Übung umzusetzen. Doch ist es hier wichtig, durch die Kleingruppenarbeit als Moderator verstärkt in allen Gruppen auf die Einhaltung der Kreativitätsregeln zu achten. Hier hat es sich bewährt, dass ein Moderator dies nochmals vor und auch während der Ideenphasen betont und die Einhaltung der Regeln überwacht. Alternativ kann dazu auch jeweils ein Beauftragter aus der Gruppe bestimmt werden.

Für diese Technik ist es sinnvoll, mindestens neun Teilnehmer zu haben, die Sie dann auf drei Teams aufteilen können. Pro Kleinteam drei bis vier Personen und je nach Anzahl der Fragestellungen drei bis fünf Teams.

Besonderheit	Einsatztipp	leise Elemente (schriftlich)	laute Elemente (mündlich)	Alleine	Im Team	Online geeignet	Typische Einsatzgebiete im Marketing
Bewegte Universalwaffe, besonders geeignet, um Ideensuchende wach und aktiv zu halten	Hohe Themenflexibilität, sehr gut geeignet, um Ideensuchende an Alterativen zum Brainstorming heranzuführen		x		x		Werbung, Namensfindung, Kundenprozesse, Produktentwicklungen, Logo-Entwicklung, Verbesserungen

Überblick zur Brainwalking-Methode

Material

- drei bis fünf Flipcharts, Metaplanwände oder einfach Wände oder irgendetwas anderes zum Befestigen von Flipchartpapier
- Stifte

Ablauf

Auch bei dieser Technik steht am Anfang die Fragestellung, auf die Sie sich im Team einigen. Diese Kernfragestellung unterteilen Sie wiederum in unterschiedliche, für Sie wichtige Teilfragen. Und diese Teilfragen halten Sie jeweils auf Flipcharts oder Metaplanwänden fest und verteilen Sie im Raum oder an dem Ort, wo Sie das Brainwalking stattfinden lassen – auch gerne draußen »auf der grünen Wiese«.

So könnte sich beispielsweise zu der Fragestellung »Wie können wir unsere Meetingkultur optimieren?« die folgenden Teilaspekte ergeben:

1. Was kann das Unternehmen tun?
2. Was kann jeder aus dem Team tun?
3. Was wäre »großes Kino«?
4. Was sollten wir machen, damit es schlimmer wird?

Die Teilnehmer ziehen einfach eine Nummer (hier 1 bis 4) und starten dann nach dem Zufallsprinzip mit ihrem Kleinteam an dem entsprechenden Flipchart. Dort beginnen sie einfach, alle Einfälle aufzuschreiben und sich in der Gruppe gegenseitig zu inspirieren.

Nach einer gewissen Zeit von ca. fünf bis zehn Minuten (je nach Fragestellung) wechseln die Kleingruppen zum nächsten Flipchart und bleiben so auch in Bewegung. Der Organismus wird bzw. bleibt wach und die Bewegung gelangt auch nachweislich in den Kopf (vgl. Kap. 2.2.7).

Die ungewohnte Umgebung kann die Kreativität ebenfalls befeuern und lässt neue Perspektiven zu. Die Gruppen assoziieren an den neuen Standorten zu den bestehenden Ideen und können sie so weiterentwickeln und auch ergänzen.

5.3.3 Schriftliche Ideenentwicklung mit dem 635-Brainwriting

Die Brainwriting-Methode existiert in zahlreichen Varianten. Alle haben gemeinsam, dass sie schriftliche »Einzelarbeit« mit einem anschließenden Ideenaustausch untereinander kombinieren. Sie finden hier zwei Varianten des Brainwritings: zum einen den klassischen Ansatz und zum anderen einen etwas flexibleren Ideenpool-Ansatz. Lassen Sie sich einfach inspirieren und prüfen Sie, welche Variante besser für Ihre Zwecke passt.

Mit beiden Varianten können Sie insbesondere die kreativen Potenziale von leisen Menschen nutzen (vgl. Kap. 3.1.10). Denn sobald Wortführer und lautstarke Menschen das Brainstorming dominieren, ziehen sich introvertierte Menschen eher zurück. Mit dieser schriftlichen Brainwriting-Methode bringen die Teilnehmer ihre konkreten Ideen zu einer Fragestellung erst zu Papier, bevor in der Runde über die Ideen gesprochen wird. Somit bekommen alle zarten Ideen-Pflänzchen eine Chance, gelesen und anschließend diskutiert zu werden.

Ein weiterer Vorteil der Methode besteht darin, dass die Teilnehmer eingeladen sind bzw. durch die Methodik angehalten sind, sich auch mit den Ideen der anderen zu beschäftigen. Nach meiner Erfahrung sagen Teilnehmer immer wieder, dass diese Beschäftigung überraschend positiv war. Und eine weitere Kreativitätsregel wird dabei insbesondere unterstützt: Ideen werden weiterentwickelt und damit immer weiter verbessert.

Anwendungstipps

Die Methode eignet sich sehr gut am Anfang eines Kreativprozesses. Sie können sie nutzen, um viele Ideen in sehr kurzer Zeit zu gewinnen. Sie können sie zudem anwenden, um Ideen zu konkretisieren. Die Methode ist also vielseitig einsetzbar – für Produktneuentwicklungen, die Neuentwicklung oder Optimierung von Werbekampagnen, Slogans oder für andere Zwecke.

Sie brauchen auch für diese Übung mindestens vier Teilnehmer – bei größeren Gruppen können Sie wunderbar in Kleinteams von maximal sechs Personen arbeiten.

Besonderheit	Einsatztipp	Leise Elemente (schriftlich)	Laute Elemente (mündlich)	Alleine	Im Team	Online geeignet	Typische Einsatzgebiete im Marketing
Leise Universalwaffe, die das Potenzial leiser Menschen nutzt und zum Aufbau auf den Ideen anderer einlädt	Hohe Themenflexibilität, besonders geeignet, um Ideensuchende an Alternativen zum Brainstorming heranzuführen	x			x		Werbung, Namensfindung, Kundenprozesse, Produktentwicklungen, Logo-Entwicklung, Verbesserungen

Überblick zum 635-Brainwriting

Material für beide Varianten

- Stift für jeden Teilnehmer
- Arbeitsblatt für das Ideenpool-Brainwriting oder Arbeitsblatt für das klassische Brainwriting (siehe Online-Arbeitshilfen)
- Haftnotizzettel
- Flipchartstifte
- Flipchart, Metaplanwand oder andere große beschreibbare Fläche

a) Die klassische 635-Variante

Der klassische Ansatz beschreibt die Methode wie folgt:

- sechs Personen
- drei Ideen pro Person und Runde
- fünf Minuten pro Runde

Sechs Personen entwickeln in ihrem Team schriftlich Ideen zu der gewählten Fragestellung. Die klassische Runde sieht vor, dass jeder aus der Gruppe auf einem Blatt Papier jeweils drei Ideen zu der Fragestellung aufschreibt und sich hierfür fünf Minuten Zeit nimmt.

Für den Ablauf in der Praxis empfehle ich, diese Zahlen an die eigenen Bedürfnisse anzupassen und somit auch mit der Methodik selbst kreativ umzugehen. Denn fünf Minuten können erfahrungsgemäß sehr lang sein und Wartezeiten können die Produktivität und Motivation der Teilnehmer verringern. Der richtige Zeitpunkt liegt je nach Fragestellung bei einer bis maximal fünf Minuten.

Jeder kann drei Ideen aufschreiben, aber vielleicht gelingt das auch nicht immer. Zudem sollten es erfahrungsgemäß mindestens drei oder vier Teilnehmer und maximal sechs sein.

Abb. 42: Die klassische 635-Methode

So sieht eine klassische 635-Vorlage aus.

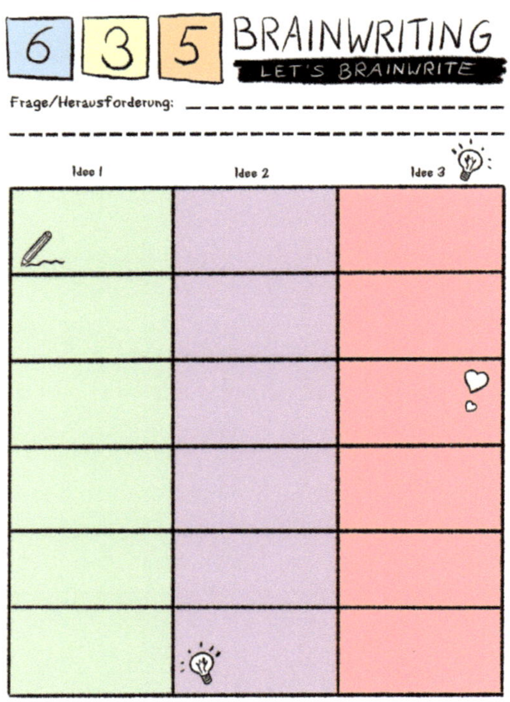

Abb. 43: Die 635-Methode (Vorlage) (→ Arbeitshilfen online)

Ablauf der klassischen 635-Variante

1. Jeder Teilnehmer bekommt jeweils eine Vorlage und einen Stift. Die Gruppe hat sich zuvor auf die Fragestellung und auch die Minutenanzahl geeinigt.
2. Nach Ablauf der Zeit (ein bis fünf Minuten) gibt jeder sein Ideenblatt an seinen Nachbarn weiter. Jeder bekommt also ein neues Ideenblatt von seinem rechten Nachbarn und gibt seine eigenen verschriftlichten Ansätze an den linken Nachbarn weiter.
3. Als Nächstes liest jeder die kreativen Ansätze und hat dann die Möglichkeit, diese weiterzuentwickeln, also konkrete Assoziationen aufzuschreiben, die einem zu den Vorgängerideen einfallen.
4. Nach diesem Prinzip läuft dieser kreative Prozess so weiter, bis jeder am Ende der sechs Runden (bei sechs Teilnehmern) sein Ursprungsblatt zurückbekommt.
5. Dann folgt der gemeinsame Austausch- und Sortierprozess, um aus diesen bis zu 108 Ideen (3 x 6 x 6) die besten herauszufiltern und auch ein gemeinsames Verständnis zu den einzelnen Ideen zu bekommen.
6. So könnte jeder kurz die Ideen auf seinem Zettel vorstellen. Gemeinsam kann die Gruppe dann entscheiden, welche Ideen weiterkommen, und diese dann für den weiteren Prozess auf Haftnotizzetteln festhalten. Dopplungen werden dabei herausgenommen. Allzu strenge Bewertungen sind an dieser Stelle nicht empfehlenswert, denn dann läuft man Gefahr, zarte Ideen-Pflänzchen zu zerstören und auch den Ideengeber zu frustrieren. Denn nach meiner Erfahrung können Ideen im weiteren Prozess noch an Fahrt aufnehmen und Kritikpunkte können anders gelöst werden.

b) Die Ideenpool-Variante

In der klassischen Variante kann es leichter passieren, dass bei dem einen oder anderen Ideensuchenden Zeitstress aufkommt – genauso wie wir zu Schulzeiten für unsere Klassenarbeiten und Klausuren unterschiedlich lange gebraucht haben und jeder eine andere Zeit für die gleiche Aufgabe benötigt hat, so kann es auch hier zu einem unterschiedlichen Tempo kommen. Der eine hält viele Details fest und nimmt sich mehr Zeit, der Nächste hält es in einer kürzeren Zeit und mit weniger Worten fest. Die Lösung besteht darin, einen Ideenpool in der Mitte der Gruppe zu bilden. Sobald jemand eine Idee weiterentwickelt hat, gibt er das Blatt in diesen Pool, so dass jeder, der gerade »Freilauf« hat, zugreifen kann.

Ablauf der Ideenpool-Variante

1. Kleingruppen bis maximal sechs Personen bilden
2. Jeder bekommt drei Blätter mit sechs »Glühbirnen« (siehe Abb. 44) und schreibt auf jedes der drei Blätter jeweils in die erste »Glühbirne« eine Idee zu einer gemeinsamen Fragestellung auf.

Abb. 44: Das Ideenpool-Brainwriting (Vorlage) (→ Arbeitshilfen online)

3. Das Blatt wird dann im Uhrzeigersinn weitergeben. Alternativ legen Sie die beschriebenen Blätter einfach in die Mitte als eine Art Ideenpool.
4. Dann nehmen Sie einfach ein neues Blatt aus dem Ideenpool oder entsprechend das Blatt des Nachbarn, lesen die Idee, lassen sich inspirieren »spinnen« die Idee weiter. Das notieren Sie in der nächsten freien »Glühbirne«.
5. In Ihrem Team »brainwriten« Sie einfach weiter, bis die Blätter gefüllt sind oder »die Luft raus ist«.
6. Am Ende durchmischen Sie alle Ideenblätter und jeder bekommt drei Blätter.
7. Danach sichten Sie im Team gemeinsam die Ideen, werfen Dopplungen raus und halten möglichst viele Ideen fest, beispielweise auf Haftnotizzetteln, mit denen Sie dann Ihre Ideenwand befüllen können.

Abb. 45: Ideenpool-Brainwriting (Ablauf) (→ Arbeitshilfen online)

Praxistipps für beide Brainwriting-Varianten

!

Den folgenden praktischen Herausforderungen, die sich häufig zeigen, können Sie als Moderator auch gezielt vorbeugen.

- Die bekannte Regel »Wenn's am besten schmeckt, sollte man aufhören«, lässt sich auch auf diese Methodik wunderbar anwenden. Noch bevor die Stimmung in der Ideenfindungsphase kippt, weil der Kopf raucht und keine Ideen mehr aufs Papier wollen, sollte der Moderator zum nächsten Schritt der gemeinsamen Sortierung einladen. Auch wenn noch nicht alle Zettel – gilt für beide Varianten – voll sind. Sobald die Gruppe aus dem Flow kommt, einfach mutig stoppen. In vielen Prozessen entstehen bei dem folgenden Sortier- und Übersichtsprozess sogar weitere Ideen und ein gemeinsames Verständnis kann auch geschaffen werden.
- Teilnehmer kritisieren, dass sich Ideen wiederholen und sich ähnlich sind. Hier hilft es, zu Beginn anzumoderieren, dass das normal und auch gut ist, und die Teilnehmer zu motivieren, die kleinen Unterschiede herausarbeiten und damit den Fokus auf die Unterschiede zu lenken.

- Teilweise stressen sich Ideensuchende, wenn ihnen keine Weiterentwicklung einfällt. Auch hier kann ein Moderator den Druck rausnehmen. Weiterentwicklung heißt nicht die Vorgängeridee zu übertreffen, sondern seine Assoziation festzuhalten. Auch wenn einem nichts zu einer Idee einfällt, ist das völlig ok. Einfach das Feld frei lassen oder eine andere Idee festhalten.
- Auch ist es möglich, dass sich insbesondere bei der klassischen Methode, Schamgefühle, Sorge oder Angst zeigen, weil man glaubt, selber keine guten Ideen zu haben. Der direkte Nachbar muss ja alles lesen. Der Moderator sollte dem vorbeugen und das einfach vorab kurz thematisieren. Es gibt keine schlechten Ideen. Ideen können hier noch nicht ausgereift sein. Aber sie können ein Hilfsmittel für die weitere Inspiration sein. Darüber hinaus hilft hier auch der Vergleich mit einem Wissenschaftler und seiner Arbeit. Wissenschaftler haben viele Ideen, bevor sie mit der einen den Durchbruch feiern. Vielen Teilnehmern hilft der Prozess des Sortierens, um zu erkennen, dass ihre Ideen Anklang finden.

5.3.4 Brainswarming als Alternative zum Brainstorming

Nur um zwei Buchstaben weicht der Name »Brainswarming« von der bekanntesten Kreativitätsmethode »Brainstorming« ab, aber methodisch unterscheiden sie sich deutlich voneinander. Tony McCaffrey entwickelte das Brainswarming, um die Nachteile des klassischen Brainstorming aufzufangen: insbesondere den Nachteil, dass extrovertierte Teilnehmer das Brainstorming dominieren und damit die Ideen von leiseren Menschen untergehen oder gar nicht erst zu Wort kommen.

Wie auch die 635-Methode greift die Methode daher auf das Prinzip der Schriftlichkeit zurück, ist jedoch anders als die 635-Methode nicht auf eine schriftliche Weiterentwicklung der Ideen fokussiert, sondern gibt den Teilnehmern Freiraum, sich zunächst auf ihre eigenen Ideen zu konzentrieren. Und die Teilnehmer sind im Vergleich zum Brainstorming gefordert, ihre Idee möglichst präzise zu formulieren, da sie auf einen großen Klebezettel passen muss. Das diszipliniert schon im Ansatz, über die eigene Idee gründlich nachzudenken. Eine Verknüpfung aller schriftlichen Ideen erfolgt im späteren Verlauf im Plenum.

Dauer
Je nach Teilnehmer und Thema 20 Minuten bis eine Stunde

Material
- große Klebezettel für alle Teilnehmer
- Flipchartstifte oder Filzmarker für alle Teilnehmer (wichtig für ein Fotoprotokoll)
- Pinnwand

Anwendungstipps
Die Methode Brainswarming eignet sich sehr gut als wertvolle Alternative für ein klassisches Brainstorming. Sie ist insbesondere auch für ungeübte Teams bzw. als erste neue Kreativitätstechnik zu empfehlen, da sie einfach umzusetzen ist und manche Teilnehmer eine prozessuale Ähnlichkeit zum Brainstorming schätzen.

Die Methode hat auch den Vorteil, dass an ihr zeitversetzt gearbeitet werden kann: Teilnehmer können in einer vorgegebenen Zeitspanne Ideen ergänzen, ohne dies direkt und auf Knopfdruck im Meeting machen zu müssen.

Sie eignet sich zum Finden, Verbessern und Konkretisieren von Ideen und ist auch für viele Themen einsetzbar – eine Universalwunderwaffe. Sie empfiehlt sich für Teams von vier bis zehn Personen.

Besonderheit	Einsatztipp	leise Elemente (schriftlich)	laute Elemente (mündlich)	Alleine	Im Team	Online geeignet	Typische Einsatzgebiete im Marketing
Leise Universalwaffe, die das Potenzial leiser Menschen nutzt	Hohe Themenflexibilität, sehr gut geeignet, um Ideensuchende an Alterativen zum Brainstorming heranzuführen	x			x	x	Werbung, Namensfindung, Kundenprozesse, Produktentwicklungen, Logo-Entwicklung, Verbesserungen

Überblick zur Brainswarming-Methode

Ablauf

1. Auch bei dieser Methode empfiehlt es sich, vorbereitend einen möglichst großen Raum zu suchen, damit die Teilnehmer genug Platz haben, um sich im Raum zu verteilen, sich bewegen und in Ruhe ihre Ideen notieren können.
2. Ein Moderator gibt einen Überblick über die Methode, weist auf die Vorteile im Vergleich zur großen Schwester Brainstorming hin und sensibilisiert die Teilnehmer auf die Einhaltung der Kreativitätsregeln.
3. Die Gruppe einigt sich gemeinsam mit dem Moderator auf die Fragestellung und dann geht's los mit der eigentlichen Methode.
4. Zunächst bekommen die Teilnehmer ausreichend Zeit – i. d. R. 15 bis 30 Minuten –, um ihre Ideen für sich selbst in Ruhe zu entwickeln und auf große Klebezettel aufzuschreiben. Und das am besten mit einem Filzmarker, damit die Ideen auch im Fotoprotokoll lesbar sind. Sie können auch kleinere und leise Gespräche in Kleingruppen zulassen. Das kann kommunikative Menschen in ihrer Ideenfindung för-

dern, sollte aber andere durch eine minimale Lautstärke möglichst nicht stören. Bestenfalls nutzen Sie für diese Ideenphase gleich mehrere Räume, einen Platz draußen vor dem Büro, den Flur oder was sich eben anbietet.

5. Anschließend kann jeder Teilnehmer seine Klebezettel vorne an eine Ideenwand kleben.
6. Im nächsten Schritt geht der Moderator gemeinsam mit der Gruppe die Ideenvielfalt durch und lädt die Gruppe ein, mögliche Cluster zu finden und die Ideen miteinander zu verknüpfen. Optional könnten Sie diese Cluster auch durch entsprechende Farben markieren – das schafft einen noch besseren Überblick. Insbesondere, wenn Sie sich entschließen, den Ideenprozess auch nach der Kreativsession offen zu lassen, haben alle Beteiligten die Möglichkeit, bis zu einem gewissen Zeitpunkt die Ideenwand noch zu ergänzen und die eigenen Ideen oder die der anderen weiterzuentwickeln. In diesem Schritt ist es ratsam, dass der Moderator die stilleren Teilnehmer auch zur Diskussion ermutigt, damit die Extrovertierten die Clusterfindung nicht dominieren.
7. Mit der »finalen Ideenwand« können Sie entweder weitere Techniken anschließen, um neue Ideen zu generieren, oder auch ein Bewertungstool einsetzen, um ein Ranking der Ideen zu bekommen und weiter in die Umsetzung gehen zu können. Eine geheime und demokratische Abstimmung ist beispielweise mit der Dot-Mocracy Methode (Kap. 5.6.2) möglich.

!

Tipps zur Umsetzung in virtuellen Kreativsessions

Dieses »leise« Brainstorming ist prädestiniert für virtuelle Kreativsessions. Die Teilnehmer machen während der leisen Phase der Ideenfindung einfach Ihr Video und den Ton aus. Dann können Sie sich auch frei in Ihrer analogen Welt bewegen, um Ideen schriftlich zu sammeln – das geht auf einem Notizzettel oder digital. Der Moderator bleibt online für mögliche Fragen der Ideensuchenden. Nach der leisen Phase können Sie ein digitales Whiteboard nutzen, um die Ideen der Einzelnen für alle sichtbar zu machen und dann in den weiteren Prozess des Clusterns und Austauschs einzusteigen.

5.3.5 Mindmapping als Landkarte der Gedanken

Vielleicht haben Sie ja bereits eine Mindmap zu den Erfolgsfaktoren bzw. zur Vermeidung von Kreativitätskillern erstellt (vgl. Kap. 2.2.13). Mindmapping – auch »Denkzeichnen« genannt – ist eine vielseitig einsetzbare Methode, die mit wenig Aufwand dabei hilft, einen Überblick über ein Problem, ein kompliziertes Thema oder auch bisherige Lösungsansätze zu gewinnen. Mit dieser Landkarte der Gedanken können Sie eine Struktur für ein Thema oder auch Problem entwickeln und sichtbar machen. Die Mindmap ist jedoch nicht immer selbsterklärend, da sie das Thema auf einzelne Begriffe reduziert.

Dauer
Die Erstellung einer Mindmap dauert je nach Thema 20 Minuten oder auch länger.

Anwendungstipps
Diese Technik eignet sich insbesondere zum Sortieren, Strukturieren und Visualisieren verschiedener Inhalte. Sie können sie alleine anwenden oder auch im Team. Ebenso ließe sich mithilfe einer Mindmap ein Protokoll anfertigen.

Die Technik ist hingegen nicht für die Ideenfindung geeignet, da durch das Strukturieren eine Wertung stattfindet – und das ist im Prozess der Ideengewinnung nicht zielführend. Auch für Prozesse, in denen eine bestimmte Reihenfolge eingehalten werden muss, ist die Technik nicht zu empfehlen. Sonst eignet sie sich für eine Vielzahl an möglichen Themen – wie zum Beispiel Kampagnenthemen, die Darstellung von Zielgruppen oder Kanälen.

Besonderheit	Einsatztipp	leise Elemente (schriftlich)	laute Elemente (mündlich)	Alleine	Im Team	Online geeignet	Typische Einsatzgebiete im Marketing
Strukturierung und Sortierungstool, nicht geeignet zur Ideenfindung	Protokoll anfertigen oder allgemein Übersicht verschaffen		x	x	x	x	Überblick verschaffen und Ideen sortieren

Überblick zur Mindmapping-Methode

Material
Stifte und Papier oder digitale Alternativen

Ablauf
1. Nehmen Sie ein großes unliniertes Blatt quer vor sich. Dabei ist es hilfreich, sich nicht durch das Din-A4-Format einzuschränken, sondern größere Formate zu nutzen.
2. Finden Sie einen Schlüsselbegriff zu Ihrem Thema, den Sie in die Mitte des Blatts schreiben.
3. Es ist hilfreich, mit Symbolen oder Icons und generell mit Farben zu arbeiten. Das macht es dem Gehirn einfacher, zu lernen, sich zu erinnern und Ideen hervorzubringen.
4. Sammeln Sie dann Schlüsselbegriffe zu Ihrem Thema und schreiben Sie diese um den zentralen Begriff herum. Diese Begriffe können Sie dann mit dem zentralen Begriff durch Linien verbinden: Das sind die Hauptzweige Ihrer Mindmap. Auch hier können Sie eine Zeichnung ergänzen.

5. Nun können Sie weitere Zweige ergänzen, also Unterpunkte zu den jeweiligen Hauptästen und wiederum Unterpunkte als weitere Gedankenebenen ergänzen. Mit einer unterschiedlichen Linienstärke für Hauptzweige und Unterzweige lassen sich die Ebenen zusätzlich visuell unterscheiden. Auch durch unterschiedliche Rahmenformen können Sie die Ebenen sichtbar machen – nutzen Sie zum Beispiel eine Wolke in der Mitte, ovalförmige für die erste und eckige für die zweite Unterebene.

Praxistipp

Es kann vorkommen, dass Sie beim Erstellen Ihrer Mindmap in Platznot geraten: Dabei hilft es, mit Haftnotizzetteln zu arbeiten. Diese können Sie noch im Nachhinein verrücken und anders sortieren.

Tipps zur Umsetzung in virtuellen Kreativsessions

Diese Methode lässt sich eins zu eins virtuell umsetzen. Sie nutzen dafür einfach ein digitales Whiteboard. Sie haben die Option, dass nur der Moderator die Ideen notiert oder jeder erhält (durch den Moderator der virtuellen Gruppe) ein digitales Schreibrecht. Ideen können wahlweise über Chatfunktion oder Video geteilt werden. Damit nicht alle durcheinander rufen, könnten Sie sich vorab auf ein visuelles Zeichen einigen und zum Beispiel einen »Rede-Stift« hochhalten. Dafür ist in jedem Fall eine Moderation erforderlich.

5.3.6 Visionboard für die Verwirklichung von Visionen

Ein Visionboard oder auch Collaging ist ein visuelles Werkzeug zur Entwicklung und Darstellung von Visionen und Zielen. Der Visualisierungsprozess unterstützt im ersten Schritt dabei, sich seiner Ziele und Visionen überhaupt bewusst zu werden. Mit dem Ergebnis einer visualisierten Zielcollage wird Ihre Vision somit sichtbar und greifbar. Diese besondere Visionsentwicklung setzt enorme unbewusste Kräfte frei – mit der erstellten Collage stellt das Unterbewusstsein den Suchmodus und Fokus auf die Erreichung dieser Ziele bzw. dieser Vision. Dadurch ergeben sich häufig neue Sichtweisen, Wahrnehmungen und damit auch Chancen im Alltag.

Bestandteile und Zusammensetzung des Visionboards

Die Visionscollage besteht aus Zeitschriftenschnipseln und anderen Bildelementen. Die einzelnen Elemente können ausgeschnitten, zerrissen und neu kombiniert werden. Neben Bildern können Visionsboards auch aus Wörtern oder etwa Affirmationen bestehen.

Visionboard im Marketing
Viele Menschen setzen das Tool erfolgreich für sich persönlich ein, um nachhaltig ihre Ziele zu erreichen. Zum Beispiel als Ritual zum Jahreswechsel. Genauso lässt sich ein Visionboard im Marketingalltag kreativ nutzen, beispielsweise um neue Produkte zu kreieren, außergewöhnliche Events zu entwerfen, einen neuen Store zu gestalten oder für sich als Marketingteam eine Vision zu entwickeln, um auf die gleichen Ziele fokussiert zu bleiben. Letztendlich eignet sich das Visionboard für sämtliche Themen und Ideen, die wir zunächst nur vage vor Augen haben und bei denen wir noch nicht wissen, ob sie realistisch sind und wie wir sie umzusetzen können.

Material
Für analoge Visionboards:
- Zeitschriften
- Kleber
- große Unterlage wie zum Beispiel großes Flipchart, Pappe, Korktafel

Für digitale Visionboards:
- Software-Programme wie Powerpoint, Keynote oder Photoshop
- Webseiten wie www.canva.com oder www.Fotor.com mit Collagen-Funktionen
- diverse Visionboard-Apps

Dauer
Die Erstellung eines Visionboards variiert je nach Thema und Gruppengröße von einer Stunde bis hin zu mehrtägigen Workshops.

Anwendungstipps
Das Visionboard eignet sich für Visionsarbeit im weitesten Sinne, zum Beispiel für Organisationen, Teams, Produkte oder auch für die Entwicklung von persönlichen Zielen. Dieses Tool können Sie für sich allein nutzen oder auch im Team, ideal sind Gruppengrößen von vier bis zehn Teilnehmern.

Besonderheit	Einsatztipp	leise Elemente (schriftlich)	laute Elemente (mündlich)	Alleine	Im Team	Typische Einsatzgebiete im Marketing
Visuelle Strategiefindung	Teamziele, Produkte oder auch persönliche Ziele entwickeln und verwirklichen		x	x	x	Strategie, Produktentwicklungen

Überblick zum Visionboard

Ablauf

Im Folgenden wird ein möglicher Ablauf eines analogen Visionboards im Team beschrieben. Für die Arbeit als Einzelner gilt derselbe Ablauf. Die Schritte möchten als Inspirationen verstanden werden. Sie müssen auf die eigene Situation, auf Thema und Menschen hin angepasst werden.

1. Eine Vorbereitung der Teilnehmer erfolgt bereits mit der Einladung: Ein Moderator motiviert, dass sich jeder vorab Gedanken zum gemeinsamen Thema macht (Beispiele: »Wir als Marketingteam« oder »Produktvision«) und gerne auch schon Skizzen und Notizen zu der jeweiligen Vision für sich scribbelt. Zudem ist jeder Teilnehmer eingeladen, Zeitschriften zum Workshop mitzubringen.
2. Im Workshop sorgt der Moderator und Workshopleiter für eine entsprechend kreative und entspannte Atmosphäre (vgl. Kap. 3.1.6 und 3.1.8).
3. Der Moderator lädt alle ein, ein eigenes Board zum gemeinsamen Thema in einer vorgegebenen Zeit, zum Beispiel einer Stunde, zu kreieren. Es geht dabei nicht um Perfektion, sondern darum, wertvolle Ideen ans Licht zu holen. Der Moderator verweist hierbei auch auf die Kreativitätsregeln (vgl. Kap. 1.4.2 »Konvergierendes Denken«) und betont, alle Kritiker außen vor zu lassen. Wichtig ist auch, dass zu jedem »Zeitschriftenschnipsel« bzw. Element eine Verbindung zum Zielgedanken besteht.
4. Nach der Schaffensphase findet eine Galeriewanderung statt. Jeder präsentiert kurz sein Werk und die dahinterliegenden Ideen. Diese brauchen noch nicht ganz konkret zu sein! Lassen Sie sich von der Ideenvielfalt überraschen, die durch diesen Prozess entsteht.
5. Aus den einzelnen Ideen kann ein gemeinsames Werk entstehen. Hierzu ist es hilfreich, gemeinsam mithilfe von Bewertungsmethoden abzustimmen und die ansprechendsten Ideen weiterzuentwickeln. Dabei hat es sich bewährt, ein Projektteam zu bilden, dass die Konsolidierung und das Vorantreiben verantwortet und kommuniziert.
6. Es empfiehlt sich, einen weiteren Workshop zur Verabschiedung der gemeinsamen Vision durchzuführen, die das Projektteam entsprechend vorbereitet.
7. Entscheidend ist, dass die Ergebnisse jedes Einzelnen wertgeschätzt werden, und sie an einen gut sichtbaren und prominenten Platz zu stellen oder aufzuhängen. So haben alle das Ziel im Alltag vor Augen und werden auch unbewusst motiviert, es zu erreichen. Sie können es auch digitalisieren und zum Beispiel als Hintergrundbild auf Laptop und Co. nutzen.
8. Im weiteren Verlauf nach der gemeinsamen Verabschiedung einer Vision ist es hilfreich zu prüfen, inwieweit Sie selbst, die Organisation oder die Verantwortlichen *on track* sind: Was können Sie als Einzelner oder im Team tun, um Ihren Zielen näher zu kommen. Hier lassen sich wieder andere Kreativitätstechniken anschließen, um konkretere und unterstützende Maßnahmen auszuarbeiten.

Fazit

Manch einer mag das Collaging-Tool als »Basteln und Spielerei« unterschätzen. Doch machen wir mit dem Visionboard diffuse Gedanken konkreter und nutzen zudem das Potenzial unseres Unterbewusstseins. Denn dort liegen viel ungenutzte Potenziale und großartige Ideen, die wir mit dieser Visionsarbeit anzapfen.

5.3.7 Perspektivenwechsel mit der Kopfstand-Methode

Hunde verdrehen ihren Kopf, wenn sie etwas nicht verstehen. Und genauso hilfreich kann es für uns sein, die Perspektive zu wechseln, um einen neuen und anderen Blickwinkel auf ein Problem zu gewinnen. Und genau das macht auch einen »mentalen Kopfstand« aus. Ideensuchende werden häufig von Problemopfern zu Lösungstätern. Denn vor allem entschärft diese »Umkehrtechnik« den Druck, der oftmals in Kreativrunden herrscht. Und es entsteht in der Gruppe eine »destruktive Lust«, ein Thema oder eine Fragestellung ganz auf den Kopf zu stellen.

Anwendungstipps

Die Methode eignet sich in der Ideenfindungsphase, also um neue Ideen zu generieren. Das können Ideen und neue Lösungsansätze zu Kampagnen, neuen Produkten, Weiterentwicklungen von Produkten oder auch internen Themen sein.

Weiterhin eignet sie sich insbesondere, wenn die Stimmung zu einer bestimmten Fragestellung nicht die Beste ist. Beispielweise, wenn einige Teilnehmer der Gruppe der Fragestellung nicht positiv gegenüberstehen, das Thema möglicherweise »verbrannt« ist, Teilnehmer dem Ganzen skeptisch gegenüber stehen oder Sie einfach gemeinsam im Team auf »ver-rückte« neue Ideen kommen möchten. Denn sie geben den Skeptikern Raum, ihre kritischen Punkte auszusprechen und dabei humorvoll zu sein. Natürlich ist es das Ziel, aus diesen genannten Punkten im späteren Verlauf Strategien abzuleiten.

Die Teilnehmerzahl sollte idealerweise zwischen vier und zwölf Personen liegen.

Besonderheit	Einsatztipp	leise Elemente (schriftlich)	laute Elemente (mündlich)	Alleine	Im Team	Online geeignet	Typische Einsatzgebiete im Marketing
Humorvolle Universalwaffe	Hohe Themenflexibilität, empfehlenswert bei skeptischen Ideensuchenden oder »verbrannten« Themen		x	x	x	x	Werbung, Namensfindung, Kundenprozesse, Produktentwicklungen, Logo-Entwicklung, Verbesserungen

Überblick zur Kopfstand-Methode

Material

- ein Flipchart oder eine Metaplanwand oder einfach digitale Boards oder irgendetwas anderes zum Befestigen von Flipchartpapier
- Flipchartstifte

Ablauf

1. Zu Beginn der Übung wird die Fragestellung festgelegt.
2. Anschließend drehen Sie gemeinsam die ursprüngliche Fragestellung wortwörtlich auf den Kopf. Wenn Sie beispielweise zu der Frage »Wie können wir unsere Stammkunden binden?« Ideen sammeln wollen, stimmen Sie im Team gemeinsam über die neu formulierte Frage ab. Sie kann beispielweise lauten: »Wie können wir unsere Stammkunden vergraulen?« Durch diese Umformulierung fügen Sie nicht nur ein »kein« oder »nicht« ein, sondern geben sich im Team die Zeit, die richtige provokante Fragestellung zu formulieren. Die neue Frage sollte provozierend und absurd sein, denn das provoziert neue und andere Perspektiven in der Ideenrunde. Die Frage »Wie können wir die Stammkunden nicht binden?« besitzt ein geringeres Provokationspotenzial als die Frage, wie wir unsere Stammkunden vergraulen können. Der weitere Vorteil einer provokativen Fragestellung ist: Häufig wissen wir ganz genau, warum etwas nicht funktioniert, und erkennen die Fehler und Stolpersteine. Doch die Lösungen sehen wir nicht so direkt und klar. Das zeigt, wie wichtig es ist, den Fokus auf eine gute Formulierung der Fragstellung zu legen.
3. Jetzt starten Sie mit der Ideensuche zur provokanten Frage. Sie werden feststellen, dass zu einer solchen absurden Sichtweise schnell Ideen im Team zusammen kommen. Und eine weitere wichtige wie wertvolle Begleiterscheinung dieses besonderen »Brainstormings« ist, dass Teilnehmer über diese Absurdität lachen, mit anderen Worten, sie haben Spaß. Und das sind in der Tat die besten Voraussetzungen für kreative Prozesse (vgl. Kap. 2.2 »Erfolgsfaktoren der Kreativität«).

4. Nachdem sie verrückte Ideen schriftlich gesammelt haben, drehen Sie diese einfach wieder herum – und auch diesen Schritt gehen Sie gemeinsam im Team.

Schauen wir uns das Beispiel »Stammkunden vergraulen« an.

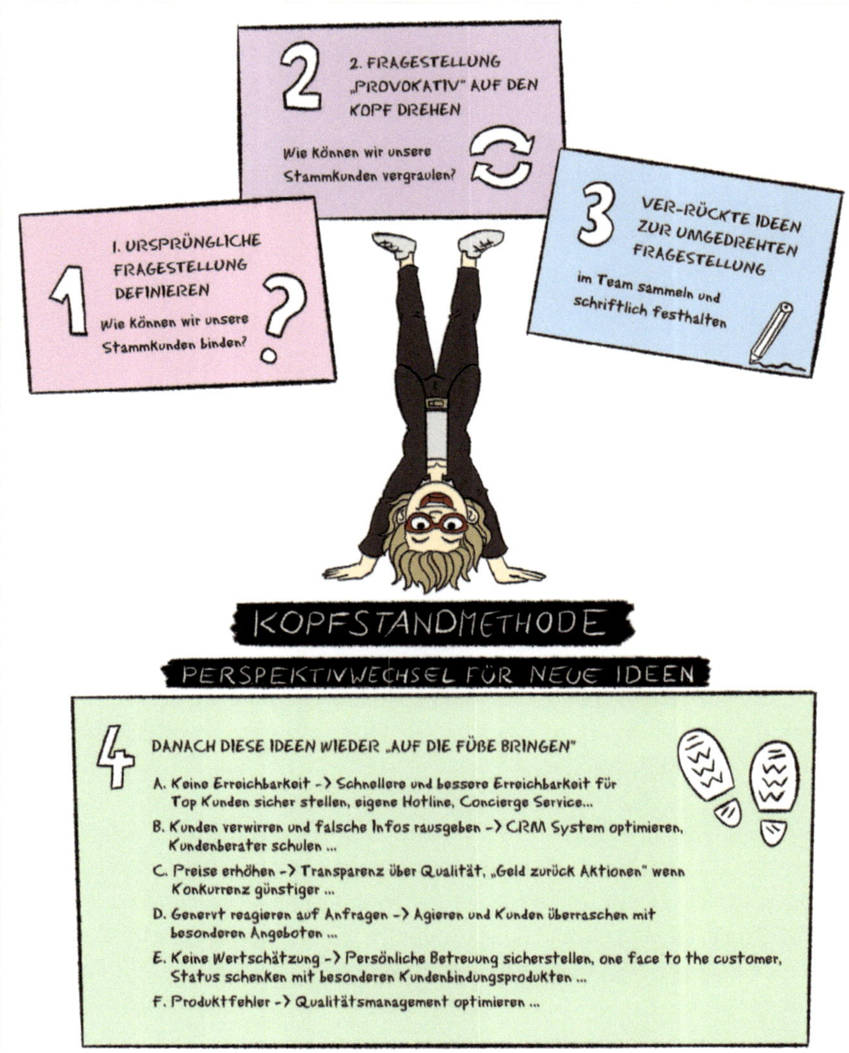

Abb. 46: Die Kopfstand-Methode (Ablauf und Beispiel »Stammkunden vergraulen«) (→ Arbeitshilfen online)

Praxistipps zur Moderation

Nicht immer lassen sich alle Teilnehmer direkt auf die Methode ein, da sie ihnen teilweise albern oder nicht zielführend erscheint. Hier empfehle ich Erfolgsbeispiele mit in den Workshop zu nehmen und als Moderator solchen Einwänden den Wind aus den Segeln zu nehmen. Zudem können Sie sich als Moderator auch den engagierten Teilnehmern und Fürsprechern dieser neuen Methode zuwenden und sie als Unterstützer zu Wort kommen lassen. Laden Sie die Teilnehmer ein und machen Sie ihnen gerade zu Anfang Mut, sich auf diese neuen Wege einzulassen.
Weiterhin ist es empfehlenswert, dass Sie die Kopfstand-Methode vor dem Workshop oder Meeting am gleichen Beispiel vorbereiten, damit Sie notfalls ein oder zwei Beispiele einfließen lassen können, um den Prozess in Gang zu bringen.
Wichtig ist es, den Kritikern souverän und gelassen zu begegnen. Auch hier können Sie auf die Kreativitätsregeln verweisen, die bestenfalls visualisiert im Raum hängen (vgl. Kap. 1.4.2 »Konvergierendes Denken«).

Tipps zur Umsetzung in virtuellen Kreativsessions

Den Kopfstand können Sie auch virtuell machen. Sie brauchen ein gemeinsames digitales Whiteboard und einen Moderator, der durch den Prozess führt.

5.3.8 Reizwortmethode nach dem Zufallsprinzip

Diese Methode trägt viele Namen: Zufallswort-Methode oder auch erzwungene Verbindung, Force Fit oder auch erzwungene Assoziation.

Bei der Reizworttechnik werden Begriffe miteinander verbunden, die auf den ersten Blick nichts miteinander zu tun haben. Es wird mit Reizwörtern oder Reizbildern gearbeitet, die per Zufall ausgewählt werden.

Aus meiner Erfahrung heraus wird die Kraft dieses Tool von Anwendern anfangs unterschätzt, denn ihre Beschreibung klingt zunächst recht abstrakt. Der Gedanke, dass ein zufällig gewählter Begriff bei Problemen helfen soll, stimmt den einen oder anderen skeptisch. Doch mit den ersten Erfolgen kommt auch die Begeisterung für dieses Tool. Es ist eben kein gewohnt »logischer und direkter Weg«, sondern ein Umweg, der am Ende Zeit schenkt.

Anwendungstipps

Die Methode eignet sich in der Ideenfindungsphase, also um neue Ideen zu generieren. Ebenso lässt sie sich gut einsetzen, um Ideen zu verbessern oder zu konkretisieren. Auch diese Methode hat ein breites Anwendungsgebiet. Konkrete Beispiele für Anwendungsmöglichkeiten im Marketing sind die Suche nach Produktnamen, die

Neu- und Weiterentwicklung von Produkten, das Aufdecken neuer Produkt-Anwendungsfelder oder neuer Kundengruppen für Produkte und Dienstleistungen.

Die Methode funktioniert sehr gut im Team, aber auch, wenn man sie alleine anwendet. Im Team ist es nach meiner Erfahrung am besten, wenn die Teilnehmerzahl zwischen mindestens vier und maximal zwölf Personen liegt.

Besonderheit	Einsatztipp	leise Elemente (schriftlich)	laute Elemente (mündlich)	Alleine	Im Team	Online geeignet	Typische Einsatzgebiete im Marketing
Universalwaffe mit hilfreichen Zufallsbegriffen	Hohe Themenflexibilität		x	x	x	x	Werbung, Namensfindung, Kundenprozesse, Produktentwicklungen, Logo-Entwicklung, Verbesserungen

Überblick zur Reizwortmethode

Material

- ein Flipchart oder eine Metaplanwand oder einfach digitale Boards oder irgendetwas anderes zum Befestigen von Flipchartpapier
- Flipchartstifte

Ablauf

1. **Auswahl des Zufallsbegriffs:** Das Team oder auch der einzelne Ideensucher findet einen Zufallsbegriff. Hierfür gibt es besondere »Reizwort-Listen« mit Begriffen, die viele Assoziationen möglich machen. Alternativ können Sie eine Seite in einem Buch aufschlagen und das erste Wort nennen, das Ihnen vor Augen kommt und zu Assoziationen einlädt. Oder die Teilnehmer könnten auch zufällige Begriffe nennen, ohne zu wissen, worum es geht. Sagen wir »Pistole«. Oder Sie schauen sich um und nennen einen Gegenstand im Raum. Diesen Begriff hält ein Moderator in der Mitte eines Flipcharts fest. Lassen Sie sich auf das Zufallsprinzip ein. Auch vermeintlich »negative Zufallsbegriffe« wie Pistole bringen verrückte und geniale Ideen. Diesen Zufallsbegriff halten Sie bzw. ein Moderator in der Mitte eines Flipcharts oder einer Alternative fest.
2. **Formulierung der Fragestellung:** Die Fragstellung schreiben Sie ganz oben auf das Flipchart, um im weiteren Verlauf den Fokus zu wahren. Nehmen wir hier beispielhaft die Fragestellung »Wie können wir kreativer im Team arbeiten?«

3. **Assoziationen zum Reizwort:** Zu dem Begriff sammeln Sie in der Runde »locker und flockig« Assoziationen. Jeder darf reinrufen und der Moderator hält diese gedanklichen Verbindungen zum Begriff auf dem Flipchart in einer bestimmten Farbe fest. Sobald sie ca. acht bis zwölf Assoziationen gesammelt haben, geht es in die nächste Runde. An unserem Beispiel »Pistole« könnte das sein: Munition, Wasserpistole, Blut, Angst, Duell, Raub …
4. **Erzwungene Verbindung:** Nun kommt es zu der sogenannten »erzwungenen Verbindung«: Verbinden Sie in Ihrer Gruppe die Assoziationen mit der eigentlichen Fragestellung. Also darf jeder Teilnehmende zu den Assoziationen frei seine Ideen einbringen, was ihm oder ihr durch die Begriffsassoziation zur Frage einfällt. Anfangs mag es sein, dass viele dem Erfolg sehr skeptisch gegenüberstehen, doch sobald die erste Idee fällt, löst sich auch die Skepsis in Luft auf.

Schauen wir uns das an unserem Beispiel »Pistole« an:

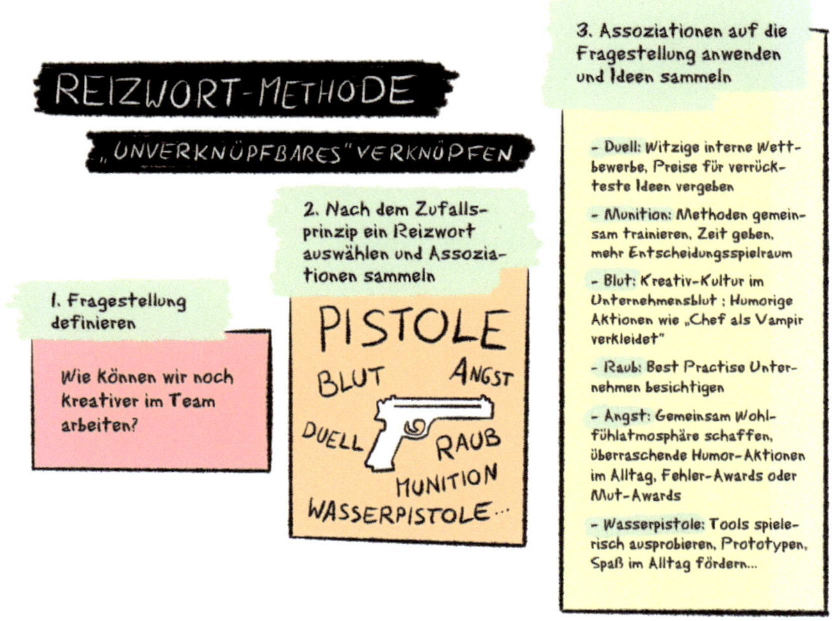

Abb. 47: Reizwortmethode am Beispiel »Pistole« (→ Arbeitshilfen online)

Das Beispiel in Abbildung 47 zeigt, wie viele Ideen wie aus einer »Pistole« hervorschießen können. Hier noch ein paar Praxistipps:

Praxistipps zur Moderation der Reizwortmethode

- Es lohnt sich in jedem Fall, auch mehr als einen Durchgang zu machen. Getreu dem Motto »Go with the Flow«. Bei einigen Fragen haben Ideensuchende noch mehr Assoziationen zu einem bestimmten Begriff als zu anderen Wörtern. Daher mein Tipp: Sobald der Moderator oder das Team bemerken, dass keine Ideen mehr sprießen, setzen Sie einfach ein »Komma«. Und laden Sie ein, einen weiteren Begriff zur gleichen Frage zu nutzen. Sie werden merken, dass hier wieder andere Ansätze und Ideen produziert werden.
- Wie auch bei anderen Methoden ist es wichtig, den Fokus auf die neuen Ideen zu setzen und ein gesundes Erwartungsmanagement zu betreiben. Falls also jemand in der Gruppe kritisiert, dass es ähnliche Ideen sind, ist es sinnvoll, den Fokus auf die neuen und anderen Ideen zu setzen. Denn es ist klar, dass sich mit dem Einsatz jeder weiteren Methode und im Laufe der Zeit Ideen auch doppeln können oder ähnlich sein dürfen. Es ist lohnenswert, einzelne Aspekte von Ideen herauszugreifen, woraus sich wiederum andere Ansätze entwickeln lassen.
- Auch für diese Methode gilt für Prozessverantwortliche das Prinzip: »Wenn es am besten schmeckt, sollte man aufhören – oder noch besser: Kurz davor!« So halten Sie den Spaßfaktor und die Motivation der Ideensucher oben.

Tipps zur Umsetzung in virtuellen Kreativsessions

Die Reizwortmethode lässt sich auch ganz einfach digital umsetzen. Bei großen Gruppen verteilen Sie einfach Kleingruppen in einzelnen Break-out-Rooms, die jeweils mit Whiteboards ausgestattet sind. Die Ergebnisse können dann in einem virtuellen »Versammlungsraum« geteilt und weiter gemeinsam bearbeitet werden.

5.3.9 ABC-Liste nach Vera F. Birkenbihl

Die Kreativitätsexpertin und Managementtrainerin Vera F. Birkenbihl hat unter anderem die ABC-Liste entwickelt. Sie nannte die Methode auch »senkrechtes Stadt Land Fluss spielen«. Die Technik ist in vielerlei Hinsicht sinnvoll. Sie hilft, verrückte Ideen in kurzer Zeit zu gewinnen und die eigene Kreativität zu trainieren. So werden Ihnen bei regelmäßigem Training mehr Einfälle vermeintlich zufällig kommen ... Und sie ist genial, um eine schnelle Inventur zu einem Thema zu machen und die eigenen Gedanken zu fokussieren.

Die ABC-Liste wird nach meiner Erfahrung oftmals unterschätzt als »Spielerei« (vgl. Kap. 1.1 »Mythen der Kreativität«). Doch mit einer regelmäßigen Anwendung und den ersten Erfolgen folgt auch meist die Begeisterung für dieses Tool.

Aufbau

Diese vielseitig und leicht anwendbare und Methode ist zweigeteilt. Im ersten Teil erstellen Sie alphabetische Listen von A bis Z zu beliebigen Themen. Das ist zugleich ein Training für Ihren Kreativmuskel, denn Sie verbessern damit Ihr assoziatives Denken. Zwischendurch können Sie kleine Pausen einlegen, es reichen schon fünf Minuten für eine Liste. Und der zweite Teil ist das sogenannte »Listen konsultieren«, d. h. Sie nutzen eine oder mehrere Ihrer alphabetischen Listen, um Ihr Problem zu lösen bzw. Ideen für Ihre Fragestellung zu generieren. Ganz konkret, indem Sie bestimmte Begriffe aus der Liste mit dem gleichen Anfangsbuchstaben wie Ihr »Problem« als Reizwörter oder auch Zufallswörter nutzen, die nichts mit der eigentlichen Fragestellung zu tun haben – ähnlich wie bei der Reizwortmethode. Beim Listen-Konsultieren erschaffen Sie neue Verbindungen und kreieren damit Bisoziationen – also nach Birkenbihl Kreativität[2] (vgl. Kap. 1.3.3 »Assoziation vs. Bisoziation und die Bionik«). Den genauen Ablauf der Methode anhand von verschiedenen Praxisbeispielen finden Sie unten.

Anwendungstipps
Die ABC-Liste gilt als Universalwaffe: Sie eignet sich in der Ideenfindungsphase, um neue Ideen zu generieren, gleichermaßen um Ideen zu verbessern oder zu konkretisieren. Zudem ist sie auch ein Feedbackinstrument in der Ideenbewertungsphase.

Konkrete Beispiele für Anwendungsgebiete im Marketing sind:

- Erstellung von Präsentationen
- Texterstellung
- Kreation von Slogans und Marken
- Überblick für ein Thema zu bekommen
- Suche nach Produktnamen
- Neu- und Weiterentwicklung von Produkten
- Aufdecken neuer Produkt-Anwendungsfelder
- Identifikation neuer Kundengruppen für Produkte und Dienstleistungen

Die Methode funktioniert sehr gut im Team, lässt sich aber ebenso gut alleine durchführen. Im Team ist es am besten, wenn die Teilnehmerzahl zwischen mindestens vier und maximal zwölf Personen liegt.

Besonderheit	**Einsatztipp**	**leise Elemente (schriftlich)**	**laute Elemente (mündlich)**	**Alleine**	**Im Team**	**Online geeignet**	**Typische Einsatzgebiete im Marketing**
ABC-Liste	Leise Universalwaffe auch als Feedbackinstrument nützlich	Hohe Themenflexibilität	x		X	x	Werbung, Namensfindung, Kundenprozesse, Produktentwicklungen, Logo-Entwicklung, Verbesserungen

Überblick zur ABC-Liste

Material

- Papier und Stift oder digitales Device

Ablauf

1. **Zufallsthema und A-bis-Z-Liste:** Im ersten Schritt schreiben Sie einfach alle Buchstaben von A bis Z auf ein Blatt Papier. Das Zufallsthema wie zum Beispiel »Wald« schreiben Sie über den Buchstaben als Überschrift.
2. **Assoziationen zum Zufallsthema von A bis Z:** Im zweiten Schritt halten Sie zu jedem Buchstaben ihre gedanklichen Verbindungen oder auch Assoziation zu »Wald« fest. Dabei ist es wichtig, nicht chronologisch vorzugehen, sondern Ihren Blick über das Blatt schweifen zu lassen und, wenn immer Ihnen ein Gedanke kommt, diesen beim entsprechenden Buchstaben niederzuschreiben. Eine weitere Regel besteht darin, dass Sie auch bei Buchstaben mehrere Wörter schreiben dürfen und ebenso Buchstaben offen lassen können. Lassen Sie also einfach Ihre Gedanken fließen. Auch wenn es noch keine Antworten auf Ihre Fragestellung liefert: Sie trainieren mit dieser kurzweiligen Übung ihr Assoziationsvermögen und somit Ihre Kreativität.

Beispiel: ABC-Liste zu Wald

Atmen, Artenvielfalt
Boden, Bäume, Bewegung, Beeren
CO_2
Durchatmen
Erde, Erholung
Flora, Fauna
Grün, gesund
Holz
Igel
Joggen
Kurpark, Kur, Kottenforst, Kräuter
Luft, Laufen
Mittagsspaziergang
Natur, Nachhaltigkeit
olfaktorische Genüsse, O Tannenbaum
Pflanzen, Pilze
Quelle
Ringelnatter
Spazieren, Schnitzeljagd
Tiere, Tropen
Umwelt, Urwald
Vielfalt
Wachsen, Waldbaden, Wild, Wurzel
X
Y
Zuhause für Tiere

3. **Schlüsselwort des Problems:** Nun nähern wir uns den Ideen zu Ihrer Fragestellung: Nehmen wir einfach die beispielhafte Fragestellung: »Wie können wir Kreativität im Unternehmen fördern?« Dann konsultieren wir im nächsten Schritt einfach eine der Zufallslisten wie z. B. die Waldliste, indem wir uns zunächst auf das Keyword der Frage einigen. Hier könnte das Wort »Kreativität« lauten. Dann schauen wir in der Liste unter K nach und nutzen das oder die Wörter als Reizworte.
   Bei K steht Kräuter: Was verbinden Sie mit Kräutern? Hier ein paar Beispiele: Grün, Heilung, Heiler, altes Wissen, Würzen, Kochen, Küche …

4. **Zufallsliste konsultieren:** In diesem Schritt schauen wir, wie wir diese Assoziationen mit unserer Frage verbinden können. Und dabei gilt das Gleiche wie auch bei der A-Z-Liste: Über die Begriffe fliegen und die Gedanken sprießen lassen. Als Ergebnis der Team- oder Einzelarbeit könnte in nur wenigen Minuten Folgendes entstehen:
   - **Grün:** Natur an den Arbeitsplatz holen, grüne Farbe macht kreativ, Green Room, Naturgeräusche wie Vogelgezwitscher nutzen
   - **Heilung:** Heilung braucht Zeit genauso wie Kreativität bzw. ein Kulturwandel, Schritt für Schritt konsequent gehen
   - **Heiler:** Einen Kreativexperten konsultieren, der die Organisation in diesem Prozess unterstützt
   - **Wertvolles Wissen:** Wissen teilen, zugänglich machen über Veranstaltungen, Plattformen und Nutzen für Mitarbeiter und Führungskräfte deutlich machen
   - **Würzen:** Keine 0815-Angebote, sondern besondere Kreativitätsangebote, die schmecken und begeistern oder auch »scharf« sind, die Sinne öffnen ...
   - **Kochen:** Gemeinsam Kochen, Kochevents und andere Team- und Firmenevents, die Spaß und Zusammenhalt bringen
   - **Küche:** »Partytreffpunkte« im Unternehmen kreieren, an denen sich Mitarbeiter wohl fühlen
5. **Weitere Zufallsliste konsultieren:** Auch hier können Sie ein weiteres Wort nutzen – sei es aus der Waldliste oder einer ganz anderen Liste. In der Badezimmerliste steht beispielsweise »Klo«. Selbst ein solch abwegiger Begriff kann wertvolle Ergebnisse liefern. Was assoziieren Sie mit »Klo«?

Abspülen, Ruhe, Geschäft, Sitzen, Stehen, Toilettengang, Klo-Meditation, sauber, Klopapier, Hände waschen, Töpfchen ...

Und auch hier wenden wir diese Assoziationen zu dem Begriff »Klo« auf unsere Fragestellung zur Kreativität im Unternehmen an:

- **Abspülen:** Für einen Flow sorgen
- **Ruhe:** Ruheorte schaffen, Stressmanagement ermöglichen
- **Geschäft:** Neben dem Geschäft auch Spaß ermöglichen, was das Business fördert
- **Sitzen:** Pausen ermöglichen
- **Stehen:** Stehmöglichkeiten schaffen, Stand-up-Meetings vor Sitzungen
- **Toilettengang:** Bewegung fördern, Mitarbeiterchallenges zu Bewegung, persönliche Interaktion fördern
- **Klo-Meditation:** Entspannungs- und Meditationskurse anbieten, auch über Apps
- **Sauber:** Wohlfühlatmosphäre für Mitarbeiter schaffen
- **Klopapier:** die notwendige Mindestausstattung in Sachen Kreativität besorgen
- **Seife:** Altes und Belastendes loslassen, abseifen, Raumduft/Duftsprays nutzen, um die Kreativität zu fördern

- **Gestank:** Lüften, Arbeit und Formate an der frischen Luft bzw. an anderen Orten ermöglichen wie zum Beispiel »Walk and Talk«
- **Töpfchen:** Hilfsmittel und Unterstützungen für Mitarbeiter anbieten, um sukzessive kreativer zu werden und die eigene Kreativität zu erkennen

Hier finden Sie drei weitere unterschiedliche Praxisbeispiele als Inspiration.

Ablauf am Beispiel »Work-Health-Balance«

Die Fragestellung lautet: »Wie kann man seine Work-Health-Balance verbessern?«

1. Zunächst erstellen wir eine ABC-Liste zu einem willkürlichen Thema. Wir nutzen hier »Badezimmer« als Listenthema.
2. Danach setzen wir den Fokus und reduzieren das »Problemthema« bzw. die Fragestellung auf ein Wort. Dabei kann es sich auch wie in diesem Beispiel um ein zusammengesetztes Wort sein. Das Schlüsselwort lautet »Work-Health-Balance«.
3. Jetzt bilden wir Assoziationen. Dazu greifen wir aus der Liste den Begriff mit dem gleichen Anfangsbuchstaben wie das Problemwort heraus und schreiben unsere Assoziationen auf. In unserem Beispiel lautet das Reizwort »Watte«. Dazu einige beispielhafte Assoziationen: weich, weiß, sanft, pflegend ...
4. Danach bilden wir Bisoziationen, indem wir nun die Assoziationen in Verbindung mit dem »Problemthema« setzen: Was könnten die Assoziationen zu »Watte« mit dem Thema »Work-Health-Balance« zu tun haben bzw. wie könnte es uns hier helfen? Hierzu sammeln wir einfach Ideen, wie zum Beispiel:
   a) weich → mir selbst etwas gönnen, auf weichen Sand spazieren gehen ...
   b) weiß → etwas nicht nur schwarzweiß sehen, sondern auch fröhliche Auszeiten nehmen
   c) pflegend → Wellness, Auszeit, Regelmäßigkeit ...

Praxisbeispiel: Werbeslogan !

Vera F. Birkenbihl (2012) beschreibt in Ihrem Buch »ABC-Kreativ: Techniken zur kreativen Problemlösung« das folgende Fallbeispiel eines Werbefachmanns, der unter enormen Zeitdruck nach einer Schlagzeile für eine Anzeige für ein Entspannungsgerät suchte. Dazu nutzte er zwei zuvor aufgestellte ABC-Listen »Tiere« und »Berufe«. Sein Schlüsselwort definierte er als »Entspannung«. Er beschrieb seine Assoziationskette wie folgt: »Zuerst drängte sich mir das Bild eines Elektrikers auf, der sehr entspannt und in voller Montur in einer Badewanne liegt, auf seiner Brust ein Quietsche-Entchen [...] Plötzlich tauchte aus dem Vakuum der neue Slogan auf »PROFESSIONELL ENTSPANNT«. Der Kunde war begeistert [...].«
Somit hatte er eine Bisoziation geschaffen, die einen hohen Aufmerksamkeitswert besitzt und deswegen auch den Kunden begeistern konnte. Auch Leonardo da Vinci sagte schon »Biete dem Geist zwei Gedanken an und er muss sie verbinden.«

! **Praxistipp: Ideenbewertung**

Sie können die Methode sehr gut als Feedbackmethode in der Ideenbewertung nutzen (Kap. 5.6). Diese Methode hat sich auch bewährt, um Ideen in großer Runde effizienter und auf den Punkt zu bewerten. Denn so kann jeder Teilnehmer die ABC-Liste nutzen, um spontan eine bestimmte Idee zu bewerten und sein Feedback zu geben. So könnte eine solche Liste zur Ideenbewertung aussehen:

Abgefahren gut
Budgetfreigabe wichtig
C
D
E
Frischer Wind für Unternehmen und Fehlerkultur: Lass es uns machen!
Genial
Halt – es fehlt noch ...
I
J
Kosten hoch, aber das ist ein wertvoller Invest
L
Mut ist hier wichtig
Nachhaltige Veränderung
O
Projektteam erforderlich
Qualität extrem wichtig
Revision ins Boot holen
Schneller als die Konkurrenz sein
T
Umsetzbarkeit ist machbar
Vorstand mit ins Boot holen
W
X
Y
Zeit berücksichtigen

! **Tipps zur Umsetzung in virtuellen Kreativsessions**

Eine ABC-Liste können Sie auch als Abschluss für einen Workshop nutzen. Jeder kann für sich notieren, was er aus dem Workshop mitnimmt oder auch, wie er eine ausgewählte Idee bewertet.

5.3.10 KAWA-Technik© nach Vera F. Birkenbihl

Vera F. Birkenbihl (2001) hat neben der ABC-Liste die KAWA-Technik© entwickelt, die auch als ihr Markenzeichen gilt. Das Kunstwort KAWA© steht für **K**reative **A**usbeute von **W**ort-**A**ssoziationen.

Bei der KAWA-Technik nutzen Sie einen Schlüsselbegriff zu einem Thema, zu dem Sie Ideen suchen. Zu jedem der Buchstaben assoziieren Sie hilfreiche Begriffe, die Ihnen und Ihrem Team einfallen. Ziel sollte es sein, zu jedem Buchstaben einen passenden Begriff zu finden. Je kürzer der Begriff ist, desto intensiver gestaltet sich das Nachdenken.

Sie können beispielsweise für eine Produktwerbung den Namen des Produkts als Schlüsselwort nutzen und assoziieren, was dieses Produkt ausmacht. So kommen Sie schnell zu hilfreichen Ideen! Auch wenn Sie zum Beispiel eine Art Laudatio für einen Kollegen oder eine Mitarbeiterin halten wollen, nutzen Sie den Namen als KAWA.

Anwendungstipps

Ähnlich wie die ABC-Liste gibt es auch für die KAWA-Technik ein breites Anwendungsfeld. Anwendungsbeispiele sind zum Beispiel:

- Produktwerbung
- Texterstellung: Was macht den Kern eines Produkts aus?
- Präsentationsentwicklung, Einstieg in Vorträgen
- Mitschriften in Konferenzen und Meetings, Gesprächsprotokolle

Und auch dieses Tool können Sie für sich allein und auch im Team anwenden. Im Team ist es nach meiner Erfahrung am besten geeignet, wenn die Teilnehmerzahl zwischen mindestens vier Personen und maximal zwölf Personen liegt.

Besonderheit	Einsatztipp	leise Elemente (schriftlich)	laute Elemente (mündlich)	Alleine	Im Team	Online geeignet	Typische Einsatzgebiete im Marketing
Leise Universalwaffe mit Schlüsselbegriff	Protokolle, Präsentationen, Mitschriften, Laudatio	x		x	x	x	Werbung, Namensfindung, Kundenprozesse, Produktentwicklungen, Logo-Entwicklung, Verbesserungen

Überblick zur KAWA-Technik

Material

- Papier und Stift oder digitales Device

Ablauf

1. **Schlüsselwort festlegen:** Sie starten damit, Ihr Thema auf ein Schlüsselwort zu reduzieren (vgl. Kap. 2.2.1). Nutzen wir als Beispiel die Fragestellung des Buches, nämlich: »Wie kann Kreativität im Unternehmen gefördert bzw. geboostet werden?« Als Schlüsselwort lässt sich das Wort »Kreativitätsboost« aus dem Buchttitel nutzen. Das schreiben Sie einfach in Großbuchstaben für jeden sichtbar in die Mitte eines Blattes, auf ein Flipchart, ein digitales Whiteboard oder ein anderes Medium.
2. **Assoziationen sammeln:** Anschließend assoziieren Sie gemeinsam einfach zu jedem Buchstaben Ihre Ideen zu der Fragestellung. Auch hier braucht es keine chronologische Reihenfolge. Assoziieren Sie frei, was Ihnen einfällt. Dabei dürfen einem Buchstaben auch mehrere Begriffe zugeordnet werden. Sie werden merken, dass sich schnell interessante Assoziationen ergeben. Und dass es sehr einfach und schnell anzuwenden ist. Also los geht's mit dem Assoziieren!

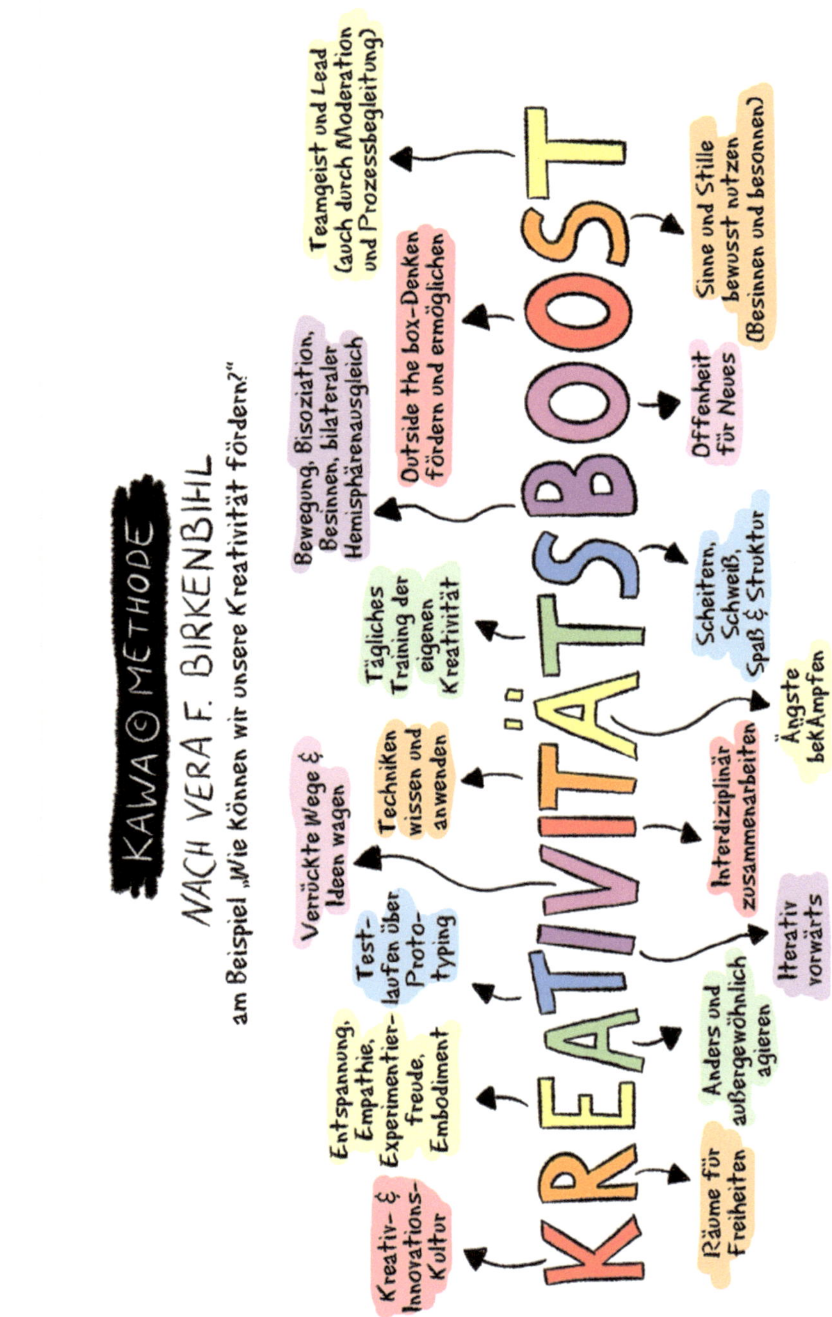

Abb. 48: KAWA©-Methode nach Vera F. Birkenbihl (→ Arbeitshilfen online)

1. **Ergebnisse verwenden:** Das KAWA als Ergebnis können Sie dann weiterverwenden für Ihre Zwecke: sei es als Grundlage für eine Texterstellung, für einen Vortrag oder auch als Basis, um die Ideen mit weiteren Methoden fortzuentwickeln oder zu vertiefen. Sie können auch einzelne Ideen aus Ihrem KAWA herausgreifen, um ein weiteres zu erstellen und damit Ihre Ideen zu konkretisieren.

Tipps zur Umsetzung in virtuellen Kreativsessions

Ein KAWA können Sie ganz einfach online gemeinsam erstellen. Der Moderator hält auf einem digitalen Whiteboard einfach das Schlüsselwort fest und die Teilnehmer teilen ihre Ideen über Video oder Chat mit.

5.3.11 Mit der Dalí-Technik unbewusste Kräfte mobilisieren

Mit dieser fürs Business mit Sicherheit ungewohnten Technik nutzen Sie insbesondere die kreativitätsfördernden Erfolgsfaktoren Entspannung, Träumen und Schlafen.

Mithilfe dieser Kreativitäts- und zugleich Entspannungstechnik, die auf den Künstler Salvadore Dalí zurück geht, zapfen Sie Ihr unbewusstes Wissen und Ihren Einfallsreichtum an, um ein Problem zu lösen. Denn wir können nicht nur im Traum Ideen aus dem Unterbewussten empfangen, sondern auch im Zustand kurz vor dem Einschlafen. Und das Wertvolle ist, dass Sie mit dieser Kreativitätstechnik zugleich etwas Gutes für Ihre Gesundheit tun. Sie sind auf Dauer leistungsfähiger, gesünder und einfach besser drauf.

Dauer
ca. 30 Minuten

Material

- bequemer Stuhl
- ungestörter Ort
- Metallgegenstand wie zum Beispiel ein Löffel
- Stift und Zettel

Anwendungstipps
Der Erfolg dieser Methode setzt voraus, dass Sie sich für 20 bis 30 Minuten ungestört in einem bequemen Sessel setzen oder auch hinlegen können. Letztendlich ist die Technik themenunabhängig. Sie können mit ihrer Hilfe Ideen zu jedem Problem finden.

Besonderheit	Einsatztipp	leise Elemente (schriftlich)	laute Elemente (mündlich)	Alleine	Im Team	Online geeignet	Typische Einsatzgebiete im Marketing
Universalwaffe mit unbewussten Kräften	Hohe Themenflexibilität	x		x			Werbung, Namensfindung, Strategiefindung, Kundenprozesse, Produktentwicklungen, Logo-Entwicklung, Verbesserungen

Überblick zur Dalí-Technik

Ablauf

1. **Problemanalyse:** Zunächst werden Sie sich über das zu lösende Problem bewusst. Was genau ist Ihre Fragestellung? Und was konnten Sie schon lösen? Welche aktuellen Hindernisse gibt es? Und welche Lösungen haben Sie bereits überlegt?
2. **Augen zu und entspannen:** Lassen Sie dann bewusst das Thema los und entspannen Sie sich, so dass Sie vollkommen passiv sind und ohne bewusste Aufmerksamkeit. Sie können hierzu auch unterstützend Entspannungstechniken wie die progressive Muskelentspannung nutzen. Setzen Sie sich auf einen bequemen Sessel oder – falls möglich – legen Sie sich hin. Halten Sie einfach Stift und Zettel bereit. Und vor allem ist es wichtig, den Metallgegenstand in der Hand zu halten. Denn so stellen Sie sicher, dass Sie nicht in die Tiefschlafphase abgleiten, wenn der Gegenstand infolge der dann einsetzenden Muskelentspannung aus der Hand fällt. Ein solches kreativer Power Nap dauert in der Regeln ca. 20 Minuten.
3. **Alles aufschreiben:** Wichtig ist es, nach dem Schlaf die eigenen Gedanken aufzuschreiben. Denn über diesen Schreibprozess haben Ihre Gedanken erst die Chance an die Oberfläche zu kommen. Lassen Sie sich einfach überraschen, welche Bilder, Geräusche, Stimmen oder zum Beispiel Worte aus Ihrem Unterbewusstsein auftauchen. Manchmal machen diese Bilder, Gedanken auf den ersten Blick keinen Sinn. Lassen Sie sich trotzdem darauf ein und bleiben Sie im neugierigen Lösungsmodus. Dieses »Nichtstun« bringt einiges mit sich. Manchmal kann es hilfreich sein, diese kreative Pause auch mehrmals zu machen, um ein Thema komplett zu lösen, ganz gleich ob als Mittagsschlaf oder kreative Nachmittagspause.

5.3.12 In Konzepten denken mit der Konzeptextraktion

Nehmen wir an, Sie haben bereits Ideen zu einer Fragestellung gesammelt. Mit der sogenannten Konzeptextraktion identifizieren Sie die Konzepte oder auch Prinzipien hinter diesen konkreten ersten Ideen mit dem Ziel, noch mehr mögliche Lösungen und Ideen abzuleiten. Das Denken in Konzepten ist somit eine Strategie für die Generierung von noch besseren Ideen, indem Sie den Kern einer Idee herausfinden, um so diese Idee weiterzuentwickeln bzw. noch bessere Alternativen zu entdecken. Gedanklich switchen Sie also bewusst zwischen einer Metaebene und einer ganz konkreten Ideen-Ebene (siehe Beispiel unten).

Anwendungstipps
Die Methode eignet sich insbesondere zum Ende eines Ideenfindungsprozesses. So können Sie im Team Ihre Ideen nach Konzepten »screenen« und clustern und weitere mögliche Ideen ableiten.

Besonderheit	Einsatztipp	leise Elemente (schriftlich)	laute Elemente (mündlich)	Alleine	Im Team	Online geeignet	Typische Einsatzgebiete im Marketing
Ableitung weiterer Ideen	Zum Schluss als ergänzende Technik		x		x	x	Werbung, Strategiefindung, Kundenprozesse, Produktentwicklungen, Logo-Entwicklung, Verbesserungen

Überblick zur Konzeptextraktion

Ablauf

1. **Überblick zu gesammelten Ideen verschaffen:** Nehmen wir an, Sie haben bereits einige Ideen zu Ihrer Fragestellung gesammelt. Zum Ende einer Kreativsession hat es sich bewährt, zunächst alle Ideen an einer Ideenwand gemeinsam zu sichten. Das hat den Zweck, dass das Team gemeinsam die Vielzahl an Ergebnissen und ersten Erfolge wertschätzt und alle den Überblick bekommen und wahren. Noch bevor es in die Entscheidungsphase geht, können Sie abschließend und ergänzend die Technik der Konzeptextraktion anwenden, um Ansätze zu optimieren und weitere Ideen abzuleiten.
2. **Konzepte entdecken:** Mit der Sichtung der Ideenwand können Sie gemeinsam überlegen, welche möglichen Konzepte sich hinter einzelnen Ideen verstecken. Wenn Sie zum Beispiel eine Idee haben, ein bestimmtes Produkt speziell für Senioren anzupassen oder zu kreieren, können Sie hieraus das Konzept »Zielgruppe«

identifizieren. Mit der Identifikation können Sie gemeinsam weitere Ideen aus diesem Konzept ableiten. Dabei fragen Sie sich zum Beispiel, für welche weiteren Zielgruppen wir unsere Produkte vermarkten oder anpassen können.
Hier ein weiteres Beispiel: Ein Lebensmittelproduzent hat die Idee, seine Produkte in einem nachhaltigen Verpackungsmaterial seinen Kunden zuzustellen. Daraus ließe sich das Konzept »Nachhaltigkeit« ableiten. Und auf die beispielhafte Frage »Welche weiteren nachhaltigen Maßnahmen können wir zum Kunden hin entwickeln?«, lassen sich weitere Ideen ableiten wie »auf unnötige Verpackungen komplett verzichten«, »Folien und Verpackungen aus Holzfasern«, »wasserlösliche Folien und Beutel oder Verpackungen aus Pflanzen«. Zur Ableitung der Maßnahmen und Ideen können Sie auch eine weitere Technik nutzen wie zum Beispiel die Reizwortmethode, das Brainwriting oder auch bei Produktverbesserungen die Osborn-Checkliste oder SCAMPER-Methode (vgl. Kap. 5.4).

! **Praxistipp zur Moderation**

Bei der Konzeptidentifikation gibt es nicht immer die eine Lösung, meist lassen sich unterschiedliche Konzepte entdecken. Clustern Sie die einzelnen Ideen, die jeweils auf Haftnotizzetteln stehen, direkt an der Ideenwand (vgl. Kap. 5.1.3 »Der Kreativitätsprozess«). In dieser Situation sollte der Moderator alle Teilnehmer motivieren, aufzustehen und an der Ideenwand gemeinsam aktiv zu werden. Bei analogen Wänden empfiehlt es sich, vorab ein Foto von der ersten Wand zu machen. Auf diese Weise halten Sie auch die Erfolgsschritte fest.

! **Tipps zur Umsetzung in virtuellen Kreativsessions**

Auch die Methode der Konzeptextraktion lässt sich nahezu eins zu eins im virtuellen Raum umsetzen. Sie haben Ihre Ideen auf einem digitalen Whiteboard gesammelt und können nun gemeinsam nach Konzepten suchen und weitere Ideen ableiten.

5.4 Strukturierte Kreativitätstechniken

Nachdem wir uns im vorangegangen Abschnitt mit chaotischen Methoden befasst haben, geht es nun strukturierter zu. Strukturierte Kreativitätsmethoden werden auch analytisch-logische oder diskursive (diskursiv = von Begriff zu Begriff logisch fortschreitend) Methoden genannt. Sie geben im Vergleich zu den intuitiven Methoden den Anwendern einen strukturierten Rahmen oder auch eine Art Checkliste.

Mithilfe dieser Methoden generieren die Anwender über eine systematische Herangehensweise Lösungen und Ideen. Allen systematisch-diskursiven Methoden ist gemeinsam, dass die Probleme in kleine Einheiten zerlegt werden und die Anwender systematisch in einzelnen, logisch ablaufenden Schritten neue Lösungen suchen. Doch auch bei diesen analytisch-logischen Techniken spielt divergentes Denken eine wichtige Rolle! So können zusätzlich auch intuitiv-chaotische Techniken integriert werden, um innerhalb des strukturierten Rahmens wilde Ideen zu fördern und zu generieren. Kreative Kombinationen sind hier gefragt.

Die vorgestellten Methoden unterscheiden sich in ihren Schwerpunkten und Anwendungsgebieten. Die Osborne-Checkliste (Kap. 5.4.1) und die SCAMPER-Methode (Kap. 5.4.2) beispielsweise bieten einen strukturierten Fragenkatalog, der den Anwender gezielt zu unterschiedlichen Denkrichtungen einlädt. Beide sind insbesondere für Verbesserungen von bestehenden Produkten, Dienstleistungen, Prozessen oder der Weiterentwicklung von Ideen gefragt. Voraussetzung ist also, dass bereits etwas existiert, auf das die Methode angewandt wird.

Die Kundennutzen-Matrix (Kap. 5.4.3) hat Kundenprozesse sämtlicher Arten im Fokus. Sie befasst sich mit den einzelnen Prozessschritten, die ein Kunde bei der Nutzung eines Produkts oder einer Dienstleistung durchläuft. Auch hier dienen besondere Fragen als Guideline für die Optimierung aus Kundensicht.

Gerade wenn ein Problem sehr komplex ist und beispielweise viele Funktionen besitzt, ist die morphologische Matrix (Kap. 5.4.5) sehr wertvoll. Bei dieser Methode beschreiben Sie ein Problem vollständig, indem Sie es analytisch in kleinste Einheiten zerlegen. Anschließend werden Teillösungen für diese Einzelteile entwickelt, die anschließend vielfältig kombiniert und zusammengesetzt werden. Diese Zusammenführung von Teillösungen führt dann zu einer oder mehreren Lösungen des Gesamtproblems bzw. der Fragestellung. Der morphologische Kasten ist prädestiniert für die Entwicklung neuer Produktvarianten, neuer Geschäftsmodelle oder auch neuer Verwendungszwecke für Produkte. Auch hier dient ein bestehendes Produkt im weitesten Sinne als Basis.

Zu jeder Methode finden Sie Praxisbeispiele, Anwendungstipps sowie Empfehlungen zur virtuellen Umsetzung.

5.4.1 Bestehendes verbessern mit der Osborne-Checkliste

Man muss das Rad nicht neu erfinden, heißt es häufig im Arbeitsalltag. In der Tat kann es auch sehr zielführend sein, ein Rad bzw. ein Produkt oder auch einen Prozess einfach zu verbessern, statt komplett zu erneuern. Das kann sehr erfolgsversprechend sein, wie auch Henry Ford wusste: »Nicht mit Erfindungen, sondern mit Verbesserungen macht man ein Vermögen.« Die erstmals 1957 veröffentlichte »Osborne-Checkliste« ist genau für diese Fälle von Produkt- und Prozessverbesserungen vorgesehen. Sie geht auf den amerikanischen Autor, Werbefachmann und Erfinder des »klassischen Brainstormings«, Alex Faickney Osborn, zurück (1888–1966).

Anwendungstipps

Die – trotz ihres Alters – immer noch hochrelevante und hilfreiche Technik dient als eine Art Fragenkatalog bzw. Anleitung, mit der Sie systematisch Ideen generieren können. Wie die Bezeichnung Checkliste schon sagt, gibt Sie Ihnen ein gutes Gefühl, nichts zu vergessen, und unterstützt Sie dabei, alle Verbesserungsoptionen in Betracht zu ziehen.

Neben dem ursprünglichen Verwendungszweck, Produkte und Dienstleistungen zu verbessern, hilft die Checkliste auch, bestehende Lösungen oder Ideen aus Kreativrunden nachträglich zu bearbeiten. Sie lässt sich alleine als auch im Team einsetzen und ebenso in virtuellen Meetings.

Besonderheit	Einsatztipp	leise Elemente (schriftlich)	laute Elemente (mündlich)	Alleine	Im Team	Online geeignet	Typische Einsatzgebiete im Marketing
Checkliste für Verbesserungen	Bestehende Produkte, Dienstleistungen, Prozesse verbessern		x	x	x	x	Produktentwicklungen, Verbesserungen

Überblick zur Osborne-Checkliste

Material

- Checkliste für jedes Team
- Flipchartpapier, Metaplanwände oder digitale Alternativen zum Visualisieren
- Material zum Prototyping wie zum Beispiel Knetgummi, Lego oder anderes Modelliermaterial
- ggf. das Produkt selbst, das es zu verbessern gilt, oder auch ein Bild oder Modell vom zu verbessernden Prozess

Ablauf

1. Zu Beginn der Kreativsession einigen sich alle auf die gemeinsame Fragestellung. Bei mehreren Teams können Sie Einzelaspekte des Themas bzw. der Fragestellung auf die Kleingruppen verteilen. Zum Beispiel: »Wie können wir Produkt xy verbes-

sern?« oder »Wie können wir den Service verbessern?« Alternativ bearbeitet jedes Team die gleiche Fragestellung. Dadurch erhalten Sie zumeist auch unterschiedliche Ansätze zur gleichen Fragestellung. Denkbar ist es auch, einen Wettbewerb bzw. Pitch zwischen den Teams zu veranstalten, um einen weiteren Anreiz zu haben. Alle Teams statten sich mit der Checkliste, Flipchartpapier und gegebenenfalls Modelliermaterial aus.

2. Dann starten die Ideenrunden. Je nach Thema dauert es in der Regel 20 bis 40 Minuten, um die Checkliste durchzugehen. Sie können die Fragen-Checkliste (siehe unten) einfach gemeinsam durchgehen und zu jeder Frage Ideen sammeln. Sie können diese Fragen chronologisch durchgehen oder auch »springen«. Experimentieren Sie einfach! Es ist auch möglich, Fragen ganz auszulassen. Denn nicht jede Frage muss zu jedem Produkt passen.
3. Falls mehrere Teams Ideen gesammelt haben, ist nun der Zeitpunkt gekommen, diese zu präsentieren. In jedem Fall sollten im nächsten Schritt alle Ergebnisse und Ideen an eine Ideenwand übertragen werden.
4. Danach können Sie – falls Sie noch nicht genügend Ansätze zusammen haben – eine weitere Methode nutzen. Natürlich mit kleinen Aktivierungseinheiten oder Stärkungspausen zwischendrin. Oder Sie starten mit den Ideenbewertungen (vgl. Kap. 5.1.3 »Der Kreativprozess«).

Praxistipps

- Wenn möglich, nehmen Sie Ihr »Produkt«, um das es geht, mit in die Kreativitätsrunde. Für viele Menschen ist es einfacher, das Produkt beim Ideensuchen in den Händen zu halten und nah vor Augen zu haben. Falls das Produkt zu groß für den Meetingraum ist, gehen Sie einfach zum Produkt oder nutzen Sie Modelle oder Hilfsmittel wie Bilder, Videos usw. Das gilt auch für Dienstleistungen und Ideen, die Sie verbessern wollen.
- In der Phase der »Beantwortung der einzelnen Fragen« ist spielerische Kreativität gefragt: Hier ist es besonders hilfreich, zu modellieren, zum Beispiel mit Knetgummi, Papier und Schere oder auch zu zeichnen. Dabei dürfen und sollten Sie Ihre spielerische Kreativität ausleben. Und bei jeder Frage kann auch problemlos eine zusätzliche Technik kombiniert werden, wie zum Beispiel die Reizwortmethode oder das Brainwriting. In der folgenden Abbildung sehen Sie die Kurzform der Osborne-Checkliste, die Sie für Ihre Ideenrunde nutzen können.

Abb. 49: Osborne-Checkliste (→ Arbeitshilfen online)

Die folgende Tabelle (nach Aerssen, o. J.) zeigt eine typische Version eines umfassenderen Fragenkatalogs, der aus insgesamt 62 Fragen besteht. Auch diesen können Sie nutzen, falls Sie weitere Anreize durch Fragen brauchen oder auch mehr Zeit für die Ideenrunde investieren möchten. Hier können Sie eine Bearbeitungsdauer von 30 bis 60 Minuten ansetzen.

Nummer	Ansatz	Fragesatz
1	Andere Verwendung?	Gibt es alternative Verwendungen so wie es ist?
2	Andere Verwendung?	Gibt es alternative Verwendungen, wenn es angepasst wird?
3	Anpassen?	Was anderes ist so wie dies?
4	Anpassen?	Zu welchen anderen Ideen bzw. Verwendungen regt es an?
5	Anpassen?	Gibt es Parallelen in der Vergangenheit?
6	Anpassen?	Was kann ich kopieren?
7	Anpassen?	Wen kann ich nachahmen, was kann ich nachbilden?
8	Abwandeln?	Neue Wendung, Drall, Richtung?
9	Abwandeln?	Ändere Bedeutung, Farbe, Bewegung, Richtung, Ton, Geruch, Form, Ausformung!
10	Abwandeln?	Gib ihm andere Formen, Geometrien!
11	Vergrößern?	Was kann ich hinzufügen?
12	Vergrößern?	Was entsteht in längerem Zeitraum, -zyklus; größeren Zeitrahmen?
13	Vergrößern?	Höhere Frequenz, häufigeres Auftreten?
14	Vergrößern?	Stabiler, fester, stärker?
15	Vergrößern?	Höher?
16	Vergrößern?	Verlängern?
17	Vergrößern?	Verdicken?
18	Vergrößern?	Zusätzlichen Wert addieren, Wert vergrößern?
19	Vergrößern?	Zusätzliche Komponente, Zutat, Fähigkeit?
20	Vergrößern?	Duplizieren?
21	Vergrößern?	Vervielfachen?
22	Vergrößern?	Übertreiben, aufbauschen?
23	Verkleinern?	Was ist abziehbar?
24	Verkleinern?	Verkleinern?

Nummer	Ansatz	Fragesatz
25	Verkleinern?	Kompaktieren, kondensieren?
26	Verkleinern?	Miniaturisieren?
27	Verkleinern?	Verflachen?
28	Verkleinern?	Verkürzen?
29	Verkleinern?	Abspecken? Leichtbau?
30	Verkleinern?	Auslassen, weglassen?
31	Verkleinern?	Rationalisieren, windschnittiger machen?
32	Verkleinern?	Aufteilen?
33	Verkleinern?	Untertreiben, unterbewerten, abwerten?
34	Ersetzen?	Wen stattdessen?
35	Ersetzen?	Was stattdessen?
36	Ersetzen?	Andere Zutat, Ingredienz, Inhaltsstoff, Betriebsstoff?
37	Ersetzen?	Anderes Material?
38	Ersetzen?	Anderer Prozess, Herstellung, Abbau?
39	Ersetzen?	Andere Energie, Antriebsquelle?
40	Ersetzen?	Anderer Ort?
41	Ersetzen?	Anderer Ansatz?
42	Ersetzen?	Anderen Klang, Ton, Stimme?
43	Umordnen?	Komponentenaustausch?
44	Umordnen?	Anderes Schema, Dekor, Modell, Erscheinung?
45	Umordnen?	Anderes Layout?
46	Umordnen?	Andere Reihenfolge?
47	Umordnen?	Ursache und Wirkung vertauschen?
48	Umordnen?	Schritte, Stufen, Tempo wechseln?
49	Umordnen?	Ablauf, Raster verändern?
50	Umkehren?	Positiv und negativ umgruppieren?
51	Umkehren?	Was ist mit dem Gegenteil?
52	Umkehren?	Von hinten aufzäumen?
53	Umkehren?	Auf den Kopf stellen?
54	Umkehren?	Rollen oder Aufgaben vertauschen?

Nummer	Ansatz	Fragesatz
55	Umkehren?	Die Schuhe des anderen anziehen?
56	Umkehren?	Den Spieß umdrehen?
57	Umkehren?	Einweg zu Mehrweg? Mehrweg zu Einweg?
58	Umkehren?	Was ist mit einer Mischung, einer Legierung, einer Auswahl, einer Ansammlung?
59	Umkehren?	Kombiniere Einheiten!
60	Umkehren?	Kombiniere Absichten, Einsatzbereiche!
61	Umkehren?	Kombiniere Ansprüche!
62	Umkehren?	Kombiniere Ideen, Ansätze, Teillösungen!

Fragenkatalog zur Osborne-Checkliste (Aerssen, o. J.)

Tipps zur Umsetzung in virtuellen Kreativsessions

Sie können die Osborne-Checkliste als Moderator einfach vorbereiten und für die Ideensuchenden auf digitalen Whiteboards visualisieren. Die Teams können dann gemeinsam ihre Ideen auf das Board schreiben und zeichnen.

Im nächsten Abschnitt 5.4.2 wird die SCAMPER-Methode vorgestellt. Sie ist eine Nachfolge-Technik der Osborn-Checkliste, die um den Bereich »Eliminieren« ergänzt ist.

5.4.2 Bestehendes verbessern mit der SCAMPER-Methode

SCAMPER (englisch für flitzen, huschen, herumtollen) ist ein Akronym, das sich aus sechs englischen Begriffen zusammensetzt, die sich wie auch die Osborne-Checkliste als Checkliste nutzen lassen:

- **S**ubstitute
- **C**ombine
- **A**dapt
- **M**odify
- **P**ut
- **E**liminate
- **R**everse

Die Technik geht auf Bob Eberle (1996) zurück. Ähnlich wie die Osborne-Checkliste hilft die SCAMPER-Methode dabei, etwas Bestehendes zu optimieren. Die Checkliste dient ebenso als Unterstützung, in verschiedene Richtungen weiterzudenken.

Anwendungstipps

SCAMPER lässt sich prima im Ideenfindungsprozess nutzen. Die Methode hilft dabei, mit der Checkliste unterschiedliche Aspekte zu beleuchten und in einem systematischen Rahmen divergierend vorzugehen. Wie auch die Osborne-Checkliste lässt sie sich gut anwenden, um Produkte und Dienstleistungen zu verbessern oder bestehende Lösungen oder Ideen aus Kreativrunden nachträglich damit zu bearbeiten. Sie funktioniert sowohl, wenn man sie alleine anwendet, als auch im Team und ebenso in virtuellen Meetings.

Besonderheit	Einsatztipp	leise Elemente (schriftlich)	laute Elemente (mündlich)	Alleine	Im Team	Online geeignet	Typische Einsatzgebiete im Marketing
Checkliste für Verbesserungen	Bestehende Produkte, Dienstleistungen, Prozesse verbessern		x	x	x	x	Produktentwicklungen, Verbesserungen

Überblick zur SCAMPER-Methode

Material

- Checkliste für jedes Team
- Flipchartpapier, Metaplanwände oder digitale Alternativen zum Visualisieren
- Material zum Prototyping wie zum Beispiel Knetgummi, Lego oder anderes Modelliermaterial
- ggf. das Produkt selbst, das es zu verbessern gilt, bzw. ein Bild vom zu verbessernden Prozess

Ablauf

1. Moderator und Team einigen sich auf eine gemeinsame Fragestellung. Alle Teams statten sich mit der Checkliste, mit Flipchartpapier und ggf. Modelliermaterial aus.
2. Das oder die Teams sind eingeladen, innerhalb von 20 bis 40 Minuten – abhängig vom Thema und der Anzahl an Teams – die Checkliste zur Ideenfindung zu nutzen. Die folgende Checkliste (Abb. 50) können die Ideensuchenden chronologisch abarbeiten oder auch zwischen den Buchstaben springen, falls es sich im Kreativfluss ergibt. Dabei ist es wichtig, alle Ergebnisse aufzuschreiben und zu malen, damit nichts verlorengeht und sich noch mehr Ideen entwickeln können.

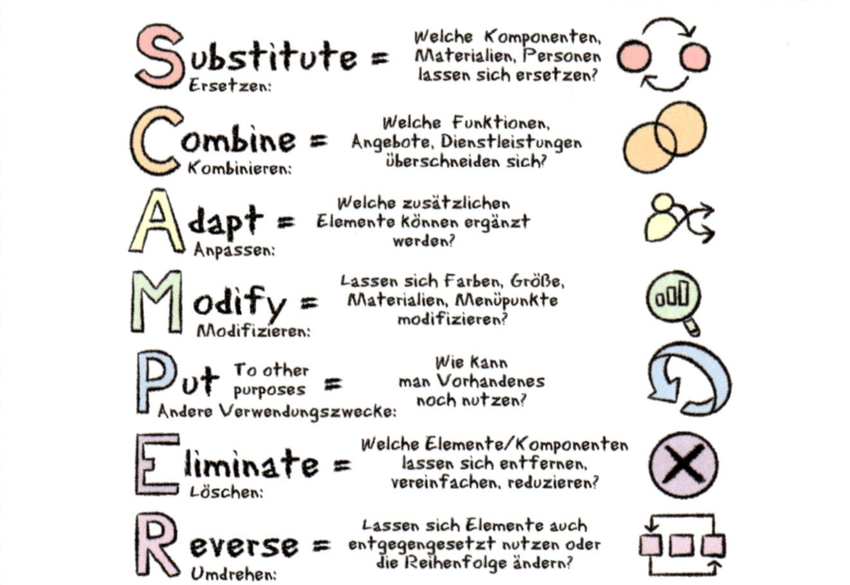

Abb. 50: SCAMPER-Methode (→ Arbeitshilfen online)

1. Wenn mehrere Teams Ergebnisse erarbeitet haben, ist es wichtig, diese kurz im Plenum zu präsentieren.
2. Je nachdem, wo Sie sich gerade im Kreativprozess befinden – ob ganz am Anfang oder auch schon zum Ende –, können Sie weitere Techniken zur Ideenfindung anwenden und die Ergebnisse aus der SCAMPER-Checkliste einfach auf einer Ideenwand festhalten. Wenn Sie das Gefühl haben, bereits ausreichend Ideenansätze gefunden zu haben, können Sie nun in die Ideenbewertung einsteigen (vgl. Kap. 5.1.3 »Der Kreativprozess«) und hierzu Techniken nutzen (Kap. 5.6 »Bewertungstechniken«).

Tipps zur Umsetzung in virtuellen Kreativsessions

Für SCAMPER gilt das Gleiche wie für die verwandte Osborne-Checkliste: Sie können die Checkliste als Moderator einfach vorbereiten und sie für die Ideensuchenden auf digitalen Whiteboards visualisieren. Die Teams können dann gemeinsam ihre Ideen auf das Board schreiben und zeichnen.

5.4.3 In den Schuhen des Kunden mit der Kundennutzen-Matrix

Diese Matrix geht auf Professor Chan Kim und Professorin Renée Mauborgne zurück, die sie erstmals als strategisches Managementtool unter dem Namen »Buyer Utility

Map« vorgestellt haben. Von der Buyer Utility Map handelt der Exkurs im nachfolgenden Abschnitt 5.4.4.

Der Name dieser Technik ist zugleich Programm: Der Kundennutzen steht ganz klar im Fokus. Die Kundennutzen-Matrix befasst sich dabei mit den einzelnen Prozessschritten, die ein Kunde bei der Nutzung eines Produkts oder einer Dienstleistung durchläuft, zum Beispiel von der Kaufabsicht über die Nutzung bis zur Entsorgung des Produkts. Die Anwender suchen systematisch und bewusst in einzelnen, logisch ablaufenden Schritten neue Lösungen (diskursiv = von Begriff zu Begriff logisch fortschreitend).

Ziel ist es, mit dieser Methode durch innovative Lösungen noch mehr Nutzen für den Kunden zu stiften. »Kunde« ist dabei ein umfassender Begriff: Das können beispielsweise Stammkunden, potenzielle Neukunden oder auch Sie selbst als interner Anwender oder als Agenturauftraggeber sein.

Anwendungstipps

Die Kundennutzen-Matrix eignet sich zur Verbesserung von Kundenprozessen jeglicher Art. So können Sie mit ihr neue Ideen generieren, um noch mehr Nutzen für den Kunden zu stiften. Bei dieser Methode ist Teamarbeit gefragt. Sie können sie auch in virtuellen Kreativrunden einsetzen.

Besonderheit	**Einsatztipp**	**leise Elemente (schriftlich)**	**laute Elemente (mündlich)**	**Alleine**	**Im Team**	**Online geeignet**	**Typische Einsatzgebiete im Marketing**
Für sämtliche Prozesse	Interne Prozesse im Marketing, Kundenprozesse		x		x	x	Strategiefindung, Kundenprozesse, Produktentwicklungen, Verbesserungen

Überblick zur Kundennutzen-Matrix

Material

- Metaplanwand und große Heftnotizzettel oder digitales Whiteboard

Ablauf

1. Sie starten, indem Sie den Prozess »in den Schuhen Ihres Kunden« systematisch darstellen. Dabei zerlegen Sie den gesamten Kundenprozess und definieren die einzelnen Prozessschritte von beispielsweise »Information über Produkt einholen« über »Erstgespräch« bis hin zum »Follow-up«. In der Praxis hat es sich bewährt, anfangs in einem großen Team von maximal zwölf Personen zu arbeiten

und die Prozessschritte gemeinsam zu definieren. Dafür eignet sich eine große Metaplanwand und Heftnotizzettel. Die Matrix – bestehend aus den »Kundenhebeln« und Prozessschritten – wird gemeinsam beispielsweise mit großen Post-its an der Wand sichtbar für alle angeklebt.

2. Nun wird es kreativ: Denn die Methode hält eine Checkliste mit fünf Fragen bereit, zu denen Sie nun einzeln für jeden Prozessschritt Ideen generieren können. Angenommen, Sie haben sechs Prozessschritte identifiziert, dann entsteht daraus eine 6 × 5-Felder-Matrix. Wichtig: Laufen Sie dabei »in den Schuhen« des Kunden. Hierbei können Sie sich gut in kleine Teams von zwei bis vier Personen auf die einzelnen Prozessschritte aufteilen. So können sich beispielsweise die Ideensuchenden nach den Themen Ihrer Wahl (Prozessschritt 1 usw.) aufteilen und dann zu dem jeweils gewählten Prozessschritt Ideen generieren. Jedes Kleinteam stattet sich für die Ideenrunde mit Post-its und Filzmarkern aus. Wenn Sie Filzmarker verwenden, sind die Ideen in einem Fotoprotokoll und auch im anschließenden Plenum für alle gut lesbar. Die fünf Fragen lauten:
   1. Was können wir einfacher machen?
   2. Wie können wir einen zusätzlichen Nutzen stiften?
   3. Wo können wir Risiken verkleinern?
   4. Wie können wir dem Kunden mehr Spaß ermöglichen?
   5. Wie können wir die Kunden begeistern und zu einem »Wow-Erlebnis« verhelfen?
3. Nach einer bestimmten Zeitspanne von 20 bis 40 Minuten – je nach Thema – stellt jedes Team an der Ideenwand seine Ideen zu den fünf Nutzenhebeln vor. Das wiederum kann auch die anderen Teams zu weiteren Ideen inspirieren. Und es ist wertvoll, am Ende im Plenum Ideen, Erweiterungen, konstruktive Kritik usw. von allen zu ergänzen.
4. Je nachdem, wie viele Ideen sie gesammelt haben, können Sie anschließend auch weitere Techniken zur Ideenfindung anwenden oder auch in die Ideenbewertung einsteigen. Falls sie direkt weitermachen wollen, sollten Sie zwischendrin Pausen einlegen. Nachfolgend finden Sie zwei unterschiedliche Praxisbeispiele, um sich für eine erfolgreiche Anwendung dieser Kreativitätstechnik inspirieren zu lassen.

Anwendungsbeispiele aus dem Marketing

Beispiel 1: Kundenerlebnisse verbessern mit der Kundenutzen-Matrix am Beispiel eines Neukundenprozesses.

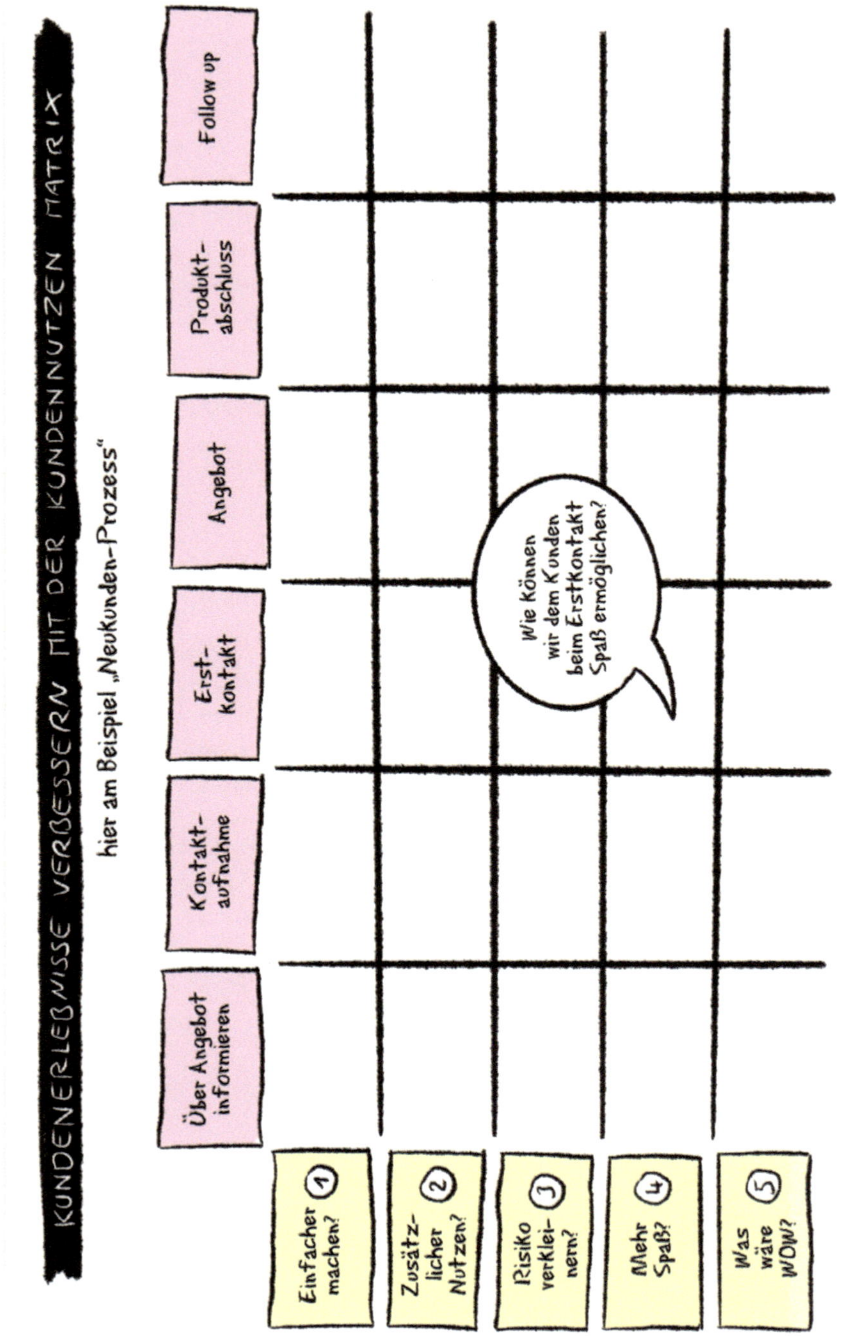

Abb. 51: Kundenutzen-Matrix am Beispiel eines Neukundenprozesses (→ Arbeitshilfen online)

Beispiel 2: Interne Prozesse verbessern mit der Kundennutzen-Matrix am Beispiel eines internen Kampagnenprozesses.

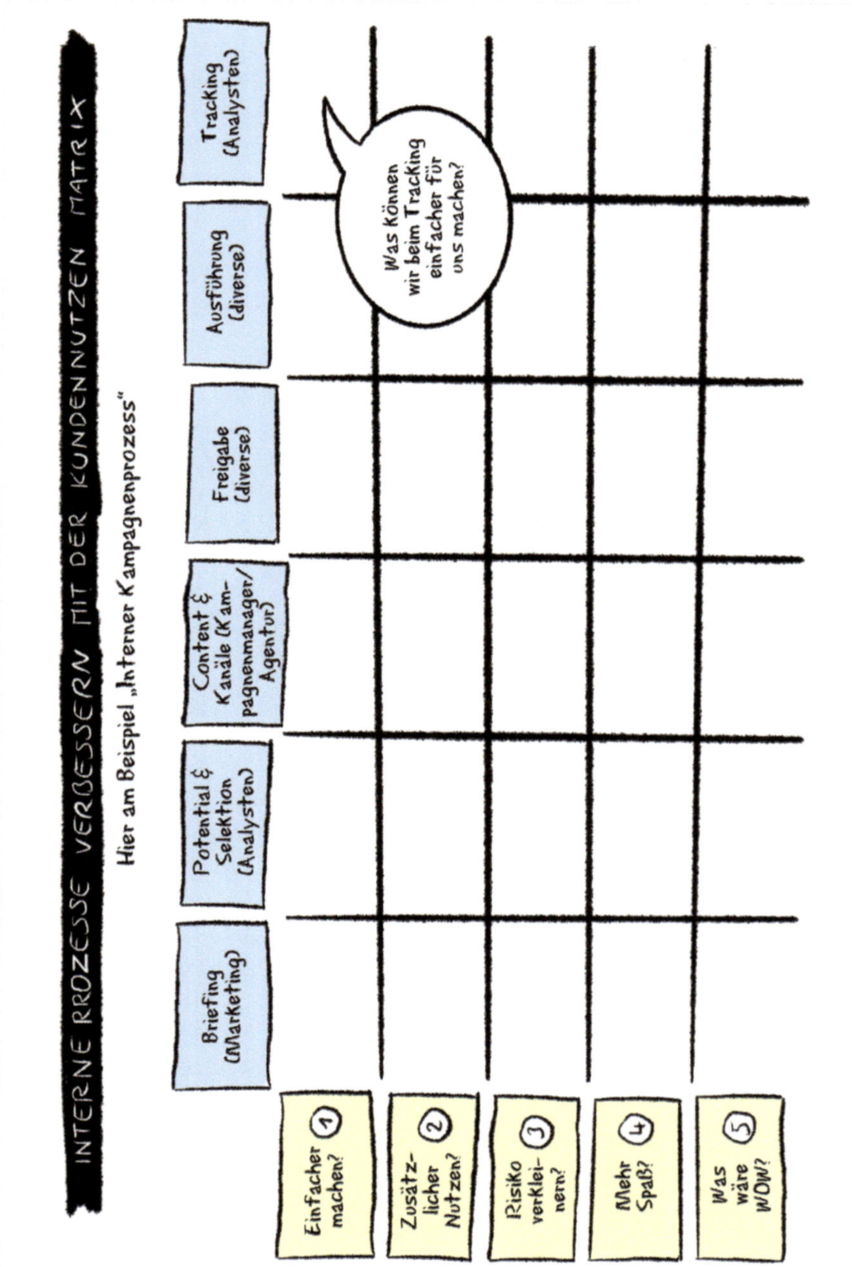

Abb. 52: Kundennutzen-Matrix am Beispiel eines internen Kampagnenprozesses (→ Arbeitshilfen online)

Praxistipps zu den Fragen in der Kundennutzen-Matrix

1. Beantworten Sie die Fragen unabhängig voneinander. Wenn Sie beispielsweise Ideen zum Stichwort »einfacher machen« gefunden haben, muss diese Idee nicht weiter dekliniert werden. Im nächsten Feld können ganz andere Ideen entstehen.
2. Und bedenken Sie das Kreativitätsgebot: Quantität vor Qualität! Sammeln Sie auch mehrere Ideen pro Kästchen. Es kann auch mal ein Kästchen frei bleiben – das hängt natürlich stark vom jeweiligen Thema ab.
3. Und bleiben Sie unbedingt bei der offenen Formulierung der Fragen: Geschlossenen Fragen wie »Gibt es etwas, dass wir einfacher machen könnten?« führen meist zu weniger Ideen als die offene Fragestellung »Was können wir einfacher machen?« Denn durch die offene Fragestellung ist unsere interne Suchmaschinen im Kopf aktiviert, viele Ergebnisse bzw. Lösungen zu finden.

Tipps zur Umsetzung in virtuellen Kreativsessions

Auch diese Methode können Sie ganz leicht virtuell umsetzen. Nutzen Sie auch hier Breakout-Rooms für Kleinteams. Sie brauchen auch für die virtuelle Durchführung jeweils Whiteboards, an denen sich die Teams mit den fünf Fragen und ihrem jeweiligen Prozessschritt befassen können. Und dann treffen Sie sich in einem (virtuellen) Versammlungsraum, um alle Ergebnisse auf einem gemeinsamen Whiteboard zusammenzubringen.

5.4.4 Exkurs: Blue-Ocean-Strategien entdecken mit der Buyer Utility Map

Die Buyer Utility Map bzw. die darauf basierende Blue-Ocean-Strategie ist eine strategische Methode zur Entwicklung dauerhaft rentabler Geschäftsmodelle, die 2004 von ihren Begründern W. Chan Kim und Renée Mauborgne publik gemacht wurde. In über 15 Jahren Forschung haben die beiden Professoren für Strategie mehr als 100 führende Unternehmen analysiert und auf dieser Basis das Konzept der Blue-Ocean-Strategie an der INSEAD Business School entwickelt. Dabei beschreiben die beiden Wissenschaftler die begehrten »Blue Oceans« als Märkte oder Industriezweige ohne oder mit nur wenig Wettbewerb. Im Gegensatz dazu existieren die »Red Oceans« – gesättigte Märkte, in denen es zu blutigen Wettbewerbskämpfen kommt.

Der Grundgedanke hinter der Blue-Ocean-Strategie besteht darin, dass Unternehmen innovative Wege gehen und »blaue Ozeane« für sich entdecken, ohne sich dabei am Wettbewerb zu orientieren. Dabei geht es weniger um technologische Neuerungen, sondern um eine innovative Gestaltung des Gesamtangebots (W. Chan Kim, 2005).

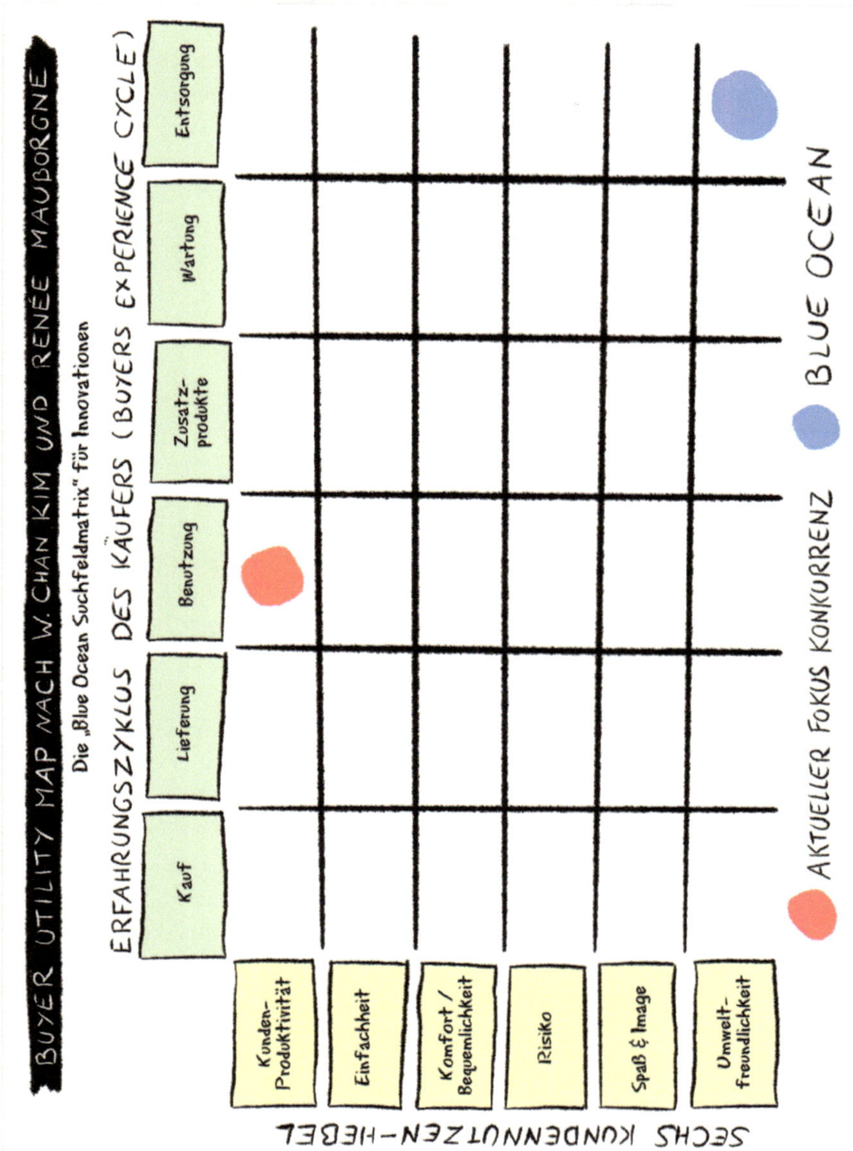

Abb. 53: Buyer Utility Map

Die sogenannte Buyer Utility Map bildet die sechs Schritte des Käufer-Erfahrungszyklus vom Kauf bis zur Entsorgung ab sowie sechs mögliche Nutzenhebel aus Kundensicht. Der Kundenhebel »Kundenproduktivität« bedeutet zum Beispiel, dass der Kunde eine Aufgabe mit dem neuen Produkt schneller erledigen kann.

Anwendung in der Praxis

In der Praxis geht es für Unternehmen darum, mögliche Hindernisse in den einzelnen Phasen zu beseitigen, die dem Produktabsatz im Weg stehen. Wie auch in Abbildung 53 dargestellt, lassen sich in der Matrix die eigene Situation und auch die der Wettbewerber verorten. Neben der Beseitigung der Hindernisse geht es vor allem darum, die blauen Ozeane in nicht ausgefüllten Feldern aufzudecken.

Best-Practise-Beispiel: Cirque du Soleil

Cirque du Soleil hat es geschafft, in einem hart umkämpften Zirkuswettbewerb für sich einen komplett neuen Markt zu erobern. Gerade das, was viele mit einem konventionellen Zirkus verbinden – nämlich Tiershows – haben sie gänzlich aufgegeben und sich stattdessen auf andere Elemente konzentriert wie Artistik, Musik und Tanz. Auch die Zielgruppe ist eine ganz andere, nämlich weniger Kinder und Familien, sondern Erwachsene, die bereit sind, für Unterhaltung höhere Preise zu zahlen (W. Chan Kim, 2005).

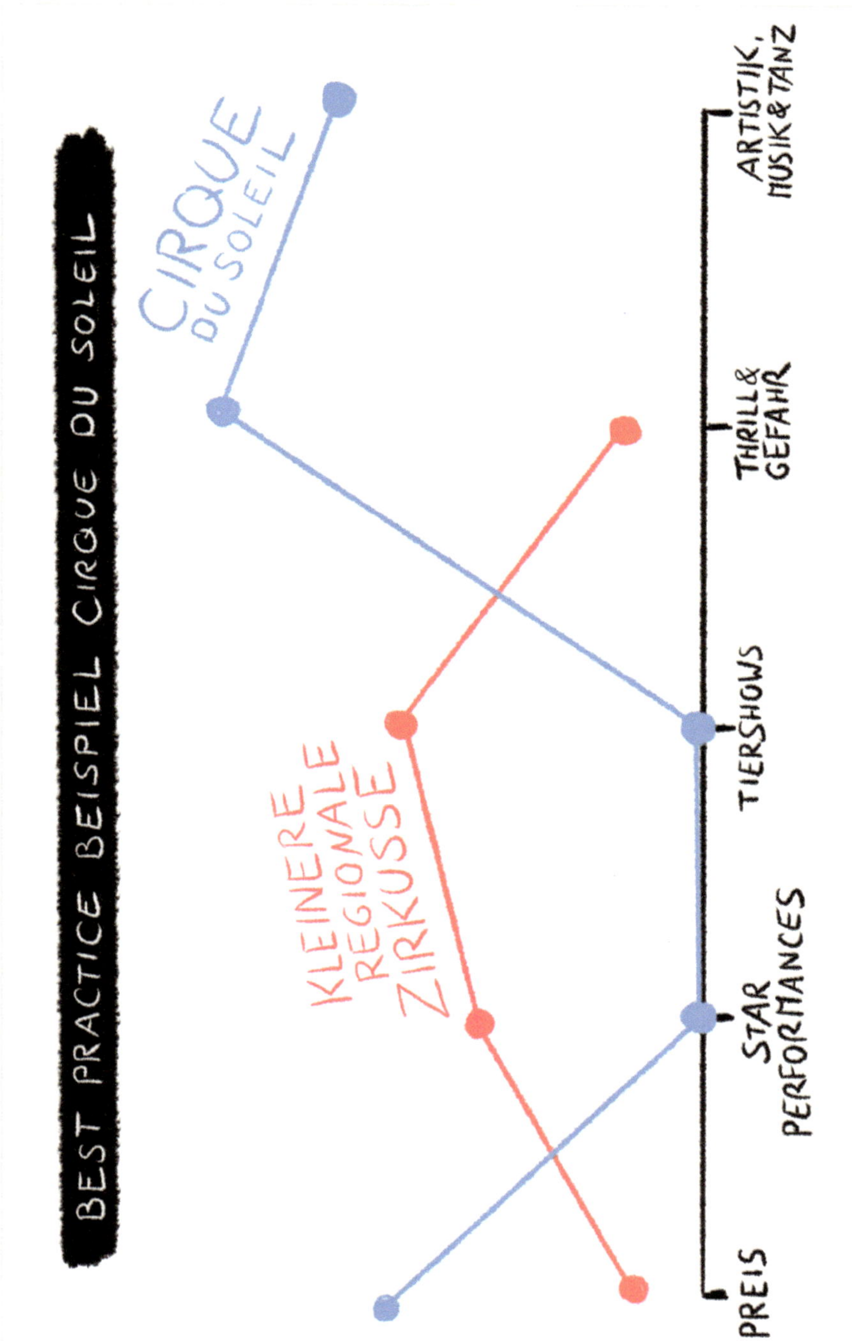

Abb. 54: Blue-Ocean-Strategie am Beispiel des Cirque du Soleil

Video-Tipp

In dem knapp zweiminütigen Videoclip sehen Sie, wie der Cirque du Soleil die Zirkusbranche mithilfe einer Blue-Ocean-Strategie revolutioniert hat (StrategizeBlue, o. J.).
Siehe: https://www.youtube.com/watch?time_continue=2&v=GkF_yStN4pw&feature=emb_logo

5.4.5 Innovative Varianten entdecken mit der morphologischen Matrix

Auch bei dieser Methode sind wieder einige besondere Namen zu entdecken: morphologisches Tableau, morphologischer Kasten, morphologische Analyse, morphologische Matrix oder auch die »Zwicky Box«. Dieser Name geht auf den Begründer der Methode zurück: Ursprünglich hat der Schweizer Astrophysiker Fritz Zwicky (1898–1974) in den 50er Jahren die Kreativitätstechnik des morphologischen Kastens entwickelt (Zwicky, 1959).

Was hat es nun mit der Morphologie auf sich? Der Begriff »Morphologie« kommt aus dem Altgriechischen und bedeutet »Lehre von den Formen« (morphe = Form, logos = Wort, Lehre). So wird in diesem systematischen Ansatz von Zwicky ein Thema in seine »Einzel-Formen« – den einzelnen Bestandteilen – zerlegt und wieder neu zusammengesetzt. Auf diese Weise können komplexe Problembereiche vollständig erfasst und neue Lösungen entwickelt werden.

Wie bei allen hier vorgestellten Techniken steht das Problem und die daraus resultierende Fragestellung an erster Stelle. Nehmen wir ein einfaches Produktbeispiel: Wie können wir eine Packung Mehl attraktiver gestalten? Die Ideensuchenden zerlegen in einem ersten Schritt die »Herausforderung« – im Beispiel die Mehrverpackung – in abgrenzbare Problemelemente bzw. einzelne Parameter (z. B. Größe, Gewicht, Verpackungsmaterial usw.). In diesem Zusammenhang spricht man auch von einer Dekomposition. Anschließend werden Teillösungen entwickelt für diese Einzelteile (z. B. für Verpackungsmaterial: Papier, Pappe, Plastik, Holz, Glas und für Gewicht: 1,5 kg, 500 g, 300 g, 100 g), die letztendlich vielfältig kombiniert und zusammengesetzt werden. Diese Zusammenführung von Teillösungen führt dann zu einer oder mehreren Lösungen des Gesamtproblems bzw. der Fragestellung (Komposition). Einen detaillierten Ablauf zu dieser Methode finden Sie weiter unten.

Anwendungstipps

Diese Technik lässt sich, wie oben dargestellt, gut einsetzen, um neue Kombinationen wie etwa Produktvariationen zu entdecken. Auf diese Weise lassen sich innovative Varianten entwickeln, jedoch weniger radikale Innovationen oder Lösungen, da ein bestehendes Produkt oder Ähnliches als Basis dient.

Die Verwendungsmöglichkeiten dieser systematischen Technik sind sehr vielfältig: Von der Produktentwicklung über die Entwicklung neuer Geschäftsmodelle, neuer Verwendungszwecke oder Zielgruppen für Produkte hin zur Entwicklung von Marken sind dieser Methode keine Grenzen gesetzt. Gerade wenn ein Problem sehr komplex ist und viele Funktionen besitzt, ist diese Methode sehr wertvoll.

Besonderheit	Einsatztipp	leise Elemente (schriftlich)	laute Elemente (mündlich)	Alleine	Im Team	Online geeignet	Typische Einsatzgebiete im Marketing
Für komplexe Fragestellungen empfehlenswert	Neue Varianten von bestehenden Produkten, Dienstleistungen		x		x	x	Namensfindung, Produktentwicklungen, Logo-Entwicklung, Verbesserungen

Überblick zur morphologischen Matrix

Konkrete Anwendungsbeispiele aus dem Marketing

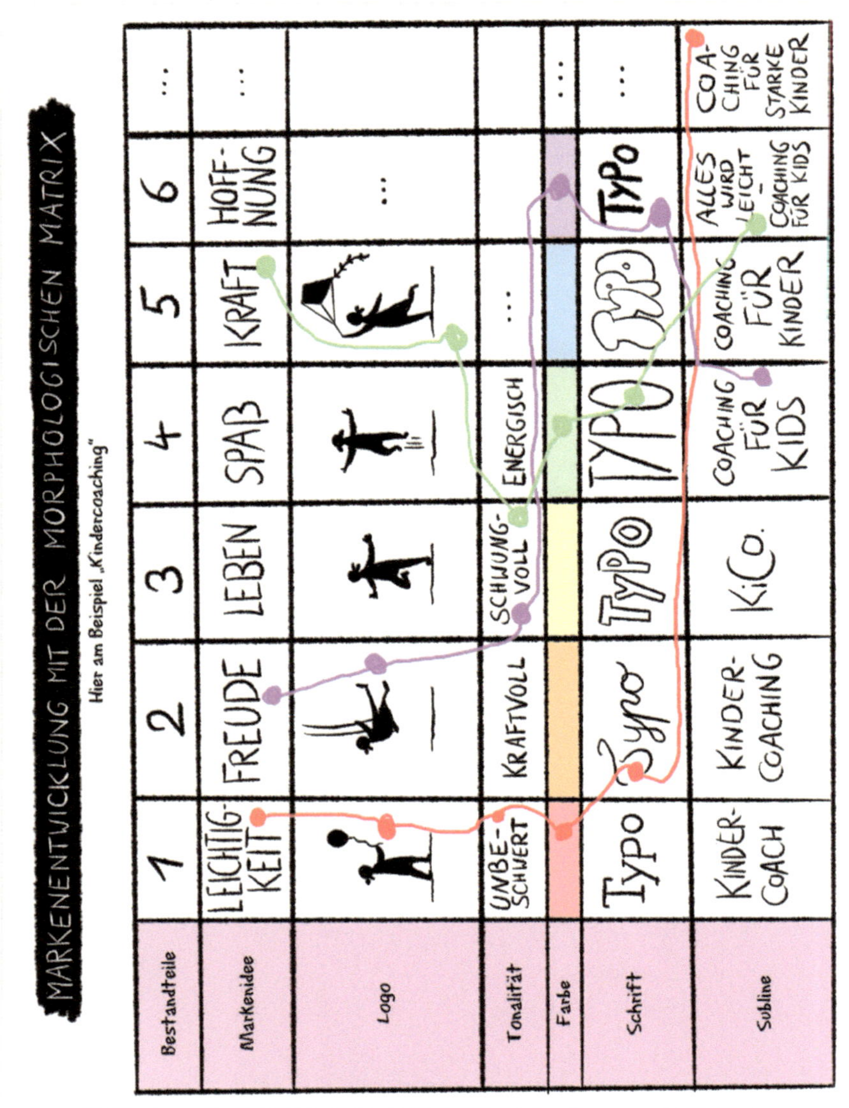

Abb. 55: Morphologische Matrix am Beispiel der Markenentwicklung

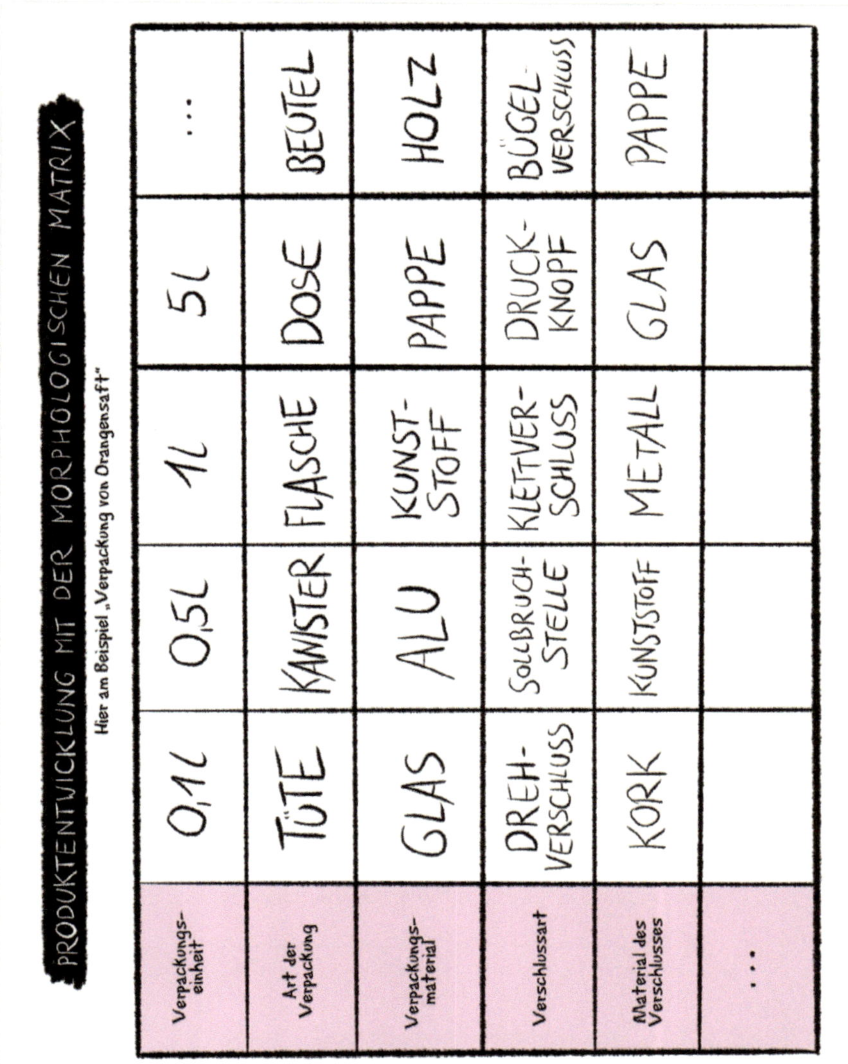

Abb. 56: Morphologische Matrix am Beispiel der Produktentwicklung eines Orangensafts

Ablauf

Wie konkret lässt sich dieses Tool in Ihrem Marketingteam nutzen? Die Anwendung erfolgt in fünf Schritten:

1. Sie starten mit der Definiton Ihres Problems und formulieren eine konkrete Fragestellung. Zum Beispiel: Welche neuen Produktvariationen können wir anbieten? Wie können wir unsere Verpackung umweltfreundlicher gestalten? Welche weiteren Zielgruppen können wir ansprechen? Welche Geschäftsmodelle können wir entwickeln? Wie könnte das Logo für Produkt oder Firma xy aussehen?

2. Anschließend folgt einer der wichtigsten Schritte: Das Identifizieren der richtigen Parameter. In welche Einzelbestandteile können Sie Ihr Thema zielführend zerlegen? Wichtig ist, dass die Parameter logisch unabhängig voneinander sind, damit die freie Kombinierbarkeit gegeben ist. Es hat sich in der Praxis bewährt, hier maximal sieben Parameter zu identifizieren.
3. Daraufhin sammeln Sie die möglichen Ausprägungen der einzelnen Bestandteile. In dieser Phase dürfen Sie wieder ganz kreativ werden und weitere Kreativitätstechniken hinzuziehen. Versuchen Sie mindestens jeweils drei mögliche Ausprägungen zu finden.
4. Sie haben nun alles, was Sie für die Matrix brauchen: Die Hauptbestandteile bzw. Parameter (linke Spalte) und die jeweiligen Ausprägungen. In diesem nächsten Schritt können Sie gemeinsam Kombinationsmöglichkeiten in der Matrix entwickeln. Ganz praktisch können Sie diese neuen, denkbaren Kombinationen mit Strichen verbinden und so sichtbar machen.
5. Ausgehend von Ihrer Fragestellung folgt nun der Bewertungsprozess im Team. Mit entsprechenden Auswahltechniken wählen Sie in Ihrem Team die beste Kombination aus (vgl. Kap. 5.6).

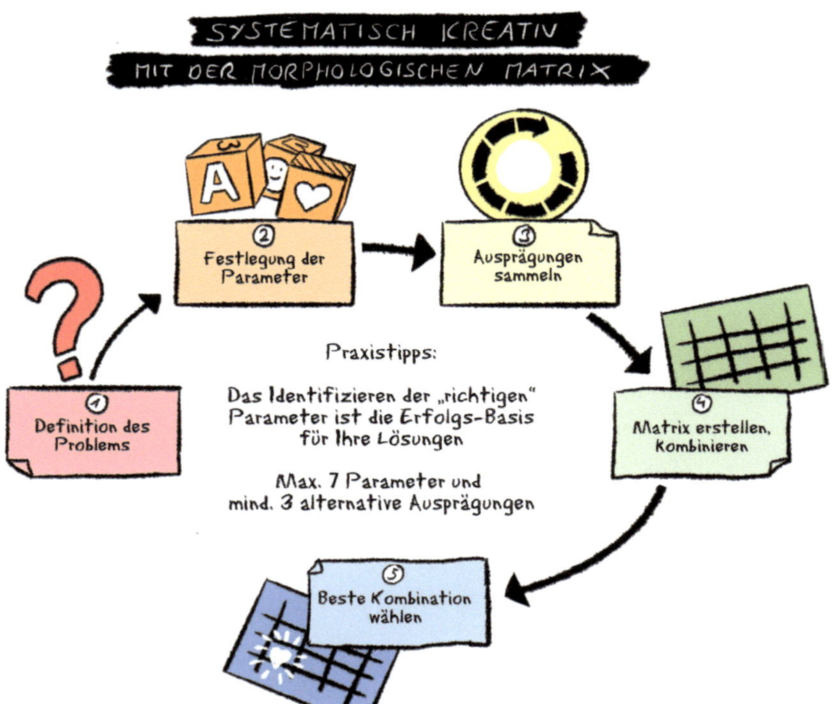

Abb. 57: Ablauf der morphologischen Matrix (→ Arbeitshilfen online)

Praxistipp für die Anwendung der Methode

Nähern Sie sich dieser Methode mit einfachen Beispielen, um so wertvolle Erfahrungen zu sammeln. Teamwork und Expertenwissen sind wesentliche Erfolgsfaktoren bei der Anwendung, um die richtigen Parameter zu bestimmen. Genau dieser Schritt wird häufig als einer der schwierigsten empfunden: Hier ist die jeweilige Fachexpertise von den entsprechenden Experten wie zum Beispiel den Produktmanagern, Grafikern, IT-Fachleuten, Verkäufern oder auch Kunden gefragt. Und dieser Schritt braucht eine weitere wichtige Zutat: Zeit! Je nach Thema kann die Anwendung auch mehrere Tage oder Wochen in Anspruch nehmen, da Sie die Fragestellung ganzheitlich betrachten.

Tipps zur Umsetzung in virtuellen Kreativsessions

Auch diese strukturierte Methode können Sie online durchführen und Break-out-Rooms gezielt für die Ideensuche nutzen. In einem größeren Team starten Sie gemeinsam damit, Ihre Herausforderung (die Fragestellung) in einzelne Parameter zu zerlegen. Und die Teillösungen können dann in Kleingruppen in ihren Break-out-Rooms entwickelt werden. Nach einer vereinbarten Zeit treffen sich wieder alle in einem gemeinsamen Raum, um die Teillösungen vorzustellen und zu besprechen.

5.5 Kombinierte Kreativitätstechniken

Neben den rein intuitiven und den diskursiven Methoden existieren auch Ansätze, die intuitive und diskursive Elemente kombinieren.

Die in diesem Abschnitt vorgestellten Kombimethoden sind als ganzheitliche Methoden zu verstehen, da sie sowohl eine Ideenfindungs- als auch eine Bewertungsphase bieten. In der Walt-Disney-Methode (Kap. 5.5.2) gibt es beispielsweise eine Art strukturierten Fahrplan, innerhalb dessen spielerische Kreativität gefragt ist und zudem konstruktive Kritik zu den entwickelten träumerischen Ideen. Auch bei den sechs Denkhüten (Kap. 5.5.1) haben die Anwender die Möglichkeit, Ideen zu entwickeln und diese gezielt unter anderem aus einem kritischen Blickwinkel zu betrachten. Bei beiden Methoden existiert eine Vielzahl an Herangehensweisen. In der Praxis finden Sie heraus, welche Methoden für Sie am wirkungsvollsten sind.

Das World Café (Kap. 5.5.3) ist eine tolle Möglichkeit, in einer kaffeehausähnlichen Atmosphäre mit Großgruppen Ideen zu generieren. Auch hier gibt es innerhalb einer klaren Struktur viele Freiräume für die Ideenentwicklung auf Tischdecken.

Sämtliche Kreativitätsmethoden können Sie in Innovationsworkshops nutzen. Sie finden daher im Exkurs »Innovationsworkshops und Megatrends« (Kap. 5.5.4) Tipps zur Durchführung und Planung Ihrer Workshops.

5.5.1 Sechs Denkhüte nach Edward de Bono

Ein Hut lässt sich einfach auf- und absetzen – und genau das fordert einer der größten Kreativitätsexperten, Edward de Bono, von unseren kreativ erfolgreichen Denkweisen. De Bono spricht von einem parallelen Denken im Vergleich zum kontroversen Denken. Dabei geht es um unsere Fähigkeit, nacheinander verschiedene Sichtweisen einzunehmen und dabei zu lernen, flexibler und effizienter zu denken. Diese unterschiedlichen Sichtweisen stecken in den sechs imaginären Hüten. Jeder Hut steht dabei für eine bestimmte Prämisse bzw. Perspektive. Erst nachdem wir alle Hüte oder auch Perspektiven zu einem Problem eingenommen haben, haben wir die Chance, eine optimale Entscheidung zu treffen. Zudem hilft die Anwendung dieser Methode, Meetings effizienter zu gestalten und die Kommunikation nachhaltig zu verbessern.

Anwendungstipps
Diese Methode eignet sich insbesondere in Entscheidungsfindungsprozessen. Auch bei komplexen Problemstellungen lässt sich mit dieser Methode verhindern, dass sich alle im Kreis drehen. In Meetings, in denen es häufig kontrovers zugeht, kann die Methode helfen, schneller zu besseren Ergebnissen zu kommen, und nebenbei die Teamharmonie verbessern. Denn die Teilnehmer können sich auf ihre Rolle berufen, falls sie sich beispielweise kritisch zu einer Idee äußern. Sie lässt sich auch einfach in virtuellen Räumen anwenden. Die Methode können Sie auch alleine nutzen, um eine fundierte Entscheidung zu treffen, die Sie mithilfe dieser Methode von allen Seiten durchleuchtet haben.

Besonderheit	Einsatztipp	leise Elemente (schriftlich)	laute Elemente (mündlich)	Alleine	Im Team	Online geeignet	Typische Einsatzgebiete im Marketing
Ganzheitlich und mit strukturiertem Perspektivenwechsel	Moderation von Meetings und allgemein für Entscheidungsfindungen		x	x	x	x	Werbung, Kundenprozesse, Produktentwicklungen

Überblick zu den sechs Denkhüten nach Edward de Bono

Material

- Metaplanwand, Flipchart oder digitale Alternative, um alle Punkte im Prozess festzuhalten
- Übersicht der Hüte mit ihren jeweiligen Bedeutungen (siehe Abb. 58)
- optional: große Haftnotizzettel in den Farben der sechs Hüte
- optional: Klebepunkte für die Abstimmung bzw. Entscheidungsfindung

Ablauf

1. Zunächst einigt sich die Gruppe mit einem Moderator auf die konkrete Fragestellung bzw. das Entscheidungsthema.
2. Danach stellt ein Moderator die Methode kurz vor und erläutert die Bedeutung aller Hüte (siehe Kasten). Es ist auch möglich, das Ganze nicht als Kreativitätstechnik vorzustellen, um keinen »abzuschrecken«, der weniger offen für neue Methoden ist. Sie könne dann einfach selbstbewusst durch den Prozess führen, ohne das Wort »Hut« zu erwähnen.

Die Bedeutung der sechs Denkhüte (nach Edward de Bono) !

- Der **weiße Hut** fordert auf, das Thema von einem objektiven Standpunkt aus ganz neutral zu betrachten. ZDF – also Zahlen, Daten, Fakten sind hier ohne jegliche Bewertungen gefragt.
- Der **schwarze Hut** symbolisiert die kritische Betrachtung. Hier suchen die Anwender gezielt nach Risiken, Gefahren oder Problemen.
- Der **grüne Hut** lädt die Anwender ein, originell und kreativ zu sein und divergent bzw. lateral zu denken. Hier gibt es keine Grenzen und alles ist möglich.
- Der **rote Hut** steht für die Emotionen, unsere Intuitionen und Bauchentscheidungen. Jeder kann äußern, was er zu dem Thema empfindet, was ihn beschäftigt, und dabei auf sein Bauchgefühl hören – ganz ohne Fakten oder Zahlen im Hintergrund.
- Der **gelbe Hut** steht für eine konstruktive und optimistische Denkweise.
- Der **blaue Hut** steht für strukturiertes, moderierendes und fokussiertes Denken. Somit ist dieser Hut am Anfang und zum Ende der Entscheidungsfindung sehr bedeutsam.

Abb. 58: Die sechs Denkhüte nach Edward de Bono (→ Arbeitshilfen online)

3. Nachdem die Teilnehmer mit den Rollen und der Bedeutung der sechs Hüte vertraut sind, startet die eigentliche Kreativsession. Der Moderator setzt imaginär den blauen Hut auf: Damit ist es seine Aufgabe, den gesamten Gruppenprozess verantwortlich zu leiten und auf eine effiziente und gute Entscheidungsfindung hinzuarbeiten. Alle andere tragen immer gemeinsam eine Hutfarbe – das stärkt das Gemeinschaftsgefühl und schafft ein wirkliches paralleles Denken auch in der Gruppe.
4. Der Moderator oder ein Schreibbeauftragter hält am Flipchart die Ideen und Punkte der Teilnehmer zu jeder Hutfarbe fest. Alternativ kann das auch zunächst schriftlich auf farbigen Haftnotizzetteln durch die Teilnehmer erfolgen: Nach der Bearbeitungszeit von jeweils fünf bis zehn Minuten werden die Ergebnisse mit allen besprochen und um weitere Punkte ergänzt. Diese Vorgehensweise hat den Vorteil, dass auch stillere Menschen zu Wort kommen, und würde vermutlich noch deutlicher die Stimmung abbilden.
5. Der Moderator legt gemeinsam mit den Teilnehmern die Reihenfolge der Hüte fest. In der Praxis hat sich die Reihenfolge weiß, schwarz, grün, rot und gelb bewährt. Denn so sammelt die Gruppe zunächst die Fakten mit dem weißen Hut und hat damit eine neutrale Sachlage vor Augen.

6. Danach geht die Gruppe gemeinsam in ein »schwarzes«, also kritisches Denken über. Den schwarzen Hut am Anfang zu nutzen ist wertvoll, da so die Teilnehmer möglichen Frust, Ärger oder negative Gedanken loswerden und sie somit nicht die ganze Zeit damit unbewusst belastet sind. Denn einmal ausgesprochen ist der Ärger meist schon verflogen. Das hilft auch, später die anderen Denkweisen richtig einzunehmen.
7. Der grüne Hut sollte der direkte Nachfolger der schwarzen Perspektive sein, denn so können die Teilnehmer direkt Lösungen und kreative Ideen zu den kritischen Punkten sammeln. Wenn also zuvor die Kritik kam »Das ist zu teuer!«, können die Teilnehmer gezielt und gemeinsam nach günstigen Varianten suchen.
8. Gegen Ende des Prozesses empfiehlt es sich, das Bauchgefühl abzufragen, nachdem rational bereits die meisten Sichtweisen besprochen worden sind. Es ist auch möglich, den gelben Hut am Schluss aufzuziehen, um mit einem positiven Gefühl zu enden.
9. Doch erst ganz zum Schluss lädt der Moderator mit dem blauen Hut zu einer Entscheidung ein. Er kann hierzu die Ergebnisse auf einer Metaplanwand oder einem Flipchart zusammenfassen und alle Beteiligten nach ihrer Entscheidung abfragen. Das kann eine einfache und öffentliche Abstimmung sein oder auch eine geheime Abstimmung zum Beispiel über die Dot-Mocracy-Methode (Kap. 5.6.2).

Tipps zur Umsetzung in virtuellen Kreativsessions

Dieses Denkwerkzeug ist genial für virtuelle Meetings. Als Moderator führen Sie die Teilnehmer sukzessive durch die unterschiedlichen Perspektiven und laden die Teilnehmer so ein, gemeinsam eine bestimmte Perspektive einzunehmen. Die Gedanken halten Sie als Moderator einfach auf einem oder mehreren Whiteboards fest, die für alle sichtbar sind.

5.5.2 Walt-Disney-Methode

»Wenn du es träumen kannst, kannst du es auch tun!« – Davon war der US-amerikanischen Trickfilmzeichner und Filmproduzent Walter Elias »Walt« Disney überzeugt. Walt Disney leistete Pionierarbeit mit künstlerischen und technischen Innovationen – wie zum Beispiel abendfüllenden Zeichentrickfilmen – und Disney erschuf die riesigen Freizeitparks Disneyland und Disney World. Wie hat er das gemacht? Der Visionär Disney entwickelte seine eigene Kreativitätsstrategie: Er richtete einen Träumer-Raum, einen Macher- und Kritiker-Raum in seinem Haus ein, die er in seinen Kreativprozessen nacheinander nutzte, um seine Träume Wirklichkeit werden zu lassen.

Die nach seiner Vorgehensweise modellierte Walt-Disney-Technik basiert auf einem Rollenspiel mit der Zielsetzung, eine Fragestellung aus diesen drei unterschiedlichen Perspektiven eines Träumers, eines Machers und eines Kritikers zu betrachten (siehe Abb. 59). Solche Perspektivenwechsel sind sehr wertvoll, denn wir alle nehmen zumeist automatisch einen Blickwinkel ein, der unserer Persönlichkeitsstruktur entspricht. Deswegen sind Visionäre gezwungen, ihre Ideen auch genau auf ihre Umsetzbarkeit zu prüfen und zudem nach Schwachstellen zu suchen. Ebenso sind besonders kritische Menschen eingeladen, auch mal zu träumen und alle möglichen Einschränkungen zunächst außen vor zu lassen. Dadurch wird eine einseitige Betrachtung durch die Ideensuchenden verhindert. Und die Methode bietet den Vorteil, dass jeder in der vorgegebenen Rolle leichter kritische Gedanken äußern kann, ohne sich dafür rechtfertigen zu müssen. Es schafft dadurch meist eine gewisse Harmonie im Team.

Abb. 59: Die Walt-Disney-Methode (→ Arbeitshilfen online)

Dauer

Insgesamt dauert ein Durchgang dieser Methode je nach Thema, Gruppengröße und Vorerfahrung 50 bis 100 Minuten. Durchaus kann es auch mehrere Runden geben (siehe Ablauf). Hier die einzelnen Ablaufzeiten:

- Intro und Probelauf 10 bis 20 Minuten
- eine Runde mit allen drei Rollen 3 × 10 bis 20 Minuten
- Abschluss 10 bis 20 Minuten

Anwendungstipps

Diese Methode lässt sich vielseitig einsetzen, zum Beispiel für Produktentwicklungen, Kampagnenideen oder die Prüfung und Ausarbeitung von unternehmerischen Visionen. Zudem können Sie sie alleine oder zu zweit nutzen, um strukturiert Ideen und Umsetzungspläne zu entwickeln und auch erste Bewertungen vorzunehmen. Im Team lässt sie sich auch virtuell sehr gut einsetzen. Ob persönlich vor Ort oder virtuell – in beiden Fällen ist eine Teamgröße von maximal zwölf Teilnehmern empfehlenswert.

Besonderheit	Einsatztipp	leise Elemente (schriftlich)	laute Elemente (mündlich)	Alleine	Im Team	Online geeignet	Typische Einsatzgebiete im Marketing
Ganzheitlich inklusive Bewertung	Visionen, Neu- und Weiterentwicklungen von Produkten, Dienstleistungen		x	x	x	x	Werbung, Strategiefindung, Kundenprozesse, Produktentwicklungen

Überblick zur Walt-Disney-Methode

Material

- Flipcharts und Metaplanwände
- Utensilien für die drei Rollen
- ein angemessen großer Raum mit drei möglichen »Ecken« oder »Plätzen«

Ablauf

1. Im ersten Schritt wird die Fragestellung, das Problem oder das Ziel möglichst konkret formuliert.
2. Anschließend erläutert ein Moderator kurz den Prozess und geht auf die drei Rollen des Träumers, Machers und konstruktiven Kritikers ein, die das Team gemeinsam einnimmt, um aus den jeweiligen Perspektiven das Problem näher zu beleuchten.
3. Zuvor einigt sich das Team, wo im Raum oder auch in den Räumen – falls möglich – die jeweiligen Rollen gespielt werden. Denn es ist sehr bedeutsam, sich auch äußerlich einzurichten, so wie es Disney vorgelebt hat. Denn das Außen hat einen starken Einfluss auf das innere Erleben (vgl. Kap. 2.2.3 »Priming und Querdenken«) und unterstützt so alle dabei, in ihre jeweiligen Rollen hineinzufinden. Für die Einrichtung ist es hilfreich, dass ein Moderator oder Workshopleiter entsprechende Utensilien vorbereitet und mitbringt (siehe einzelne Rollen). Für den Träumer können das Spielzeuge, Bastelutensilien oder einfach eine Kiste voller anregender Gegenstände sein. Ein solcher Träumer-Raum oder auch eine Träumerecke sollte möglichst bunt und hell sein – sie kann auch draußen in der Natur sein. Für den Macher-Raum können Checklisten, ein Projektplan oder einfach eine Metaplanwand als Schreibutensilien dienen. Am Platz des konstruktiven Kritikers kann ebenfalls eine Metaplanwand oder Ähnliches bereitstehen mit der Überschrift »Darauf sollten wir achten!« oder Ähnliches. Wenn Sie keine Utensilien zur Hand haben, können Sie beispielsweise auch einfach drei Zettel mit den jeweiligen Rol-

len beschriften und im Raum auslegen. Falls Sie die Methode alleine anwenden, können Sie genauso vorgehen.

4. Hilfreich ist es, wenn der Moderator einige Argumente vorbereitet hat, da möglicherweise der eine oder andere das Ganze als »unnütze Spielerei« betrachten könnte. Alle sollten dieses Rollenspiel trotz »Spaß« ernst nehmen.
5. Der Moderator bereitet ein mitwanderndes Flipchart oder eine Metaplanwand vor, auf dem er drei Spalten für die jeweiligen Rollen aufzeichnet. Bei jedem Schritt schreibt er oder ein anderer Schreibbeauftragter alle Punkte für die Teilnehmer mit.
6. Optional kann der Moderator zu einem »Probelauf« einladen, wenn die Teilnehmer noch ungeübt sind und sich nicht so sicher fühlen: Die Teilnehmer schlüpfen hierzu vorab, ohne das Thema zu bearbeiten, in die drei verschiedenen Rollen, um sich »einzuleben«. In der Träumerecke motiviert der Moderator alle Teilnehmer, an einen kreativen Moment in ihrem Leben zu denken und sich diesen noch einmal möglichst konkret mit allen Sinnen vorzustellen (vgl. Kap. 4.1 und 4.8). Nach einer kurzen Pause erfolgt der Wechsel zum Macherplatz. Dort kann sich jeder Teilnehmer an eine persönliche Situation erinnern, die er praktisch und clever gelöst hat. Zum Schluss, in der Kritikerecke, kann sich jeder eine Situationen ins Bewusstsein rufen, in der er eine Schwäche oder einen Fehler entdeckt und konstruktive Kritik geäußert hat. Alternativ kann jeder auch an ein Vorbild in der jeweiligen Rolle denken und sich in diese Rolle hineinversetzen. Dieser Probelauf sollte einfach locker und flockig gestaltet sein, damit die Teilnehmer neugierig sind und sich nicht unter Druck gesetzt fühlen.
7. Das Team startet mit der Träumerrolle. Der Moderator unterstützt alle, in diese Rolle hineinzufinden, und achtet darauf, dass alle auch in dieser Rolle bleiben. Hier dürfen alle frei und grenzenlos herumspinnen und annehmen, dass alles möglich ist. Risiken und Probleme werden zunächst »geparkt«. Jede noch so verrückte Idee ist in dieser Phase gefragt. Und Kritik zu dem Zeitpunkt noch unerwünscht. Einigen Menschen fällt das sehr leicht, andere brauchen hier mehr Unterstützung, um in keine »Ja, aber«-Haltung zu verfallen. Die Kreativitätsgebote sollten mit allen besprochen und dann zur Unterstützung und Erinnerung sichtbar aufgehängt werden.
8. Sobald der Moderator das Gefühl hat, es sind ausreichend Ideen zusammengekommen und die Gruppe ist kurz vor einer kreativen Überanstrengung, kann er dem Team danken und es einladen, aus der Träumerrolle und der Träumerecke herauszutreten. Er leitet nun zur nächsten Rolle des Machers über und lädt alle ein, diesen nächsten »Raum« innerlich wie äußerlich zu betreten. Dabei unterstützt er mit Worten, was die Eigenschaften des Machers angeht, und motiviert alle, sich in eine solche Rolle hineinzuversetzen. Dieses Rolle – auch »der Realist« genannt – lädt ein, neutral auf die Fragestellung und die Ideen zu schauen. Alle betrachten das Thema von einer ganz praktischen Seite und fragen sich, wie sie die Ideen umsetzen können und was alles zu tun ist. Dabei sollte man weder zu positiv noch

zu negativ sein, sondern das Thema rein sachlich angehen. Der Moderator kann die Punkte der Teilnehmer auf dem Flipchart in der Spalte des Machers notieren. Auch hier achtet insbesondere der Moderator darauf, wann ausreichend Punkte zusammen gekommen sind und die Teilnehmer keine Ergänzungen mehr haben.

9. Nachdem wieder alle Teilnehmer aus der Macherrolle herausgetreten sind, lädt der Moderator ein, nun die Rolle eines konstruktiven Kritikers einzunehmen. Die Betonung liegt dabei auf »konstruktiv«, denn es geht darum, mögliche Stolpersteine, Wiedersprüche und Probleme aufzuspüren, um diesen vorzubeugen. Das Bild eines guten Freundes oder einer guten Freundin kann hilfreich sein, die einen wohlmeinenden Rat gibt. Auch in diesem Schritt schreibt der Moderator bzw. Schreibbeauftragte alle wertvollen Gefahrenpunkte mit. Wenn nach Meinung des Teams und Moderators alle Gefahrenpunkte gesammelt sind, ist der erste Durchgang abgeschlossen. Alle sind eingeladen, auch diese dritte Rolle zu verlassen und aus dem Raum herauszutreten.
10. Nun ist es empfehlenswert, die kritischen Punkte nochmals in den Träumer-Raum zu nehmen. Denn aus dieser kreativen Perspektive lassen sich wieder kreative und neue Lösungen für die kritischen Punkte finden. So können Sie – alleine, zu zweit oder auch in einem größeren Team – diesen Kreislauf solange durchlaufen, bis Sie ein gutes Gefühl haben oder auch eine Schaffenspause einlegen und die Ergebnisse als Zwischenergebnisse festhalten. Gut ist es, mit dem Träumer zu enden, und nicht unbedingt mit dem Kritiker, so dass die Teilnehmer mit einem guten Gefühl aus der Kreativsession herausgehen.
11. Zum Ende empfiehlt es sich, dass der Moderator die Ergebnisse kurz zusammenfasst und auf die nächsten Schritte eingeht.

Tipps zur Umsetzung in virtuellen Kreativsessions

Ähnlich wie auch bei den sechs Denkhüten lässt sich diese Methode leicht in virtuellen Meetings umsetzen. Nutzen Sie Break-out-Rooms für kleine Teams und markieren Sie im Raum die drei Positionen Träumer, Realist und Kritiker. Alternativ können Sie auch wunderbar drei verschiedene Räume für die drei Rollen einrichten. Den Träumer-Raum können Sie bunt gestalten und Gegenstände im Raum verteilen oder auch die Teilnehmer einladen, selber in ihrer analogen Welt Gegenstände mitzubringen und mit ihnen während der Ideensuche zu spielen.

5.5.3 World Café für eine kreative Atmosphäre

Dass die Atmosphäre ein sehr wichtiger Erfolgsfaktor für das Ergebnis von Kreativrunden ist, haben wir im wahrsten Sinne des Wortes beleuchtet unter anderem in den Kapiteln 3.1.6 und 3.1.8.

Sie haben es bestimmt auch schon häufig erlebt, dass Gespräche in gemeinsamen Tagungspausen, in der Teeküche oder am Kaffeeautomaten oftmals belebter sind als zum Beispiel in einer Sitzung oder im alltäglichen Teammeeting. Genau dieses Erfolgsprinzip einer solchen gemütlichen und ungezwungenen Gesprächsatmosphäre greift die Methode World Café auf: In einer möglichst angenehmen, »Kaffeehausatmosphäre« tauschen kleine Untergruppen – meist vier bis zehn Personen – an Stehtischen ihr Wissen aus. Das Arbeiten im Stehen fördert weiterhin die Kreativität der Teilnehmer (vgl. Kap. 4.3). Das Hauptthema wird in Teilaspekten in den kleinen Tafelrunden diskutiert und schriftlich auf den Tischdecken – zum Beispiel Flipchartbögen – festgehalten.

Der intensive Austausch in Kleingruppen wird dabei von »Gastgebern« an den Tischen begleitet, alle anderen Teilnehmer wechseln nach einer bestimmten Zeit die Tische. Dabei ist eine entsprechend offene, klare und freundliche Atmosphäre die beste Voraussetzung dafür, dass sich alle einbringen.

Es gilt zudem, die folgende Kaffeehaus-Etikette zu beachten. Sie sollte gut sichtbar für alle Teilnehmer sein, zum Beispiel als Tischaufsteller oder als Plakat.
1. Fokus auf das, was wichtig ist!
2. Eigene Ansichten und Sichtweisen beitragen!
3. Sprechen und Hören mit Herz und Verstand!
4. Hinhören, um wirklich zu verstehen!
5. Ideen verlinken und verbinden!
6. Aufmerksamkeit auf die Entdeckung neuer Erkenntnisse und tiefergehender Fragen!
7. Spielen, kritzeln, malen – auf die Tischdecke schreiben ist erwünscht!
8. Haben Sie Spaß dabei!

Dauer
- mehrere Gesprächsrunden à 15 bis 30 Minuten
- je nach Fragestellung und Gruppengröße eine Stunde pro Gesprächsrunde bis zu ein oder zwei Tagen insgesamt

Material
- Stehtische und eventuell zusätzlich Hocker
- großes Flipchartpapier für jeden Tisch als Tischdecke
- Flipchartstifte (für jede Gruppe eine Farbe)
- Kaffeehaus-Etikette als Tischaufsteller oder auf einem Flipchartbogen
- weitläufiger und heller Raum
- optional: Musik, Deko und Tischschmuck für die Atmosphäre
- optional: Snacks und guter Kaffee

Anwendungstipps

Bei diesem Großgruppenformat ist eine Teilnehmerzahl von 15 bis zu 1.000 Personen möglich. Insbesondere eignet es sich für heterogene Teilnehmergruppen, die gemeinsam von einem Thema betroffen sind – auch Kunden können mögliche Teilnehmer sein, zum Beispiel für Produktverbesserungen oder Neuentwicklungen.

Generell lassen sich komplexere Fragestellungen gut bearbeiten, die sich in mehrere Aspekte unterteilen lassen.

Im **Ideenprozess** lässt sich dieses Tool anwenden, um in der Ideenfindungsphase in kurzer Zeit viele Ideen zu entwickeln. In der **Problemanalyse**, um unterschiedliche Perspektiven zu einem Thema zusammenzuführen. Und auch in der **Ideenevaluierung**, um Feedback zu bereits erarbeiteten Ideen und Lösungen zu erhalten und gegebenenfalls Verbesserungsvorschläge zu entwickeln.

Anwendungsmöglichkeiten gibt es zahlreiche: von Marketing-Jahrestagungen, über Workshops zur Entwicklung von neuen Produktlinien bis hin zu internen Change-Workshops.

Besonderheit	Einsatztipp	leise Elemente (schriftlich)	laute Elemente (mündlich)	Alleine	Im Team	Online geeignet	Typische Einsatzgebiete im Marketing
Kaffeehausatmosphäre für Großgruppen	Strategieworkshops		x		x	x	Werbung, Strategiefindung, Kundenprozesse, Produktentwicklungen, Verbesserungen

Überblick zum World Café

Ablauf

1. Ein Moderator begrüßt die Teilnehmer, stellt die Methode kurz vor und sorgt vorbereitend für den optimalen Aufbau einer Kaffeehausatmosphäre.
2. Einen besondere Fokus sollte auch hier auf die Formulierung der »richtigen« Fragen gelegt werden. Sie sollten die Teilnehmer neugierig machen und zudem im besten Falle trennscharf, einfach und verständlich sein. Zum Thema »Wie können wir im Team/Unternehmen noch kreativer arbeiten?« ergeben sich zum Beispiel folgende Fragestellungen, die sich auch auf andere Themen leicht übertragen lassen.
   - Was sind die wichtigsten Herausforderungen zum Thema?
   - Was ist uns wichtig, welche Lösungen empfehlen wir?
   - Welche Unterstützung oder Rahmenbedingungen brauchen die Lösungen, damit sie umgesetzt werden können?

Wenn Sie neue innovative Marketingideen suchen, könnten Sie auch die vier Ps aus dem Marketing als Fragen formulieren:

- **Product:** Mit welchen Produkten können wir innovieren?
- **Promotion:** Wie können wir eine innovativere Kommunikation gestalten?
- **Place:** Welche anderen neuen Distributionswege können wir nutzen?
- **Price:** Welche genialen Preisstrategien und Angebote können wir gestalten?

Bei der Formulierung der Fragen ist es wichtig, einen Konsens und ein gemeinsames Verständnis von Thema und Fragen zu finden.

1. Gemeinsam legen Sie die Gesprächsrundenleiter, also die Gastgeber an den jeweiligen Tischen fest.
2. In den Kleingruppen werden dann in aufeinanderfolgenden Gesprächsrunden von 15 bis 30 Minuten an allen Tischen gleichzeitig die entsprechenden Fragestellungen besprochen. Dabei halten die Teilnehmer ihre wichtigsten Gedanken, Fragen, Skizzen und Ideen usw. auf der Tischdecke (Flipchart) fest.
3. Nach jeder Runde mischen sich die Teilnehmer neu – nur die Gastgeber bleiben an ihrem Tisch. Sie haben die Aufgabe, die Neuen zu begrüßen, das bisher Besprochene zusammenzufassen und zur neuen Diskussion und Ideenentwicklung zu motivieren.
4. Nach den geplanten Gesprächsrunden gehen alle wieder an ihren Ursprungstisch zurück. Es folgen die Ergebnispräsentationen und Auswertungen mit der ganzen Gruppe. Dabei hat sich eine Vernissage bewährt: Sie können die »Tischdecken« an die Wände des Raumes oder zum Beispiel auf Metaplanwände hängen, um die Ergebnisse sichtbar zu machen. Alle wandern von Ergebnis zu Ergebnis und diskutieren im Anschluss die Präsentation.

!

Tipps zur Umsetzung in virtuellen Kreativsessions

Richten Sie einfach mehrere (virtuelle) Kleingruppenräume ein und legen Sie fest, wer dort jeweils der »Moderator« für das Team ist. Zusätzlich können Sie entspannte Musik im Hintergrund laufen lassen und die Teilnehmer motivieren, gemeinsam virtuell einen Kaffee oder Tee zu trinken. Auch die Räume können Sie als virtuelle Cafés einrichten. So bewegen sich die Teilnehmer von Raum zu Raum und ergänzen ihre Ideen und Beiträge zu den einzelnen Fragen. Spielen Sie mit der Methode: Statt einem Redestift können Sie Ihre Tasse hochhalten. Das alles trägt zu einer angenehmen Atmosphäre bei.

5.5.4 Exkurs: Innovationsworkshop und Megatrends

Vielleicht planen Sie einen Innovationsworkshop, um konkrete Ideen für innovative Produkte, Geschäftsideen, das Marketing und Werbeinnovationen zu finden und erste Konzepte zu erarbeiten. Die Walt-Disney-Methode (Kap. 5.5.2), das World Café (Kap. 5.5.3) oder auch andere Techniken sind wesentliche Zutaten in einem Innovationsworkshop. Bevor sie zum Einsatz kommen, sind wesentliche vorbereitende Maßnahmen erforderlich. Bereits vor dem Workshop sollten Ziel und der Rahmen des Workshops definiert werden. Die einzelnen Teilbereiche dieses Rahmens werden auch als Suchfeld bezeichnet. Die Definition von Suchfeldern ist ein wesentlicher erster Schritt. Ein Teilbereich macht die Innovationsart aus, also die Frage, was Sie erfinden möchten, ein weiterer die Zielgruppe der Innovation, ein dritter Aspekt das Timing und der vierte Teil auch die Klärung des Innovationsgrads (vgl. Kap. 1.6.2).

Suchfelder können sich beispielsweise auf Kernkompetenzen Ihres Unternehmens, Trends, Prozesse oder Ihre Kunden bzw. Ihren Markt beziehen. Schauen wir uns ein mögliches Kernkompetenz-Suchfeld genauer an. Am Beispiel eines Kreditinstituts könnte das bedeuten, dass es seine Kernkompetenz beispielweise als »sichere vertrauensvolle Aufbewahrung« definiert, denn die Kunden vertrauen der Bank ihr Vermögen an. Die Frage könnte also lauten: »Was könnte eine Bank noch aufbewahren?« Neue Geschäftsfelder wie die Datenaufbewahrung usw. könnten auf diesem Weg entstehen.

Die Arbeit mit Megatrends als Suchfelder für Innovationen ist in unserer VUCA-Welt nahezu unverzichtbar! Megatrends wie die Globalisierung, New Work oder Mobilität sind Treiber des Wandels und bezeichnen tiefgreifende und nachhaltige jahrzehntelange Entwicklungen. Sie betreffen jeden Einzelnen und alle Ebenen der Gesellschaft: Sie verändern die Welt grundlegend und langfristig. Das Zukunftsinstitut bietet Megatrend-Landkarten als Arbeits- und Denkwerkzeuge an, in denen auch Einzeltrends visualisiert sind (siehe Abb. 60).

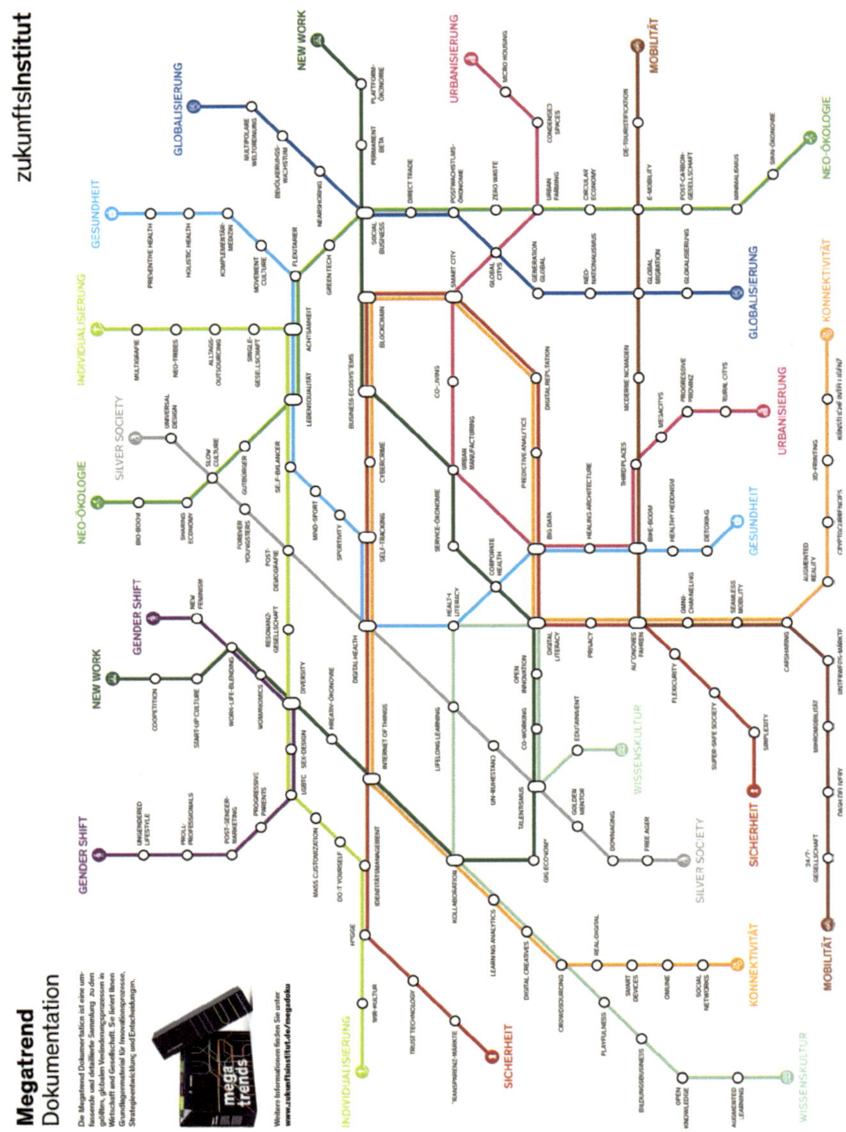

Abb. 60: Megatrends (Darstellung des Zukunftsinstituts, https://www.zukunftsinstitut.de/)

Praxistipp: Innovationsdatenbanken

Auch können Sie von Datenbanken wie beispielsweise springwise.com unterstützend Gebrauch machen und sich durch Innovationen von anderen Unternehmen und Organisationen inspirieren lassen. Sie können beispielsweise Innovationen nach Thema, Land, Branche, Technik oder auch nach dem Business-Modell suchen und als Inspiration für Ihren Workshop nutzen. Sie finden hier auch ganz aktuelle Werbe- und Marketinginnovationen: https://www.springwise.com/advertising-and-marketing-innovations/

Tipps zur Moderation von Workshops finden Sie in Kapitel 5.1.6.

5.6 Bewertungstechniken

»Man muss nicht nur mehr Ideen haben als andere, sondern auch die Fähigkeit besitzen, zu entscheiden, welche dieser Ideen gut sind.«
Linus Carl Pauling

Nach der kreativen Phase der Ideenfindung, in der Bewertungen bewusst zurückgehalten werden, folgt die Evaluationsphase. Denn mit einer Vielzahl an Ideen ist noch keine Innovation geschaffen. Gemeinsam können Sie nun den Wert Ihrer Ideen bestimmen und damit auch entscheiden, welche Sie realisieren wollen. Dafür gibt es eine Reihe an Bewertungstechniken, die Sie in Ihren Kreativitätsrunden nutzen können.

Sie finden in diesem Kapitel Impulse zum Ablauf von Bewertungsphasen. Darüber hinaus Möglichkeiten, mithilfe der Dot-Mocracy-Methode (Kap. 5.6.2) ein wirklich demokratisches Meinungsbild zu gewinnen. Mit ihr schaffen Sie es, ein – wenn auch unbewusstes – Verzerren der tatsächlich vorhandenen Meinungen durch Meinungsführer zu vermeiden.

Zudem finden Sie strukturierte Tools wie Kriterienkataloge (Kap. 5.6.4), die dabei helfen, die Ideen vergleichbar zu machen und die besten Ideen zu bestimmen. Auch das Tool eines Ideensteckbriefs (Kap. 5.6.3) hilft Ihnen, nach ersten Bewertungen die gewählten Ideen zu konkretisieren. Aus einem Haftnotizzettel entsteht in kurzer Zeit eine detaillierte Produktbeschreibung mit einer Stärken- und Schwächenanalyse und einer Bestimmung der nächsten Schritte.

Einige Ansätze sind auch spielerischer Natur wie die Temperatur- oder Monopoly-Methode. Probieren Sie einfach aus, welche Tools Sie für sich und Ihre Situation am besten nutzen können. In der Tabelle sehen Sie auf einen Blick alle vorgestellten Techniken mit ihren Besonderheiten und Merkmalen.

Methode	Besonderheit	leise Elemente (schriftlich)	laute Elemente (mündlich)	Alleine	Im Team	Online geeignet
Dot-Mocracy	Demokratische Abstimmung	x	x		x	(x) online abhängig von den Toolfunktionen
Ideen-steckbrief	Schnelle Konkretisierung von Ideen	x	x	(x)	x	x
Kriterien-katalog	Checkliste	x	x	(x)	x	x
Gewichteter Kriterien-katalog	Nach Zielen gewichtete Checkliste	x	x	(x)	x	x
Monopoly & Co.	Spielerischer Ansatz	x	x	(x)	x	x
Temperatur-Matrix	Intuitiver Ansatz	x	x	(x)	x	x
Bodenskala	Teilnehmer durch Bewegung aktiviert		x	(x)	x	(x) Online-Skala zum Ankreuzen auf einem Whiteboard

Überblick zu den Bewertungstechniken (→ Arbeitshilfen online)

5.6.1 Vorbereitung zur Ideenbewertung

Nachdem Sie mehrere Kreativitätswerkzeuge für Ihre Fragestellung genutzt haben, stehen Sie nun vor einer großen Ideenwand. Es ist ein gutes Gefühl, so viele Ideen generiert zu haben. Doch zugleich wird deutlich, wie wichtig in dieser Situation ein Überblick über die Ideen ist und die Entscheidung, welche der Ideen denn nun die besten sind. Nachdem der Moderator und die Gruppe nach eigener Einschätzung ausreichend Ideen gesammelt haben, folgen diese Kernfragen:

- Welche der Ideen spricht Sie besonders an?
- Nach welchen Kriterien möchten Sie die Auswahl treffen, welche Ideen Sie weiter bearbeiten bzw. umsetzen wollen?

Wir sind also in diesem Prozessschritt mitten in der Ideenbe**wert**ung. Diese Phase verdient besondere Aufmerksamkeit. Denn es ist eben nicht die Einladung, nun andere

Ideen »schlecht« zu machen, sondern wertschätzend und weiterhin mit einer neugierigen und positiven Haltung Ideen auszuwählen. Das macht im Gruppenprozess einen großen Unterschied aus. Als Moderator können Sie diesen Prozess begleiten, indem Sie auch auf die »konvergierenden Kreativitätsregeln« verweisen und auf ihre Einhaltung achten (vgl. Kap. 1.4.2).

Ablauf

1. Falls Sie Ihre Ideen auf Haftnotizzetteln an einer »Ideenwand« gesammelt haben, können Sie nun die Teilnehmer einladen, Cluster zu bilden. Da eine große Zahl an unterschiedlichen Ideen zusammengekommen ist, gewinnen die Teilnehmer auf diese Weise einen Überblick über die Vielzahl an Ideen und können sich damit auch selbst besser sortieren.

Tipp

Ziehen Sie diesen Prozessschritt nicht allzu sehr in die Länge, da es immer mehrere verschiedene Clusteroptionen gibt, die für den besseren Überblick wichtig sind. Deswegen sollten Sie als Moderator hier nach ein paar Minuten einen Punkt setzen und den Fokus wieder auf den weiteren Prozess lenken.

1. Um den Auswahlprozess zu vereinfachen, schreiben Sie als Moderator oder einer der Teilnehmer nun fortlaufende Nummern auf jede einzelne Idee. Dabei ist es wichtig, einzelne konkrete Ideenansätze mit einer Nummer zu versehen und genau auf dieser Ideenebene zu bleiben und nicht nur über die Cluster abstimmen zu lassen. In der Praxis geschieht es häufig, dass der ein oder andere Teilnehmer diesen Auswahlprozess über eine Clusterauswahl beschleunigen möchte, doch laufen Sie Gefahr, dadurch wertvolle Ideeneinzelheiten zu verlieren.
2. Lassen Sie sich von den folgenden Tools zur Ideenbewertung inspirieren und wählen Sie die geeignete Methode für Ihre Bedürfnisse.

5.6.2 Geheim und demokratisch abstimmen mit der Dot-Mocracy-Methode

Dieses Kunstwort setzt sich zusammen aus dem englischen Wort »Dot«, also den bekannten kleinen Klebepunkten für Abstimmungen, und dem englischen Wort »Democracy«. Und genau diese Zusammensetzung beschreibt die Besonderheit dieses Abstimmungsverfahrens. Denn im Unterschied zu den üblichen Abstimmungsrunden klebt nicht jeder öffentlich seine Stimmzettel bzw. Klebepunkte vorne an die jeweiligen Ideen, sondern führt sozusagen eine »geheime Dot-Wahl« an seinem Platz durch.

Material

- etwa fünf Klebepunkte oder Klebezettel für jeden Abstimmenden
- Ideenwand

Dauer

10 bis 15 Minuten

Anwendungstipps

Diese Methode eignet sich für sämtliche Abstimmungsprozesse in Gruppen und ist auch online möglich.

Methode	Besonderheit	leise Elemente (schriftlich)	laute Elemente (mündlich)	Alleine	Im Team	Online geeignet
Dot-Mocracy-Methode	Demokratische Abstimmung	x	x		x	(x) online, abhängig von den Toolfunktionen

Überblick zur Dot-Mocracy-Methode

Ablauf

1. In einem ersten Schritt kann die Gruppe gemeinsam Cluster bilden, um so auch einen Überblick über alle Ideen zu gewinnen. Das ist auch hilfreich für die anschließende Abstimmung.
2. Dann bekommt jeder Teilnehmer die gleiche Anzahl an Klebepunkten oder auch sonstigen Klebezetteln (z. B. fünf Zettel für insgesamt fünf Stimmen). Idealerweise sollten die Punkte oder Klebezettel von allen Personen die gleiche Farbe haben. So wahren Sie das Abstimmungsgeheimnis.
3. Der Moderator oder eine andere Person beschriftet nach dem Clusterprozess alle Ideen mit einer fortlaufenden Nummer, damit die Abstimmung leichter funktioniert (vgl. Kap. 5.6.1).
4. Danach folgt die geheime »Ideenwahl«: Jeder zieht sich zurück und wählt seine fünf favorisierten Ideen aus. Das kann nach Bauchgefühl erfolgen oder Sie legen gemeinsam zuvor die wichtigsten Kriterien wie »Umsetzbarkeit« oder »Attraktivität« fest. Jeder schreibt dann einfach die Nummer der ausgewählten fünf Ideen

auf seine Klebepunkte oder Klebezettel. Sie können auch zulassen, dass jeder eine Idee bis zu drei mal wählen kann. Erst wenn alle Beteiligten ihre fünf Wahlzettel geheim beschrieben haben, gibt der Moderator das Startsignal, dass nun alle ihre Klebepunkte auf den jeweiligen Ideenkarten anbringen können. Das ist wichtig, um die Beeinflussung durch andere zu minimieren. Interessant ist, dass sich bei der Anwendung dieser Methode häufig eine breitere Streuung findet.

5. Nach der Beklebungsphase notiert der Moderator die Anzahl der Stimmen auf den Ideenkarten. Abschließend kann die Gruppe noch einen gemeinsamen Blick auf das Wahlergebnis werfen.
6. Danach geht es weiter mit einer Konkretisierung der ausgewählten Ideen. Dabei empfiehlt sich beispielweise ein Ideensteckbrief, der im folgenden Abschnitt vorgestellt wird.

5.6.3 Ideensteckbrief zur Ideenvertiefung

Mit einem Ideensteckbrief nutzen Sie eine einheitliche Vorlage, um Ihre Ideen weiter zu vertiefen und auch mehrere Ideen vergleichbar zu machen. Der Name Steckbrief ist bewusst gewählt, denn die Anwender sind eingeladen, Ihre Ideen präzise auf den Punkt zu bringen und treffend darzustellen.

In recht kurzer Zeit wird so aus einer anfänglichen Idee bereits eine konkrete Maßnahme, so dass Chancen wie mögliche Risiken der nächsten Schritte deutlich werden.

Die Praxis zeigt, dass ein tieferes Eintauchen häufig zu einer Liebe auf den zweiten Blick für die ein oder andere Idee führt: Anfangs gehypte Ideen können durch die Analyse an Kraft verlieren, während andere Ideen an Energie gewinnen.

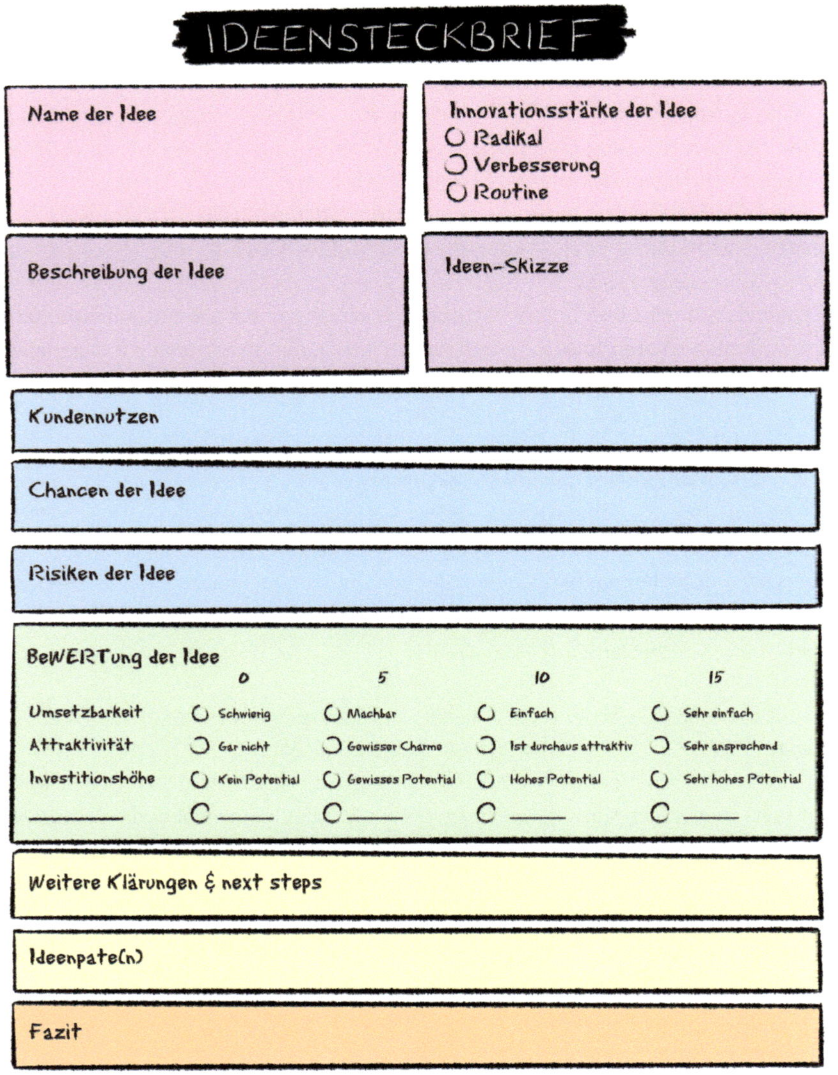

Abb. 61: Der Ideensteckbrief (→ Arbeitshilfen online)

Material

- einheitliche Vorlage (siehe Abb. 61)
- Flipchartstifte oder Filzmarker zum Ausfüllen

Dauer

Pro Idee 30 bis 60 Minuten

Anwendungstipps

Der Steckbrief eignet sich in Workshops nach einer ersten Ideenabstimmung beispielsweise mit der Dot-Mocracy-Methode zur weiteren Analyse und Dokumentation der aussichtsreichsten Ideen. Zudem kann dieses Tool als Vorlage zur Ideeneinreichung innerhalb eines Ideenmanagements angewandt werden, um einen Ideenpool in Ihrem Team oder auch unternehmensweit aufzubauen.

Methode	Besonderheit	leise Elemente (schriftlich)	laute Elemente (mündlich)	Alleine	Im Team	Online geeignet
Ideensteckbrief	Schnelle Konkretisierung von Ideen	x	x	(x)	x	x

Überblick zum Ideen-Steckbrief

Ablauf

1. Zum Ende eines Ideenworkshops haben Sie eine große Anzahl an Ideen beispielsweise mit der Dot-Mocracy-Methode bewertet. Nun kann ein Moderator dazu einladen, mithilfe des Steckbriefs einige der Ideen mit den meisten Stimmen weiter auszuarbeiten.
2. Dabei ist es wichtig, den Steckbrief kurz vorzustellen und ihn auch an Ihre jeweiligen Bedürfnisse anzupassen. Sie können Felder ergänzen, Kriterien austauschen oder auch andere Infos weglassen.
3. Zur Bearbeitung hat es sich bewährt, mindestens in Zweiterteams zu arbeiten, damit mehrere Sichtweisen aufeinandertreffen. So können sich die Teilnehmer

nach Interesse jeweils Ideen aussuchen, die sie weiterbearbeiten. Für das Ausfüllen in den Teams braucht es ca. 30 Minuten.

4. Am Ende ist es wichtig, alle Ideensteckbriefe durch die Teams vorstellen zu lassen und auch mögliche Ergänzungen aufzunehmen.
5. Im besten Falle werden auch Ideenpaten festgelegt, die eine weitere Prüfung und mögliche Umsetzung vorantreiben. Und alle Ideen sollten bestenfalls in den Ideenpool wandern, damit keine verloren geht.

5.6.4 Kriterienkatalog als Checkliste für Ihre Ideen

Um eine erste und schnelle Bewertung durchzuführen, können Sie die folgende Kriterienliste als Checkliste für Ihre Ideen nutzen.

Anwendungstipps
Sie können das Tool sowohl alleine als auch in einer Gruppe nutzen. Auch die Anwendung in Online-Sessions ist selbstverständlich möglich.

Methode	Besonderheit	leise Elemente (schriftlich)	laute Elemente (mündlich)	Alleine	Im Team	Online geeignet
Kriterienkatalog	Checkliste	x	x	(x)	x	x

Überblick zum Kriterienkatalog als Ideen-Checkliste

Material

- Arbeitsblatt Kriterienkatalog
- Metaplanwand bei Gruppenarbeiten

EINFACHE IDEENBEWERTUNGEN
MIT EINEM KRITERIENKATALOG

Kriterien	Idee 1	Idee 2	Idee 3	Idee 4	Idee 5
originell					
neu					
preisgünstig					
einfach zu verwirklichen					
einfach zu handhaben					
macht dem Kunden Spaß					
unkompliziert					
verständlich					
zeitgemäß					
integrierbar mit / in...					
von allen akzeptiert					
kommunizierbar					

1: Trifft nicht zu
2: Trifft ein wenig zu
3: Trifft voll zu

Abb. 62: Ideenbewertung mit Kriterienkatalog (→ Arbeitshilfen online)

Ablauf

1. Die Kriterienliste sollte Ihrer Fragestellung entsprechen, die Darstellung in Abbildung 62 zeigt Ideen, in welche Richtung es gehen kann. Befassen Sie sich also mit dieser Fragestellung: Was ist Ihnen wichtig bei Ihrer Lösung/Idee? Soll sie einfach, schnell umsetzbar sein? Oder ist es wichtig, dass die Idee innovativ ist? Oder stehen die Kosten an erster Stelle? …
2. Auch bei den Bewertungsskalen haben Sie mehrere Optionen. Die folgenden haben sich in der Praxis bewährt:
   - Option minus bis plus: minus (-), neutral (0), plus (+)
   - Option Ampel: rot, gelb, grün
   - Option Smiley: lachend und traurig

3. Alle Ideen sind durchnummeriert, damit Sie die Möglichkeit haben, geheim abzustimmen.
4. Bereiten Sie die entsprechenden Abstimmungszettel vor, um im Workshop Zeit zu sparen. Angenommen, es stehen fünf Ideen zur Auswahl und Sie haben sich für drei Kriterien entschieden. So bekommt bei der folgenden Variante einer Ampelabstimmung jeder Teilnehmer die folgenden Haftnotizzettel oder auch Klebepunkte: 5 × 3 rote, 5 × 3 gelbe und 5 × 3 grüne Haftzettel oder Klebepunkte. Bei der Option Smiley sind es 15 Klebezettel, auf denen jeder Teilnehmer einen lachenden oder traurigen Smiley zeichnen kann. Sie können die Smiley-Zettel auch vorbereiten, dann brauchen Sie entsprechend 2 × 15 Stück. Bei der Option minus bis plus bekommt jeder 15 Zettel, auf die er minus (-), neutral (0), plus (+) skizzieren kann. Sie können wahlweise auch hier mit unterschiedlichen Farben arbeiten wie beim Ampelprinzip.
5. In der Ampelabstimmung bewertet jeder Teilnehmer zu jeder der (hier) fünf Ideen, inwieweit das jeweilige Kriterium erfüllt ist (grün), teilweise erfüllt ist (gelb) oder gar nicht erfüllt ist (rot). Hierzu notiert er für sich die Ideennummer auf den jeweiligen der (hier) 15 Zetteln. Das heißt, von den insgesamt 45 Zetteln nutzt jeder nur 15 Zettel.
6. Nach der geheimen Abstimmung kleben alle ihre Klebepunkte oder Haftzettel auf die jeweiligen Ideen. So haben Sie am Ende eine Entscheidung, mit welchen Ideen sie in die Umsetzungsphase gehen wollen.

5.6.5 Mit dem gewichteten Kriterien-Ranking Ihren Auswahlkriterien Gewicht geben

Dieses Verfahren hilft Ihnen, den Fokus richtig zu setzen und angesichts der Vielzahl an Ideen den Überblick nicht zu verlieren. Auf Basis Ihres Ziels nutzen Sie gewichtete Auswahlkriterien.

Anwendungstipps
Sie können das Tool sowohl alleine als auch in einer Gruppe nutzen.

Material
- Arbeitsblatt Ideenbewertung mit Gewichtung
- Metaplanwand bei Gruppenarbeiten

Methode	Besonderheit	leise Elemente (schriftlich)	laute Elemente (mündlich)	Alleine	Im Team	Online geeignet
Gewichteter Kriterienkatalog	Nach Zielen gewichtete Checkliste	x	x	(x)	x	x

Überblick zum Kriterien-Ranking als gewichtete Ideen-Checkliste

Ablauf

1. Zunächst verschaffen Sie sich einen Überblick über alle Ihre Ideen und halten Sie in einer Ideenmatrix fest. Das können Sie sowohl digital, auf einer Metaplanwand oder einer anderen großen Fläche machen. Wenn Sie mit Haftnotizzetteln gearbeitet haben, können Sie diese einfach in die Matrix übertragen.
2. Nun können Sie Kriterien bestimmen, die Ihnen bei der Bewertung Ihrer Ideen wichtig sind. Erstellen Sie hier bereits ein Ranking der Kriterien, also auf Platz 1 das Kriterium, das ihnen am wichtigsten ist. Dieses Ranking können Sie für eine zusätzliche Gewichtung Ihrer Ideen nutzen.
3. Hier ein beispielhaftes Kriterien-Ranking mit Gewichtung der Stimmen:
   - einfache Umsetzbarkeit mit Gewichtung 3
   - Kosten mit Gewichtung 2
   - Attraktivität mit Gewichtung 1

Die Angabe der Gewichtung der Kriterien lässt sich einfach in der Matrix ergänzen:

IDEENBEWERTUNGEN
MIT DEM GEWICHTETEN KRITERIENKATALOG

	Kriterium 1	Kriterium 2	Kriterium 3	
Ideen	Umsetzbarkeit	Kosten	Attraktivität	Ergebnis
Gewichtung	Stimmen x 3	Stimmen x 2	Stimmen x 1	
Idee 1				
Idee 2				
Idee 3				
Idee 4				
Idee 5				
Idee 6				
Idee 7				
Idee 8				
Idee 9				
Idee 10				

Abb. 63: Ideenbewertung mit Gewichtung (→ Arbeitshilfen online)

1. Nun geht es um die Abstimmung. Wenn Sie die Matrix für sich allein nutzen, können Sie die Ideen einfach hintereinander durchgehen. Abstimmungsstufen können sein:
   3 = Wow
   2 = interessant
   1 = geht so
   So tragen Sie einfach in jedes Kästchen eine 3, 2 oder 1 ein und am Ende können Sie die Kriterien-Gewichtung nutzen, um die Stimmpunkte mit der jeweiligen Gewichtung zu multiplizieren.

5.6.6 Spielerische Herangehensweise über Monopoly, Casino-Chips & Co.

Spielerische Ansätze können sehr hilfreich sein, um die Stimmung in der Kreativsession aufzulockern und die Teilnehmer insbesondere während dieser »ernsten Bewertungsphase« mit etwas Leichtigkeit zu beflügeln.

Anwendungstipps
Sie können das Tool sowohl alleine als auch in einer Gruppe nutzen. Auch digital lässt sich die Methode einfach umsetzen.

Methode	Besonderheit	leise Elemente (schriftlich)	laute Elemente (mündlich)	Alleine	Im Team	Online geeignet
Monopoly & Co.	Spielerischer Ansatz	x	x	(x)	x	x

Überblick zu den spielerischen Ansätzen Monopoly, Casino-Chips & Co.

Material
- Spielgeld oder Ähnliches
- Metaplanwand bei Gruppenarbeiten

Ablauf
1. Sie verteilen beispielsweise Spielgeld, Casino-Chips oder Ähnliches und platzieren Metaplankärtchen mit den Ideennamen beispielweise einfach auf dem Boden als Matrix. Das lässt sich auch auf einem digitalen Whiteboard für alle umsetzen. Der Spielgeldbetrag kann auch ein realistisches Budget sein, das es auf die Ideen zu verteilen gilt. Der Kreativität sind hier keine Grenzen gesetzt.
2. Dann bitten Sie jeden Teilnehmer, das Geld auf die Ideen zu verteilen. Hierbei können Sie das Spielgeld komplett frei verteilen lassen oder auch ein Mindest- und Höchsteinsatz vorgeben.
3. Am Ende haben Sie ein messbares Ergebnis.

5.6.7 Temperatur-Matrix – »Je heißer, desto besser!«

Ein weiterer spielerischer Bewertungsansatz besteht darin, die Bewertung nach ihrer Temperatur vorzunehmen. Je heißer, desto besser bewertet der Einzelne die jeweilige Idee. Dabei können Sie beispielsweise das folgende Schema nutzen.

- heiß
- warm
- lau
- kalt

Anwendungstipps

Sie können das Tool sowohl alleine als auch in einer Gruppe nutzen. Mithilfe eines Whiteboards lässt es sich auch online gut umsetzen.

Methode	Besonderheit	leise Elemente (schriftlich)	laute Elemente (mündlich)	Alleine	Im Team	Online geeignet
Temperatur-Matrix	Intuitiver Ansatz	x	x	(x)	x	x

Überblick zur Temperatur-Matrix

Material

- Temperaturskala
- Metaplanwand bei Gruppenarbeiten

Ablauf

1. Je heißer die Idee bewertet wird, desto besser! Denn mit den »heißesten Ideen« können Sie anschließend weiterarbeiten.
2. Auch hier gilt: Sie können die Teilnehmer nach ihrem Bauchgefühl abstimmen lassen oder auch ein oder mehrere Kriterien bestimmen und die Teilnehmer auf dieser Kriterienbasis die Abstimmung vornehmen lassen.

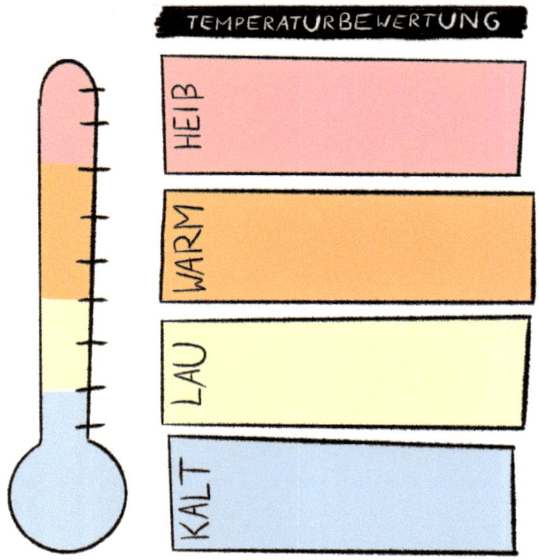

Abb. 64: Ideenbewertung nach Temperatur (→ Arbeitshilfen online)

1. **Option offene Abstimmung:** Jeder Teilnehmer darf dann jede Idee jeweils zu einer der vier Temperaturkategorien zuordnen. Das ist auf einer Metaplanwand gut mit Haftnotizzetteln möglich. Einfach die Ideennummer vorab auf den Haftnotizzetteln festhalten und zuordnen lassen.
2. **Option demokratische Abstimmung:** Eine geheime Abstimmung können Sie ermöglichen, indem jeder Teilnehmer Haftnotizzettel in den vier Temperaturfarben bekommt, hier also rot, orange, gelb und blau. Die Anzahl jeder Farbe sollte der Anzahl der Ideen entsprechen. Nun geht es in eine geheime Abstimmung, d. h. jeder Teilnehmer schreibt jede Idee auf einen farbigen Haftnotizzettel. Wenn beispielsweise Idee 5 favorisiert wird, kommt die entsprechende Nummer 5 auf den farbigen Haftnotizzettel. Erst wenn alle fertig sind, dürfen die Teilnehmer kleben. Erfahrungsgemäß verteilen sich die Stimmen dann noch breiter, da durch das Verfahren ausgeschlossen wird, dass sich Teilnehmer bewusst oder unbewusst beeinflussen lassen.

5.6.8 Bodenskala – »Auf dem Boden der Tatsachen«

Um die Teilnehmer in einem Workshop auch weiterhin aktiv und in Bewegung zu halten, können Sie auch zu einer kurzen Aufstellung zur Ideenbewertung einladen. Dabei markieren Sie auf dem Boden eine Skala von 1 bis 10. Dabei gilt die 1 als eine »Kann ich mir nicht vorstellen«-Idee und die 10 als »Diese Idee begeistert mich!«

Anwendungstipps

Sie können das Tool sowohl alleine als auch in der Gruppe nutzen. Und auch dieses Tool lässt sich bei virtuellen Meetings anwenden.

Methode	Besonderheit	leise Elemente (schriftlich)	laute Elemente (mündlich)	Alleine	Im Team	Online geeignet
Boden-skala	Teilnehmer werden durch Bewegung aktiviert		x	(x)	x	(x) Online-Skala zum Ankreuzen auf einem Whiteboard

Überblick zur Bodenskala

Material

- Zettel mit den einzelnen Ideennummern
- Skala auf Boden oder Metaplanwand

Abb. 65: Bewertung »auf dem Boden der Tatsachen« (→ Arbeitshilfen online)

Ablauf

1. Jeder Teilnehmer bekommt Zettel mit den einzelnen Ideennummern, also beispielsweise bei 15 Ideen 15 Zettel, die mit den jeweiligen Ideennummern durchgezählt sind.
2. Wenn alle mit den Abstimmungszetteln gewappnet sind, dürfen die Teilnehmer ihre Nummern auf der Skala platzieren.
3. Am Ende haben Sie eine Übersicht und ein Stimmungsbild dazu, welche der Ideen in der Gruppe favorisiert werden. Auch hier ist das Angenehme an der Methode, dass sie dazu einlädt, in Bewegung zu gehen, und durch den spielerischen Ansatz auch im Business Spaß macht. Denn auch damit kommen Sie zu klaren Ergebnissen und können damit entsprechend weiterarbeiten.

5.6.9 Digital abstimmen

Digitale Abstimmungstools können Sie nicht nur in Online-Sessions gut nutzen, sondern auch in Präsenz-Kreativrunden. Sie funktionieren in Verbindung mit den Smartphones der Teilnehmer. Viele dieser Tools können Sie in den Basisvarianten kostenfrei nutzen. Sie finden meist auch schnell Informationen der Anbieter zu Datenschutzfragen und der DSGVO-Konformität. Die Abstimmungsergebnisse erscheinen bei diesen Tools automatisch und in Echtzeit beispielsweise als Diagramme. Voraussetzung für den Einsatz bzw. den Datentransfer ist in erster Linie eine stabile Internetverbindung. Als Moderator müssen Sie einen entsprechenden Account eröffnen.

Praxistipp für Präsenz-Sessions

Machen Sie in jedem Fall einen Testlauf im jeweiligen Raum, um sicherzugehen, dass der Transfer funktioniert. Und halten Sie einen (analogen) Plan B bereit.

Vorteile

- Ein genereller Vorteil bei digitalen Methoden besteht darin, dass Sie Zeit sparen können, insbesondere bei sehr großen Gruppen.
- Zudem lässt sich mithilfe von digitalen Methoden eine anonyme Abstimmung leichter durchführen.
- Als Moderator behalten Sie die Kontrolle über die eingeblendeten Fragen.
- Darüber hinaus ermutigen Sie weniger extrovertierte Teilnehmer, sich aktiv einzubringen.

Mögliche Tools

Hier möchte ich Ihnen insbesondere die beiden bekanntesten Tools sli.do und Mentimeter vorstellen, die Sie sich sehr gut in Ihren Präsenz- und Online-Workshops einbinden lassen.

a) sli.do

sli.do gehört zu den bekanntesten Tools für Blitzumfragen oder auch Online-Brainstormings. Die Teilnehmer können die vorbereitete Umfragen auf jedem Browser unter slido.com öffnen. Sie brauchen hierfür nur den Eventcode, den Sie als Moderator für die Umfrage bekommen.

In der Gratisversion lassen sich bis zu drei Live-Umfragen und ein Brainstorming pro Veranstaltung durchführen. Zudem bietet sli.do eine Filterfunktion für eingehende Fragen. Somit können Sie mitentscheiden, welche Fragen auf der Leinwand sichtbar werden.

Die Ergebnisse sind in Echtzeit für alle Teilnehmenden sichtbar. Um die Ergebnisse zu exportieren, benötigen Sie eine Bezahlversion (Slido, 2019). Weitere Informationen finden Sie unter https://www.sli.do/.

b) Mentimenter

Auch dieses Online-Abstimmungstool eignet sich gut für Brainstormings in Workshops, Publikumsfragen bei größeren Events und Inputs für Diskussionen. Die Teilnahme an den Brainstormings ist einfach via Code übers Smartphone oder den Webbrowser möglich.

Mentimeter bietet viele Interaktionsmöglichkeiten und einen besonders großen Umfang an Grafiken. So können beispielsweise bei Fragen mit mehreren Antwortmöglichkeiten Echtzeitreaktionen der Teilnehmer durch Herzsymbole dargestellt werden.

Auch können Sie die Teilnehmer einladen, Assoziationen zu einer Frage oder einem Wort zu nennen. Diese erscheinen dann in einer Wortwolke, die sich ständig aktualisiert (mentimeter, 2019). Weitere Informationen finden Sie unter https://www.mentimeter.com/.

! **Weitere Anbieter mit ähnlichen Funktionen**

TEDME: https://tedme.com/ (tedme, 2019)
VoxVote: https://www.voxvote.com/ (voxvote, 2019)
OnlineTED: https://www.onlineted.de/ (onlineted, 2019)
Kahoot: https://kahoot.com/ (kahoot, o. J.)

6 Das praktische Kreativmuskel-Training

Was Sie in diesem Kapitel erwartet!
Das Handwerkszeug für den Kreativitätsboost liegt nun in Ihrem Koffer bereit: Sie wissen, wie Sie Kreativitätshürden im Sinne von »Let it happen!« abbauen und kreative Erfolgsfaktoren gezielt im Marketingalltag nutzen können. Das zweite Prinzip »Make it happen!« können Sie einfach in die Tat umsetzten, indem Sie für Ihre Situation passende Techniken alleine oder im Team anwenden. Spätestens jetzt heißt es also: Machen!

Mit diesem sehr praktischen Kapitel haben Sie die Möglichkeit, Ihr Wissen zum Kreativitätsboost »herunterzubrechen« und Ihre persönliche Essenz herauszufiltern. So können Sie Ihre persönlichen kreativen Ziele für sich selbst oder im Team noch leichter erreichen!

Im Abschnitt 6.1 finden Sie hierzu eine Vielfalt an kleinen Trainingseinheiten, die Sie leicht in den Alltag integrieren können. Diese Trainingseinheiten sind nicht zu unterschätzen, denn es sind kleine Stellschrauben mit einer großen Wirkkraft! Dabei gilt: Übung macht den Meister und vor allem kreativ: Mit jeder Trainingseinheit wächst Ihr persönlicher Kreativmuskel.

Als Schlüssel zum nachhaltigen Kreativmuskelaufbau gilt es auch, kreative Gewohnheiten in Ihrem Alltag zu etablieren. Daher finden Sie im Abschnitt 6.2 Tipps zum Etablieren von kreativen Routinen mitsamt einer Canvas-Vorlage für die nähere Bestimmung Ihrer gewünschten kreativen Erfolgsroutinen.

Abschließend haben Sie in Kapitel 6.3 »Das persönliche Creativity Scoreboard« die Möglichkeit, auf Basis Ihrer Einsichten insbesondere aus den Reflexionsübungen (vgl. Kap. 5.3.5 und 6.2.1) Ihre individuellen Trainingseinheiten in einem Scoreboard festzuhalten. Dieser Plan hat die Funktion einer motivierenden Checkliste, um Sie im Alltag zu erinnern und zudem Ihre täglichen Erfolge sichtbar zu machen. Und Sie können ihn zudem als kreatives Tagebuch einsetzen, um in einem kreativen »Me-Meeting« über Ihre Erfolge und Fehlerkultur zu reflektieren und sich Erlebtes bewusst zu machen.

Viel Vergnügen beim Trainieren und bleiben Sie dran. Es lohnt sich!

Abb. 66: Das Kreativmuskel-Training

6.1 Trainingsimpulse für Ihren Kreativmuskel

Nun gilt das Motto »Probieren geht über Studieren«: Sie finden in diesem Abschnitt eine Auswahl an kreativen »Erfolgshäppchen«, nachdem Sie in den vorherigen Kapiteln die besten Techniken und Rezepte und die wertvollsten Zutaten für kreative Erfolgsgerichte erfahren haben.

Mit jedem Ausprobieren trainieren Sie ganz automatisch Ihren persönlichen Kreativmuskel. Probieren Sie die »kleinen Köstlichkeiten« und lassen Sie sich überraschen, welche große Wirkkraft diese kleinen Trainingseinheiten im Laufe der Zeit entfalten werden.

6.1.1 Kreative Häppchen für Ihren Kreativmuskel

1. Kreative und kurze Stand-up-Meetings statt langweilige **Sitzung**en: Nutzen Sie die kreative Kraft, die Sie und Ihr Team durch Bewegung ganz automatisch hinzugewinnen werden. Die Gedanken und Ideen kommen viel schneller in einen Flow und die Meetings werden effizienter. Probieren Sie es aus (vgl. Kap. 2.2.7 und 3.1.4)!
2. Stille magische Minute als Ritual: »In der Ruhe liegt die Kraft« sagen und hören wir ganz häufig. Und diese Ruhe ist auch eine Erfolgszutat vor jeder Kreativsession. Bevor Sie loslegen, nehmen Sie sich ein paar Minuten Zeit, um sich innerlich zu zen-

trieren. Schließen Sie dazu einfach die Augen und beobachten Sie Ihre Atmung. Das können Sie sowohl alleine oder auch in Ihrem Team gemeinsam machen. Setzen Sie hierzu einfach einen Timer mit einem entspannten Anfangs- und Schlussgong. Einer der positiven Effekte ist, dass alle zu sich kommen und die letzten stressigen Gedanken fallen lassen können, um so gelassener in die gemeinsame Kreativsession starten zu können und im Ergebnis effektiver zu arbeiten (vgl. Kap. 4.7).

3. Gemeinsame Ruhepausen: Machen Sie es in Projekt- oder Kreativmeetings zum Ritual, auch zwischendurch gemeinsame Atempausen einzulegen. Sie könnten beispielweise gemeinsam die Herzintelligenz®-Technik »Fokussiertes Atmen« praktizieren, um dadurch wertschätzender sich selbst und anderen gegenüber zu werden und auch hier Ihren Kreativmuskel zu fördern (vgl. Kap. 4.7 und 6.1.2).

6.1.2 Übung: Herzintelligenz®-Technik – Fokussiertes Atmen

»Man sieht und hört nur mit dem Herzen gut.«
Antoine de Saint-Exupéry

Herzintelligenz® ist eine wissenschaftliche belegte Methode zum Stressabbau. Sie bezeichnet eine Form von Intelligenz, die ihren Sitz im Herzen hat. Die Herzintelligenz steuert das Gehirn und wirkt rundum wohltuend auf unseren gesamten Organismus. Sie stabilisiert unter anderem den Herzrhythmus, erleichtert die Entscheidungsfindung (klarer Geist), steigert Kreativität und Produktivität (Leistungsfähigkeit) und verbessert die Kommunikation. Es braucht Übung und Zeit!

Die Wirksamkeit der Methode beruht auf der Verbesserung der Herzratenvariabilität, ein Maß für umfassende Fitness, das auch in der medizinischen Diagnostik eingesetzt wird.

Die folgende Atemübung ist eine der vielen Herzintelligenz®-Techniken, die sehr hilfreich bei konkreten Problemen und problematischen Einstellungen ist. Sie unterstützt und stärkt zudem mögliche positive Einstellungen wie zum Beispiel Mut, die Sie konkret entwickeln wollen. Auch synchronisiert diese Atemübung das Nervensystem im ganzen Körper. Sie schaffen es mit dieser Übung, Problemen und Situationen ihre subjektiv empfundene übergroße Bedeutung und Wichtigkeit zu nehmen. Und das ist die Erfolgsbasis für kreatives Denken und Arbeiten.

Ablauf

1. Konzentrieren Sie sich beim Einatmen auf Ihr Herz und beim Ausatmen auf Ihren Solarplexus (zwischen unteren Rippen und Bauchnabel). Atmen Sie ca. 30 Sekunden durch den Herzbereich ein und durch den Solarplexus aus.

2. Wählen Sie ein positives Gefühl bzw. eine positive Einstellung (z. B. Wertschätzung oder Kreativität) und atmen Sie dieses Gefühl ca. 30 Sekunden durch den Herzbereich ein und durch den Solarplexus aus.
3. Klinken Sie sich in das Gefühl dieser positiven Einstellung ein, sobald Sie sie spüren. Stellen Sie sich vor, wie Sie die positive Energie vermehren und speichern, die Ihnen z. B. Wertschätzung vermittelt, und atmen Sie dieses gute Gefühl einigen Minuten lang.
4. Suchen Sie sich für Ihre Atemübung Einstellungen aus, mit denen Sie negative Emotionen oder auch das Ungleichgewicht der jeweiligen Situation leicht ausgleichen können. Atmen Sie tief, mit der Absicht, zu dem Gefühl dieser Einstellung zu gelangen (Marx, 2016).
5. **Kreative Oase:** Schaffen Sie sich einen kreativen Schutzraum bzw. eine kreative Atmosphäre, in dem oder in der sie ungestört kreativ spielen können. Vielleicht hilft es Ihnen, mit Ihrem Laptop rauszugehen, oder Sie nutzen in Ihrem Büro kreative Utensilien. Das können Sie sowohl alleine als auch im Team machen. Auch die Walt-Disney-Methode nutzt dieses Erfolgsrezept im sogenannten »Träumer-Raum« (vgl. Kap. 5.5.2).
6. **Kreativ-Zeit:** Schaffen Sie sich jeden Tag auch zeitlich eine kreative Oase von ca. 60 bis 90 Minuten, in denen Sie sich (und auch Ihrem Team) möglichst ungestört das freie oder auch divergierende Denken ermöglichen (vgl. Kap. 1.4). Es ist empfehlenswert, feste Zeitslots dafür zu reservieren und nach der Salamitaktik täglich Ihre kreative Denkweise so zu fördern und natürlich auch nebenbei mit Ihren kreativen Projekten weiterzukommen. Das erfordert ein gewisses Zeitmanagement und Disziplin. So hält auch John Cleese (1991) in seinem Vortrag über Kreativität im Management fest: »Es ist einfacher, schnell Dinge zu tun, die unwichtig sind. Es ist schwierig, wichtige Dinge zu tun, die lange brauchen.«
7. **Inkubationszeit nutzen:** Wichtig ist auch, sich die Zeit zu nehmen, auch nach weiteren Lösungen zu suchen. Bevor Sie sich beispielsweise frühzeitig für die schnelle Lösung im nächsten Projekt entscheiden, halten Sie inne und gönnen Sie sich und Ihrem Projekt mehr »Inkubationszeit«. So geben Sie Ihrem Gehirn und Ihrem Unterbewusstsein Zeit. John Cleese (1991) betont in seinem Vortrag über Kreativität im Management: »Keep your mind gently round your subject [...] and you will be rewarded from your unconsciousness [...] in the shower or at breakfast [...]«. Wer also sich selbst und auch seinem Team Zeit schenkt, wird mit Ideen belohnt, die in Ruhepausen viel wahrscheinlicher auftauchen als im gestressten Arbeitsalltag oder in kühlen Meetingräumen.
8. **Killerphrasen verboten:** Vereinbaren Sie ein Killerphrasenverbot in Ihren Kreativmeetings. So können Sie sich gegenseitig auf humorvolle Art darin erinnern, diese Kreativitätskiller nach und nach auszuschalten. Beobachten Sie sich selbst und lassen Sie in der divergenten Phase den inneren Kritiker nicht zu. Stellen Sie sich vor, sie würden ihn auf einem Parkplatz abstellen, wo er nichts zu sagen hat. Oder Sie stellen sich vor, sobald ein kritischer Gedanke auftaucht, dass er wie ein Zug in

den Bahnhof einfährt, während Sie einfach am Gleis stehen bleiben und ihn durchfahren lassen.

9. **Adios innerer Kritiker:** Wertschätzen Sie sich für Ihre kleinen Schritte, statt den inneren Kritiker ans Steuer zu lassen. Denn wir bewerten schnell etwas zum Beispiel als »nicht gelungen« oder »nicht ausreichend« und kommen schneller, als uns lieb ist, unbewusst zu Schlüssen und Glaubenssätzen wie »Ich bin halt nicht kreativ, kann nicht malen oder singen.« Auch wenn Sie das große Ganze zunächst noch nicht erkennen und noch nicht fertig sind – kreative Prozesse brauchen oftmals Geduld, Wertschätzung und konstruktive Bewertung, statt zu harte Kritik, die das zarte kreative Pflänzchen mit Füßen tritt.
10. **Konflikte aushalten:** Üben Sie sich selbst in Konflikttoleranz. In kreativen Prozessen ist es wichtig, Konflikte aushalten zu können. Unsere Gesellschaft ist sehr leistungsorientiert und deswegen fällt es uns schwer, loszulassen und zum Beispiel nicht sofort sogenannte »seriöse Lösungen« zu formulieren. Dazu gehört auch ein »liebevoller« Umgang mit unseren Fehlern (vgl. Kap. 2.2.6).
11. **Apropos Fehler:** Führen Sie eine wertschätzende Fehlerliste: Fehler sind Ihre Freunde und eine große Lernchance. Auch wenn es zunächst ungewohnt und nicht ganz so leicht ist: Verschwenden Sie keine Zeit, sich über Fehler und Umwege zu ärgern, sondern ziehen Sie die Lernkonsequenzen. Was haben Sie durch diesen Fehler gelernt? Wofür war er gut? Was machen Sie beim nächsten Mal anders? Wem kann diese Erkenntnis auch nützen (vgl. Kap. 2.2.6)?
12. **»Kreatives Me-Meeting« mit dir selbst:** Treffen Sie sich am besten täglich mit sich selbst in einem kurzen »kreativen Me-Meeting«: Machen Sie Ihre geistige Taschenlampe an und suchen Sie nach »kreativen Momenten und Erlebnissen«. Mit anderen Worten »googlen« Sie in Ihrem Gehirn, *wann* und nicht *ob* sie kreativ waren. Sie werden merken, dass Sie schon bald in Ihrem kreativen Selbstbewusstsein wachsen. Und das ist eine wichtige Basis, um Ihre kreativen Potenziale zu entfachen (vgl. Kap. 4).
13. **Mut zum Prototypen:** Verabschieden Sie sich von jeglichem Perfektionismus! Denn Perfektionismus hindert uns in kreativen Prozessen mehr, als dass er uns fördert. Perfektionismus entsteht nicht nur aus den eigenen hohen Ansprüchen, sondern er hat auch mit der Angst davor zu tun, was andere sagen könnten, oder der Angst, sich zu blamieren. Hinterfragen Sie perfektionistische Gedanken und trainieren Sie sich, zum Beispiel indem Sie statt langer PowerPoint-Präsentationen auch mal kurze und bewusst unfertige Skribbles zeigen. Genau davon leben Design Thinking (vgl. Kap. 5.1.4) und generell erfolgreiche kreative Prozesse.
14. **Humor schafft Leichtigkeit:** »Was gibt's hier zu lachen? Habt ihr nix zu tun?« Genau das Gegenteil ist der Fall: Lachen Sie über sich selbst und Ihre Fehler und nutzen Sie die Kraft des Lachens, um in einen gelassenen Zustand zu kommen. Damit schaffen Sie es, leichter in den offenen Geist bzw. Modus zu wechseln, den John Cleese (1991) beschreibt: »Giggle as much as you want and move from the closed mood to the open mood.« Er behauptet auch, dass wir mit Humor über ernste The-

men sprechen können, ohne die Seriosität des Themas zu verletzen (vgl. Kap. 3.1.3 »Humor und Spaß am Arbeitsplatz« und 4.2 »Facial Feedback: Bitte lächeln«). So können Sie sich beispielsweise vor jedem Kreativmeeting einen Witz erzählen und das als Ritual nutzen.

15. **Embodiment und Facial Feedback:** Nehmen Sie im Alltag und insbesondere vor jedem wichtigen Termin oder Gespräch wahr, was Ihnen sozusagen ins Gesicht geschrieben steht. Wie nehmen Sie Ihre Körperhaltung wahr? Sind Ihre Schultern nach vorn geneigt, der Rücken krumm, der Kopf womöglich eingezogen? Lenken Sie ggf. bewusst mit einem Lächeln und aufrechter Haltung dagegen.
16. **Digital Detox:** Schalten Sie regelmäßig alle Digital Devices aus und genießen Sie ganz bewusst, offline zu sein. So fokussieren Sie sich im Hier und Jetzt. Verbinden Sie das Ganze mit einem Spaziergang oder einer Wanderung durch die Natur. So tanken Sie auf und können danach noch kreativer und frisch ans Werk gehen. Und erst in solchen entspannten Phasen können auch Ideen aus der Tiefe Ihres Unterbewusstseins zu Ihnen aufsteigen.
17. **Macht der Gewohnheit:** Schaffen Sie Ihre persönlichen kreativen Rituale und Gewohnheiten. Dazu finden Sie im nachfolgenden Abschnitt Tipps und eine Canvas-Vorlage zum Ausfüllen. Das können sämtliche oben aufgeführten Maßnahmen sein. Etwa zu einer bestimmten Zeit »spielerisch« Ideen entwickeln, ein täglicher »Walk and Talk«-Spaziergang nach dem Mittagessen, der tägliche Kreativaustausch mit Ihrem Kreativbuddy zur gleichen Zeit. Der Schlüssel ist, Ihren ganz persönlichen kreativen Tagesablauf zu kreieren und auf die eigenen Bedürfnisse zu achten. Mehr dazu erfahren Sie im nächsten Abschnitt.

6.2 Kreativitätsgewohnheiten etablieren

Die eigentliche Herausforderung besteht nicht nur darin, mit neuen Verhaltensweisen anzufangen, sondern auch, nachhaltig dranzubleiben und sie als Kreativitätsgewohnheiten im Alltag zu verankern.

Genau hier ist »Mikromanagement« gefragt: kleine Schritte der Veränderung gehen und sich nicht zu viel auf einmal vornehmen. Denn wir lernen nicht, weil wir etwas können, sondern weil wir etwas können möchten. Es ist also hilfreich, nicht direkt die schwarze Piste »herunterzubrettern«. Und »Anfänger« zu sein, heißt eben nicht, ein »Idiot« zu sein. Deswegen sollte der »Idiotenhügel« besser Übungspiste, Spaß- oder Willkommenshügel heißen. Wenn jemand beispielweise anfängt, für einen Marathon zu trainieren, der bislang nicht besonders sportlich war, wird er mit Sicherheit nicht mit einer Laufstrecke von 20 oder mehr Kilometern anfangen. Stattdessen beginnt er damit, regelmäßig zu laufen, vielleicht erst zwei oder drei Kilometer, um dann gemächlich die Distanz zu vergrößern. Bezogen auf unser Thema heißt das: Nehmen Sie sich vor, beispielweise ein oder zwei Tools für sich kennenzulernen und zu nutzen, um es dann in größerer Runde anzuwenden (das kann auch erst im privaten Rahmen sein). Oder integrieren Sie andere kleine »Kreativhäppchen« in Ihren Alltag.

Es ist also ratsam, sich keine zu hoch gesteckten und nicht realisierbaren »Silvestervorsätze« zu machen, sondern behutsam und geplant vorzugehen und die großen Ziele in kleine Einheiten herunterzubrechen. Bei der Zielformulierung selbst kann die SMART-PS-Formel unterstützen (vgl. Kap. 2.2.13).

Werfen wir einen genaueren Blick auf die Systematik von Gewohnheiten. Nach Charles Duhigg (2013) gibt es drei Aspekte einer Gewohnheit:

- Auslöser
- Routine
- Belohnung

So könnte zum Beispiel die Teezubereitung am morgen der Auslöser sein, das Meditieren nach der Zubereitung die Routine und das Genießen des Tees nach dem Meditieren die Belohnung. Um aus einer Tätigkeit oder gewollten Routine eine Gewohnheit zu machen, ist es wichtig, diese Tätigkeit im selben Kontext zu wiederholen, bis sie sich verselbstständigt hat und automatisch ohne bewusstes Entscheiden abläuft.

Dabei gelten ganz konkret die folgenden drei Prinzipien:

1. **Regelmäßige Wiederholung:** Je öfter wir etwas tun, desto selbstverständlicher wird es. Für jemanden, der täglich mit dem Rad zur Arbeit fährt oder nach dem Lunch einen Spaziergang macht, braucht es keine Überwindung. Der Autopilot macht es uns einfach, dass wir es »unwillentlich« einfach tun. Auch psychologische Forschungsergebnisse beweisen, dass Wiederholung zu Gewohnheiten führt (Benjamin Gardner, 2012). Weitergehend gilt hier die Regel »Never miss twice!«: Es macht also keinen großen Unterschied, wenn wir die Gewohnheit einen Tag unterbrechen, jedoch kann das Aussetzen der Gewohnheit an zwei aufeinander folgenden Tagen das Etablieren der Gewohnheit schon stärker beeinträchtigen (Lally, 2010).
2. **Im selben Kontext:** Dieser Kontext kann die Uhrzeit als auch zum Beispiel die Situation sein. So ergab eine Studie, dass 90 % aller Sportler stabile Auslöser für Sport haben. Konkret waren das feste Zeiten oder Orte, die sie zum Sport antreiben (Tappe, 2013).
3. **Belohnungen:** Eine Latte macchiato, ein Stück Schokolade, ein Spaziergang oder Besuch beim Friseur können Belohnungen sein, die Sie unterstützen, Ihre kreativen Gewohnheiten zu festigen. Wendy Wood und David T. Neal kommen zu dem Schluss, dass unregelmäßige Belohnungen am effektivsten sind. Ein weit verbreitetes Beispiel dafür ist das Checken von privaten E-Mails oder auch von Nachrichten in den soziale Medien. Nur manchmal gibt es wirkliche »positive Überraschungen« bzw. Belohnungen. Das Prinzip gilt auch für Glücksspiele: Manchmal werden

Spieler mit einem Gewinn überrascht, der sie triggert, immer wieder zu spielen. Somit soll es am wirkungsvollsten sein, sich nicht jedes Mal nach einer neuen kreativen Routine zu belohnen, sondern nur unregelmäßig (Neal, 2016).

Am erfolgversprechendsten ist es, alle drei Prinzipien miteinander zu kombinieren, um Ihre neuen kreativen Gewohnheiten in Ihren Alltag zu integrieren.

Neben dieses Hauptfaktoren können Sie auch den sozialen Austausch als Erfolgsboost nutzen. Denn soziale Interaktion wirkt wie ein Wunder, um neue Gewohnheiten zu etablieren! Das zeigt ein kreatives Experiment von einem irischen Unternehmen: Es wollte seine Mitarbeiter zu mehr Bewegung im Alltag bringen. Da der Arbeitgeber wohl kaum seine Mitarbeiter zwingen kann, ihre Autos stehen zu lassen und mit dem Fahrrad zur Arbeit zu kommen, entwickelte er eine ebenso kreative wie erfolgreiche Maßnahme. Das Unternehmen veranstaltete einen fünfwöchigen Wettbewerb in Teams. Zu gewinnen gab es eine attraktive Reise, und alles, was die Mitarbeiter tun mussten, war es, Dreierteams zu formen und Punkte zu sammeln. Jeder, der mit dem Rad zur Arbeit kam, sammelte für sein Team jeweils einen Punkt. Die Menschen unterhielten sich über die positiven Nebeneffekte, dass sie viel entspannter geworden sind usw. Dieser soziale Austausch förderte wiederum das Erreichen des Ziels bzw. der ausstehenden Belohnung. Die Firma schuf zudem entsprechende Rahmenbedingungen, die es den Radlern noch einfacher machte: So installierte sie Duschen und informierte über staatliche Subventionen beim Fahrradkauf. Interessant war, dass der Gewinn also die ausstehende Belohnung irgendwann zur Nebensache wurde und die neue Routine, also das Radfahren selbst, zum Hype (Zeug, 2013).

Wie wäre es mit einem kreativen Wettbewerb innerhalb Ihres Unternehmens oder Marketingteams, mit dem Sie gleich alle Erfolgsfaktoren für sich nutzen können?

!

Praxistipp: 66 Tage durchhalten

Neujahrsvorsätze scheitern meist schon im Januar oder Februar. Das kann wie oben geschildert den Grund haben, dass das erwünschte Verhalten zu wenig wiederholt wurde, wir uns zu wenig belohnt haben oder auch, dass wir einfach nicht lange genug drangeblieben sind. Bis unser Autopilot die Handlung für uns übernimmt, braucht es im Durchschnitt 66 Tage (Lally, 2010). Bis dahin heißt es, regelmäßig bewusst die Entscheidung treffen: Just do it! Mit der Aussicht, dass es Spaß macht, kreative Gewohnheiten zu etablieren und dass Sie mit jeder Einheit Ihren Kreativmuskel trainieren!

Sie haben nun erfahren, wie Sie Gewohnheiten am effektivsten etablieren können. Nun möchte ich Ihnen die Gelegenheit geben, sich damit zu beschäftigen, welche kreativen Trainingseinheiten (vgl. Kap. 6.1) Sie zu Ihrer persönlichen Gewohnheit machen wollen. Hierzu finden Sie ergänzend eine Canvas-Vorlage, mit der Sie Ihre passenden Routinen und Lösungsstrategien übersichtlich visualisieren können.

Abb. 67: Canvas zu Kreativitätsgewohnheiten (Vorlage) (→ Arbeitshilfen online)

6.2.1 Übung: Canvas Kreativitätsgewohnheiten

- **Persönliches Kreativitätsziel:** Was ist Ihr persönliches Kreativitätsziel? Wozu möchten Sie kreativer werden? Was möchten Sie erreichen durch mehr Kreativität?
- **Persönliche kreative Potenziale:** Analysieren Sie, wo Sie den größten Bedarf und die größten Potenziale für sich selbst sehen. Welche der kreativen Erfolgsfaktoren (Kap. 2.2) nutzen Sie bisher noch wenig oder gar nicht? Und zugleich signalisieren Ihr Bauchgefühl, Ihre Neugier oder auch Ihre Ratio Ihnen, dass das ein persönlicher Kreativboost für Sie sein könnte? Welche kreativen Gewohnheiten könnten hilfreich für Sie sein? Wann konkret können Sie was machen? Zum Beispiel morgens vor der Arbeit meditieren (vgl. Kap 4.7) oder vor jedem Meeting einen kurzen Kreativspaziergang machen (vgl. Kap. 2.2.8)?

- **Teampotenziale:** Was könnten Sie mit Ihren Kollegen gemeinsam machen (stille Minute vor Meetings, Tools nutzen ...)? Wer könnte Ihr Kreativbuddy sein, der Sie unterstützt? Erfahrungsgemäß ist es für viele Menschen hilfreich, sich mit jemanden zusammenzuschließen, um sich gemeinsam zu motivieren und auszutauschen. Dies könnte vielleicht ein Kollege sein, Ihr Chef, Partner oder Freunde. Sie könnten sich regelmäßig treffen, telefonieren und von Ihren Fehlern, Erkenntnissen und Erfolgen berichten und sich gegenseitig beraten.
- **Belohnungen:** Womit möchten Sie sich persönlich oder auch im Team – unregelmäßig – belohnen?
- **Lösungen für Hürden:** Welche Hürden könnte es im Alltag geben und wie wollen Sie diesen begegnen? Da wir in Stresssituationen oftmals keine optimalen Entscheidungen treffen, können Sie sich mit diesen Überlegungen optimal auf solche Situationen vorbereiten und die Entscheidungen vorher treffen. Hier ein paar Beispiele:
  - Was mache ich mit meinem Morgenritual, wenn ich morgens verschlafe?
  - Wie gehe ich mit Widerständen um, wenn ich eine neue Methode im Team anwenden will?
  - Was mache ich, wenn ich mich im Büroalltag zu gestresst fühle und keine Zeit habe für mein kreatives »Me-Meeting«?

Im folgenden Abschnitt finden Sie eine Vorlage für ein persönliches Creativity Scoreboard, mit dem Sie Ihre neuen Gewohnheiten direkt in die Tat umzusetzen können.

6.3 Das persönliche Creativity Scoreboard

Das Finale naht! Sie haben in Kapitel 6.1 einige Trainingsimpulse kennengelernt, mit denen Sie Ihren Kreativitätsmuskel wachsen lassen. Und zudem haben Sie in Kapitel 6.2 erfahren, wie Sie über das Etablieren und Integrieren von Gewohnheiten in den Alltag noch kreativer werden können. Der nächste Schritt heißt: Machen!

Wie auch im Sport ist es hilfreich, eine Art Trainingsplan oder auch tägliches Scoreboard zu nutzen, das Ihnen als Kompass dienen kann. Nachfolgend finden Sie ein beispielhaftes »Daily Creativity Scoreboard«, das Sie ausfüllen und gemäß Ihren Zielen anpassen können. Zusätzlich können Sie auch Ihre Trainingseinheiten – wie zum Beispiel morgens meditieren oder nachmittags eine »divergente Spielstunde für Ihre kreativen Projekte« – als feste Termine in Ihren Kalender übertragen. Sie können das Trainingsprogramm alleine oder auch im Team machen – beides ist möglich.

Wenn Sie im Team die »divergente Spielstunde« oder einen kürzeren Zeitraum als festen gemeinsamen Termin im Kalender notiert haben, können Sie den Slot auch für gemeinsame Kreativrunden nutzen oder zum kreativen Austausch. Der Erfolgsfaktor der sozialen Interaktion oder auch der »Druck von außen« motiviert und hilft dranzubleiben.

Der Austausch in einem Zweierteam ist zudem wertvoll: Halten Sie einen regelmäßigen Termin fest, an dem Sie sich mit Ihrem Kreativbuddy austauschen. Das können auch täglich zehn Minuten in der Teeküche oder ein gemeinsamer »Walk and Talk« sein.

Nutzen Sie das Board als tägliche Checkliste und setzen Sie Haken hinter die erfüllten Trainingseinheiten. Sie können auch hier eine Belohnung installieren, zum Beispiel eine Massage oder etwas anderes, womit sie sich belohnen wollen, nachdem Sie drei Haken gesetzt haben.

Mit dem handschriftlichen Ausfüllen des Scoreboards nutzen Sie auch das bekannte Prinzip der Schriftlichkeit, auf das auch einige Kreativitätstechniken wie Brainswarming (Kap. 5.3.4) – eine schriftliche Alternative zu Brainstorming – oder auch die 635-Brainwriting-Methode (Kap. 5.3.3) setzen. Das handschriftliche Notieren im Vergleich zum Tippen hilft uns, unsere Vorhaben zu verinnerlichen, so dass wir uns im Alltag besser erinnern können.

Gehen Sie also spielerisch mit dem nachfolgenden Plan um und nutzen Sie es als eine Art kreatives Tagebuch und unterstützendes Tool, um Ihre kreative Vision zu verwirklichen. Zum Schluss bleibt nur noch eins: Just do it!

Praxistipp: Visionboard als Trainingsbooster

!

Sie können zusätzlich auch ein Visionboard für Ihr Ziele anfertigen, um Ihre kreativen Potenziale voll auszuschöpfen. Dieses Tool unterstützt das Unterbewusstsein dabei, Ziele und Visionen noch leichter zu erreichen (vgl. Kap. 5.3.6). Sie können hierbei auch ein Foto in Ihrem Scoreboard integrieren.

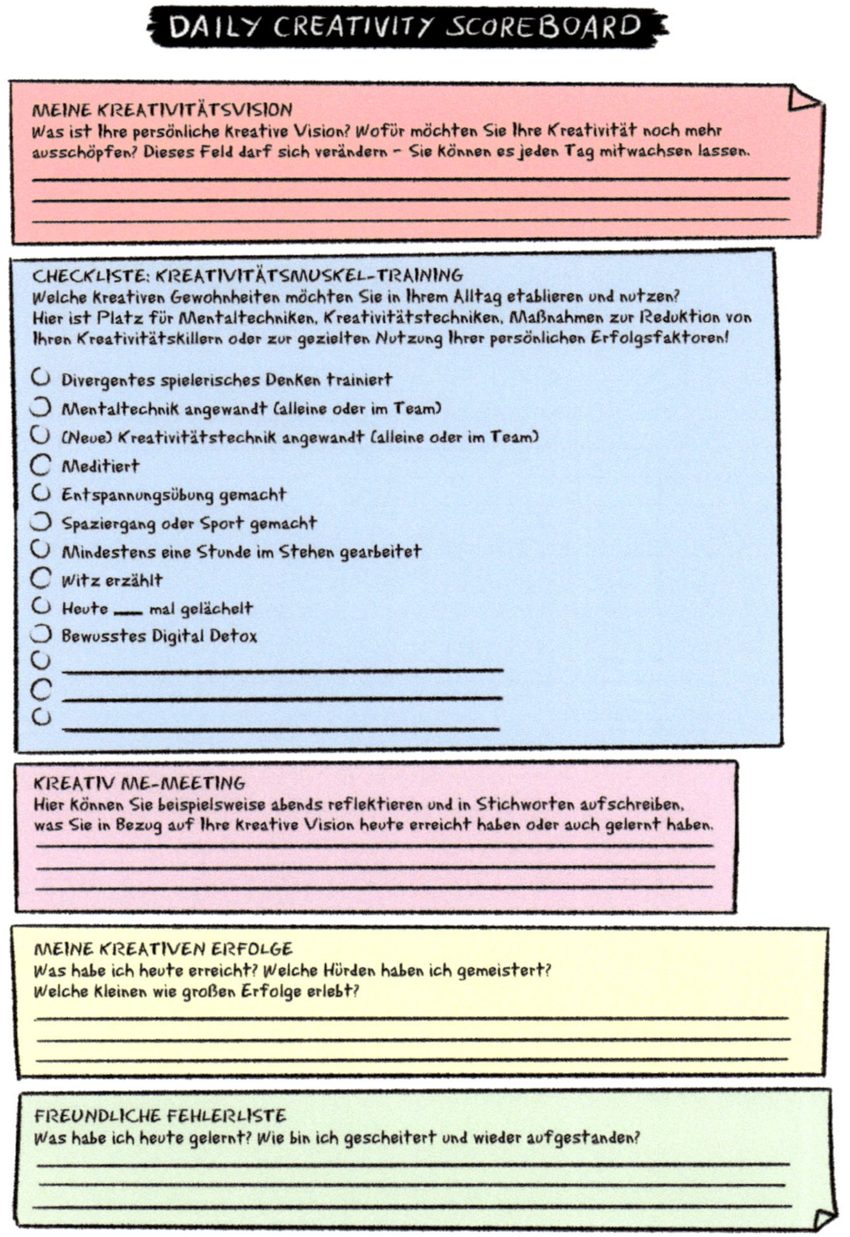

DAILY CREATIVITY SCOREBOARD

MEINE KREATIVITÄTSVISION
Was ist Ihre persönliche kreative Vision? Wofür möchten Sie Ihre Kreativität noch mehr ausschöpfen? Dieses Feld darf sich verändern – Sie können es jeden Tag mitwachsen lassen.

CHECKLISTE: KREATIVITÄTSMUSKEL-TRAINING
Welche kreativen Gewohnheiten möchten Sie in Ihrem Alltag etablieren und nutzen?
Hier ist Platz für Mentaltechniken, Kreativitätstechniken, Maßnahmen zur Reduktion von Ihren Kreativitätskillern oder zur gezielten Nutzung Ihrer persönlichen Erfolgsfaktoren!

- ○ Divergentes spielerisches Denken trainiert
- ○ Mentaltechnik angewandt (alleine oder im Team)
- ○ (Neue) Kreativitätstechnik angewandt (alleine oder im Team)
- ○ Meditiert
- ○ Entspannungsübung gemacht
- ○ Spaziergang oder Sport gemacht
- ○ Mindestens eine Stunde im Stehen gearbeitet
- ○ Witz erzählt
- ○ Heute ___ mal gelächelt
- ○ Bewusstes Digital Detox
- ○ ___
- ○ ___
- ○ ___

KREATIV ME-MEETING
Hier können Sie beispielsweise abends reflektieren und in Stichworten aufschreiben, was Sie in Bezug auf Ihre kreative Vision heute erreicht haben oder auch gelernt haben.

MEINE KREATIVEN ERFOLGE
Was habe ich heute erreicht? Welche Hürden haben ich gemeistert?
Welche kleinen wie großen Erfolge erlebt?

FREUNDLICHE FEHLERLISTE
Was habe ich heute gelernt? Wie bin ich gescheitert und wieder aufgestanden?

Abb. 68: Daily Creativity Scoreboard (Beispiel) (→ Arbeitshilfen online)

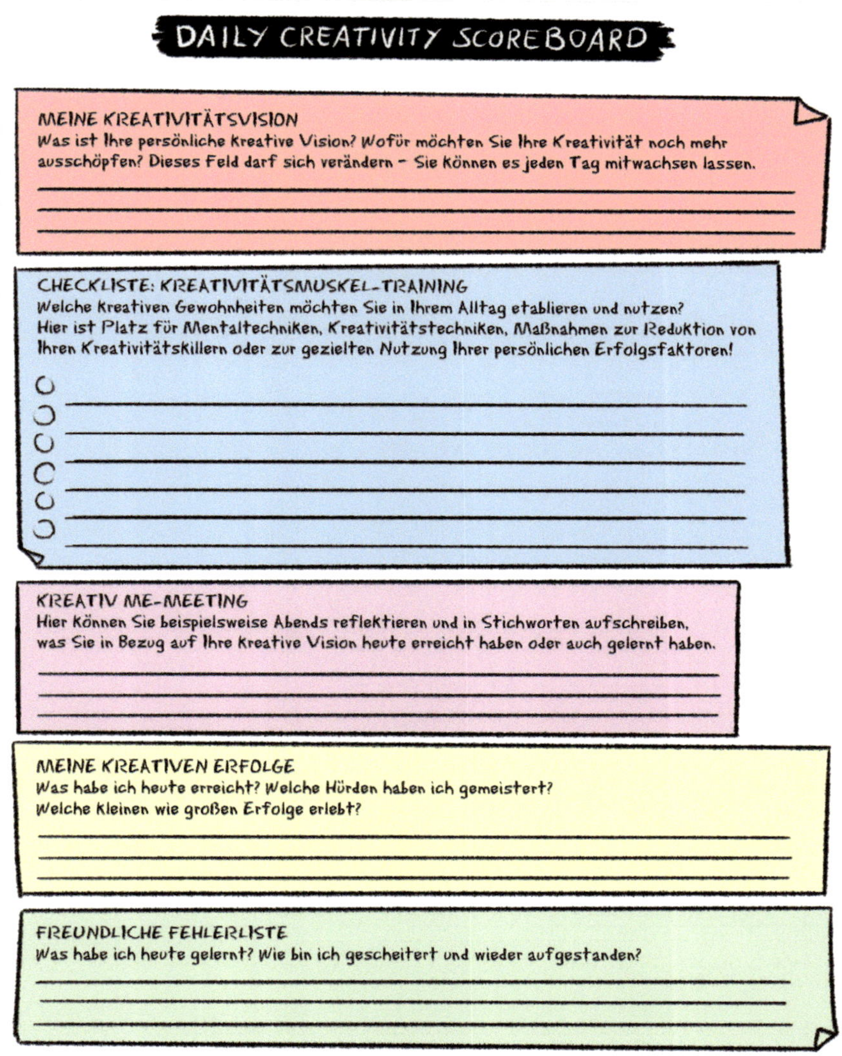

Abb. 69: Creativity Scoreboard (Vorlage) (→ Arbeitshilfen online)

Literatur und Weblinks

3mdeutschlande.de (04.04.2013). Die Geschichte der Marke Post-it®. Abgerufen am 15.02.2020. Siehe: https://www.3mdeutschland.de/3M/de_DE/post-it-notes/contact-us/about-us/

Adams, S. (2019). Wie Emotionen unsere Kreativität beeinflussen. Gedankenwelt.de. Siehe: https://gedankenwelt.de/wie-emotionen-unsere-kreativitaet-beeinflussen/

Aerssen, B. v. (o. J.). Atelier für Ideen. Siehe: https://www.ideenfindung.de/Osborne-Checkliste-Kreativit%c3 %a4tstechnik-Brainstorming-Ideenfindung.html

Apple.com (2016). Apple & Nike bringen den perfekten Laufpartner: Apple Watch Nike+. Pressemeldung vom 07.09.2016. Siehe: https://www.apple.com/de/newsroom/2016/09/07Apple-Nike-Launch-the-Perfect-Running-Partner-Apple-Watch-Nike-/

artofliving.org (o. J.). Siehe: https://www.artofliving.org/de-de/nadi-shodhan-pranayama-wechselatmung

Atchley, Ruth Ann; Strayer, D. L.; Atchley, P. (2012). Creativity in the Wild: Improving Creative Reasoning through Immersion. In: Natural Settings. PLoS ONE, 7 (12). doi:10.1371/journal.pone.0051474.

Badenschier, Franziska (2013). Allein oder in der Gruppe: So werden Sie kreativ. Siehe: https://www.dasgehirn.info/wahrnehmen/schoenheit/allein-oder-der-gruppe-so-werden-sie-kreativ

Baird, B. S. (2012). »Inspired by distraction: Mind-wandering facilitates creative incubation«. In: Psychological Science. S. 1117–1122.

Baker, S. (2019). »Die Kraft des Schlafs. Wieso Schlafen und Träumen so wichtig für die Kreativität sind«. In: Wissen heute, Juni 2019, S. 64–66.

Bargh, J. A. (1996). »Automaticity of social behavior. Direct effect of trait construct and sterotype activation on action«. In: Journal of Personality and Social Psychology.

Benjamin Gardner, P. L. (2012). »Making health habitual: the psychology of ›habit-formation‹ and general practice«. Dezember 2012. Siehe: https://doi:10.3399/bjgp12X659466

Birkenbihl, Vera F. (2001). Das »neue« Stroh im Kopf?. Vom Gehirn-Besitzer zum Gehirn-Benutzer. Offenbach: GABAL-Verlag.

Birkenbihl, Vera F. (2002). ABC-Kreativ – Techniken zur kreativen Problemlösung. Ariston.

Birkenbihl, Vera F. (2002). Gehirn-gerechte Einführung in die Gelotologie (Wissenschaft vom Gelächter) Oder: Die Rolle von Humor in unserem Leben. DVD. Crest Movies.

Birkenbihl, Vera F. (2003). Humor – An Ihrem Lachen soll man Sie erkennen. München: mvg Verlag.

Birkenbihl, Vera F. (2007). Birkenbihls Denkwerkzeuge: gehirn-gerecht zu mehr Intelligenz und Kreativität. Moderne Verlagsgesellschaft mvg.

Birkenbihl, Vera F. (2013). Das innere Archiv: Steigern Sie Ihre Intelligenz durch nachhaltiges Gehirnmanagement. Moderne Verlagsgesellschaft mvg.

Birkenbihl, Vera F. (o. J.). Vera F. Birkenbihl zum Thema »Kreativität«: Assoziatives versus Bisoziatives Denken. Youtube-Video. Siehe: https://www.youtube.com/watch?v=UPy2tINJsc8

Blomeyer, G. (03.05.2015). Ethik heute. Firmen im Silicon Valley entdecken die Meditation. Siehe: https://ethik-heute.org/das-silicon-valley-entdeckt-die-meditation/

Bonneval Sebastien. Foto eines Time Timers auf unsplash.com: https://unsplash.com/photos/1OqbKqQ8C6I

Brandt, Mathias (28.04.2017). Statista. Home Office in Deutschland. Siehe: https://de.statista.com/infografik/9161/verbreitung-von-home-office-in-deutschland/

Bublitz, Juliane; Friedemann, Christiane; Steinle, Andreas (2014). Das Ultimative Neugier-Set. Zukunftsinstitut. Siehe: https://www.zukunftsinstitut-workshop.de/shop/das-ultimative-neugier-set/

Business Dictionary (o. J.). Eintrag »Innovation«. Siehe: http://www.businessdictionary.com/definition/innovation.html

Business Wissen (2008). »Management-Verantwortung. Freiräume schaffen für Kreativität und innovative Ideen«, Artikel vom 09.12.2008. Siehe: https://www.business-wissen.de/artikel/management-verantwortung-freiraeume-schaffen-fuer-kreativitaet-und-innovative-ideen/

Cleese, J. (23.01.1991). Youtube. John Cleese on Creativity In Management. Abgerufen am 18.11.2019. Siehe: https://www.youtube.com/watch?v=Pb5oIIPO62g

crossindustryinnovation.com (o. J.). 15 cool examples of cross-industry innovation in action. Siehe: http://www.crossindustryinnovation.com/15-examples/

Csikszentmihalyi, M. (1997). Kreativität: Wie Sie das Unmögliche schaffen und Ihre Grenzen überwinden (2. Aufl.). Stuttgart: Klett-Cotta.

Csikszentmihalyi, M. (2018). Flow und Kreativität – Wie Sie Ihre Grenzen überwinden und das Umnögliche schaffen. Stuttgart: Klett-Cotta.

Cuddy, A. J., Schultz, S. J., & & Fosse, N. E. (2018). P-Curving a More Comprehensive Body of Research on Postural Feedback Reveals Clear Evidential Value for Power-Posing Effects: Reply to Simmons and Simonsohn (2017). In: Psychological Science.

Cuddy, A. J. (2012). TED Talk. Your body language may shape who you are. Siehe: https://www.ted.com/talks/amy_cuddy_your_body_language_shapes_who_you_are

Deckert, C. (14.08.2010). tuugo. Innovation Watch – IQudo-Studie zur Ideenfindung. Siehe: https://www.carsten-deckert.de/2010/08/14/innovation-watch-iqudo-studie-zur-ideenfindung/

Denise J. Cai, S. A. (23.06.2009). REM, not incubation, improves creativity by priming associative networks. PNAS 106 (25), S. 10130–10134. doi:10.1073/pnas.0900271106

Dennison, P. E. (2010). Brain-Gym – Mein Weg – Lernen mit Lust und Leichtigkeit (2. Auflage). Kirchzarten bei Freiburg: VAK Verlags GmbH.

Dierig, C. (02.05.2015). Warum Firmen in Büros jetzt Düfte versprühen. Welt. Siehe: https://www.welt.de/wirtschaft/article140423844/Warum-Firmen-in-Bueros-jetzt-Duefte-verspruehen.html

Dorsch (2017). Lexikon der Psychologie. Eintrag »Empathie«. Göttingen: Hogrefe Verlag.

Duckworth, Angela (2017). GRIT – Die neue Formel zum Erfolg: Mit Begeisterung und Ausdauer ans Ziel. Bielefeld: Bertelsmann.

Duhigg, C. (2013). The Power of Habit: Why We Do What We Do, and How to Change. Random House.

Eberle, Bob (1996). Scamper: Games for Imagination Development. Prufrock Press.

FAZ.net (14.10.2018). Studie: Fehlerkultur in vielen Unternehmen ausbaubar. (o. V.). Siehe: https://www.faz.net/aktuell/wirtschaft/unternehmen/fehlerkultur-laut-studie-in-vielen-unternehmen-ausbaubar-15837117.html

Flaherty, Alice W. (2005). »Frontotemporal and dopaminergic control of idea generation and creative drive«. In: J Comp Neurol 493(1). Siehe: https://doi.org/10.1002/cne.20768

Florida, Richard (2012): The Rise of the Creative Class. Revisited. Basic Books.

Foerster, B. (26.07.2012). Open Innovation – Die Kreativität der Kunden für neue Produkte nutzen. Deutsches Institut für Marketing (DIM). Siehe: https://www.marketinginstitut.biz/blog/open-innovation-die-kreativitat-der-kunden-fur-neue-produkte-nutzen/

Frambach, Hans; Koubek, Norbert; Kurz, Heinz D. (Hrsg.) (2019). Schöpferische Zerstörung und der Wandel des Unternehmertums: Zur Aktualität von Joseph Schumpeter. Metropolis Verlag.

Garms, A. (07.09.2017). Musik-Psychologie. So klingen gute Ideen. In: Spiegel. Abgerufen am 03.12.2019. Siehe: https://www.spiegel.de/wissenschaft/mensch/psychologie-studie-froehliche-musik-soll-kreativitaet-wecken-a-1166495.html

Gattermann, C. (26.04.2016). Was ist Open Innovation? – Definition, Beispiele und Methoden der Open Innovation. Siehe: https://www.startplatz.de/was-ist-open-innovation/

Gerlach, R. (14.01.2016). iQudo ideation study. Coworkers ignite creativity best in the workplace. (i. s. ideas, Hrsg.). San Francisco, USA. Siehe: http://www.iqudo.com/survey/

Gerlach, Robert; A. M. (04.2010). Studie Ideenfindung. IQudo – academy for creativ intelligence. Stuttgart. Siehe: https://www.iqudo.com/

Giermaier, Andreas K. (o. J.). Siehe https://lernenderzukunft.com/wissenschaft-des-erfolgs-was-macht-erfolgreich/

Hadley, J. (02.06.2016). Emotions are Contagious: Spreading Emotional Intelligence. Youtube. Siehe: https://www.youtube.com/watch?v=5E-WzUmFJSA

Haggard, E.A.; K. S. (1966). Micromomentary Facial Expressions. In: L. A. Gottschalk, Methods of Research in Psychotherapy. New York.

Häusel, H.-G. (2019). Think limbic! Die Macht des Unbewussten nutzen für Management und Verkauf (6. Auflage). Freiburg: Haufe Verlag.

Hellenkemper, N. (01.06.2019). WDR. Siehe: https://www1.wdr.de/radio/wdr3/programm/sendungen/wdr3-kulturfeature/achtsamkeit-100.html [Quelle bei Drucklegung nicht mehr online].

Hennenlotter, Andreas C. D.-B. (2009). »The Link between Facial Feedback and Neural Activity within Central Circuitries of Emotion—New Insights from Botulinum Toxin–Induced Denervation of Frown Muscles.« In: C. D.-B. Andreas Hennenlotter. Cerebral Cortex, Volume 19, Issue 3.

Hitier, R. (2019). Unser Hirn ist was es isst! [Kinofilm]. Siehe: https://www.youtube.com/watch?v=aR2dmtuFNVo

Horne, J. A. (1988). Sleep loss and »divergent« thinking ability. In: Sleep 11(6), 528–536.

Horx, Matthias (o. J.). www.horx.com. Siehe: http://www.horx.com/Zukunftsforschung/2-16.aspx [Quelle bei Drucklegung nicht mehr online].

Jaedtke, Kathleen; N. L. (22.05.2019). Kann Künstliche Intelligenz kreativ sein? HubSpot.

kahoot. (o. J.). Von kahoot. Siehe: https://kahoot.com/

Karin Vey, J. S. (13.02.2018). Das kreative System – Überlegungen zur künstlichen Kreativität. In: Informatik Spektrum 41, S. 27–37. Siehe: https://doi.org/10.1007/s00287-018-1089-y

Köstler, A. (1964). The Act of Creation. Hutchinson & Co.

Kundu, S. C., & Gaba, N. (04.10.2018). International Journal of Business and Globalisation (IJBG), Vol. 21, No. 4, 2018. Work-family conflict and intention to quit: the mediating role of emotional dissonance, S. 464–483. Siehe: doi:10.1504/IJBG.2018.095764.

Lally, P. J. (10.2010). How are habits formed: Modeling habit formation in the real world. In: European Journal of Social Psychology. doi:10.1002/ejsp.674.

Langdon (03.12.2009). Celebrating Failure (Intelligent Failure that is). Siehe: https://www.innovationlabs.com/2009/12/tata-innovista/

LeDoux, J. (2001). Das Netz der Gefühle. Wie Emotionen entstehen. München: dtv.

Lichtenfeld, Stephanie; A. J. (2012). Fertile Green: Green Facilitates Creative Performance. In: Personality and Social Psychology Bulletin.

Löhken, S. (2012). Leise Menschen – starke Wirkung. Wie Sie Präsenz zeigen und Gehör finden. Offenbach: GABAL.

Markgraf, P. D. (o. J.). wirtschaftslexikon.gabler.de. Eintrag »Open Innovation«. Siehe: https://wirtschaftslexikon.gabler.de/definition/open-innovation-51786

Marx, S. (2016). Herzintelligenz® kompakt Gesund und gelassen klar und kreativ. Die wissenschaftlich belegte Methode. VAK Verlag.

mentimeter (06.11.2019). mentimeter. Siehe: https://www.mentimeter.com/

Merckgroup.com (2018). Der optimale Arbeitsplatz. Siehe: https://www.merckgroup.com/de/interactive-report/optimal-workplace

Michalko, M. (2006). Thinkertoys: A Handbook of Creative-Thinking Techniques (2. Auflage). Kalifornien: Ten Speed Press.

Monaghan P, S. U. (2015). Sleep promotes analogical transfer in problem solving. In: Cognition 143, S. 25–30.

Mozart, F. (06.05.2019). Dass Kreativität disruptiert wird, ist keine Frage mehr. W&V.

Nair, S. S. (2015). Do slumped and upright postures affect stress responses? A randomized trial. Health Psycholgy.

Naughton, Carl (2018). Der Neugier auf der Spur. Harvard Manager, S. 42–49.

Neal, W. W. (2016). Healthy through habit: Interventions for initiating & maintaining health behavior change. behavioral science & policy, 2(1).

NEU – Gesellschaft für Innovation mbH. (15.11.2019). Wenn Homeoffice krank macht. Siehe: https://www.neu-innovation.de/moderne-arbeitswelten/wenn-homeoffice-krank-macht/

Nienhaus, L. (07.05.2015). Hirnforschung 7. Das Geheimnis der Kreativität. (FAZ, Hrsg.).

Nobel Prize (09.12.2015). Five Nobel Laureates discuss: The future of creativity. Youtube. (N. Prize, Herausgeber). Siehe: https://www.youtube.com/watch?v=Ngvzcfke19s

Oelrich, C. (05.12.2001). Omas Wildwasserrausch und Enkels Traumwelt. Manager Magazin. Abgerufen am 15.02.2020. Siehe: https://www.manager-magazin.de/digitales/it/a-171002.html

online TED. (06.11.2019). online TED. Das Abstimmungssystem für Hochschulen. Siehe: https://www.onlineted.de/

Oppezzo, M. &. (o. J.). Give your ideas some legs: The positive effect of walking on creative thinking. In: Journal of Experimental Psychology: Learning, Memory, and Cognition.

Phobie-Wissen. (2020). Neophobie – Angst vor etwas Neuem – Symptome & Behandlungen. Phobie-Wissen. Siehe: https://phobie-wissen.de/phobienliste/neophobie-angst-vor-etwas-neuem/

Raitner, M. (10.01.2013). Führung erfahren. Kreativität ist kein Talent. Siehe: https://fuehrung-erfahren.de/2013/01/kreativitaet-ist-kein-talent/

Rassek, A. (17.06.2019). Karrierebibel. Kreativität: Die schöpferische Gabe zur Problemlösung. Siehe: https://karrierebibel.de/kreativitaet/#Sinn-und-Zweck-Wofuer-braucht-man-Ideenreichtum

Ravi Mehta, R.(27.02.2009). Blue or Red? Exploring the Effect of Color on Cognitive Task Performances. In: Science, Vol. 323, S. 1226–1229. doi:10.1126/science.1169144.

Rhodes, M. (1961). An analysis of creativity. Phi Delta Kappan 42(7).

Richard Leifer, C. M. (2000). Radical Innovation: How Mature Companies Can Outsmart Upstarts. Harvard Business School Press, S. 224.

Ritter, S. M.; Ferguson, S. (2017). Happy creativity: Listening to happy music facilitates divergent thinking. In: PLoS ONE 12(9): e0182210. Siehe: https://doi.org/10.1371/journal.pone.0182210

Robinson, S. K. (02.2006). Do schools kill creativity? TED Talk. Siehe: https://www.ted.com/talks/ken_robinson_says_schools_kill_creativity

Scheier, Dr. Christian; Held, Dirk (2019). Künstliche Intelligenz in der Markenführung – Der effiziente Weg den Erfolg von Marken zu steuern. Freiburg: Haufe Group.

Schormann, Tobias (23.09.2010). Kreativität ist nicht angeboren, sondern lernbar. Siehe: https://www.welt.de/wirtschaft/karriere/article9781416/Kreativitaet-ist-nicht-angeboren-sondern-lernbar.html

Schuster, M. (2016). Alltagskreativität verstehen und entwickeln. Heidelberg, Berlin: Springer. Siehe: https://doi.org/10.1007/978-3-662-47026-8

Schwab, K. (05.12.2018). Malen mit Zahlen – Warum KI auch Kreation kann. Horizont. Siehe: https://www.horizont.net/agenturen/kommentare/malen-mit-zahlen-warum-ki-auch-kreation-kann-171536

Shobe ER, R. N. (2009). Influence of handedness and bilateral eye movements on creativity. Brain and cognition 71 (3), 204–214 PMID: 19800726.

Singer, P. D. (07.05.2015). Hirnforschung 7. Das Geheimnis der Kreativität. Erst kommt das Denken, dann die Kunst. (FAZ, Hrsg.). Siehe: https://www.faz-archiv-shop.de/hoerbuecher-auf-cd/wissen/wissenschaft-und-medizin/282/hirnforschung-7.-das-geheimnis-der-kreativitaet

Slido (06.11.2019). Siehe: https://www.sli.do/

Spitzer, M. (2012). Prof. Dr. Manfred Spitzer Keynote: »Ist Kreativität lernbar?«. Youtube. Siehe: https://www.youtube.com/watch?v=bv16azw2MVo

Steinle, V. D. (09.2015). Neugier-Management für mehr Innovation. Siehe: https://www.zukunftsinstitut.de/artikel/neugier-management-fuer-innovative-unternehmen/

Sternberg, R. J. (2006). The nature of creativity. In: Creativity Research Journal 18(1).

Stettner, A. (24.04.2017). Diese Angewohnheit hat Steve Jobs erfolgreich gemacht. Siehe: https://www.merkur.de/leben/karriere/diese-angewohnheit-hat-steve-jobs-erfolgreich-gemacht-zr-8207802.html

StrategizeBlue (o. J.). Blue Ocean Strategy 11 – Cirque du Soleil. Siehe: https://www.youtube.com/watch?time_continue=2&v=1XaZcvQ0Z7s&feature=emb_logo

Taapken, N. (05.11.2018). Mangelnde Fehlerkultur bremst Innovation. Siehe: https://www.springerprofessional.de/unternehmenskultur/finanzbranche/mangelnde-fehlerkultur-bremst-innovation/16240476

Tappe, K. (2013). Habit formation among regular exercisers at fitness centers: an exploratory study. In: Journal of Physical Activity and Health. Vol. 10, Issue 4, S. 607–613.

tedme.com (06.11.2019). Siehe: https://tedme.com/

Vaske, H. (Regisseur). (2018). Why are we creative? [Kinofilm].

Vita, R. P. (2019). Praxisvita. 5 effektive Konzentrationsübungen für Erwachsene. Siehe: https://www.praxisvita.de/die-liegende-8-5-effektive-konzentrationsuebungen-fuer-erwachsene-9817.html

Vohs, K. D. (2013). »Physical order produces healthy choices, generosity, and conventionality, whereas disorder produces creativity«. In: Psychological Science 24(9).

voxvote.com (06.11.2019). Siehe: https://www.voxvote.com/

W. Chan Kim, R. M. (2005). Der Blaue Ozean als Strategie. Wie man neue Märkte schafft, wo es keine Konkurrenz gibt. München und Wien: Carl Hanser Verlag.

Wagner, U.; G. S. (2004). Sleep inspires insight. In: Nature 427 (6972).

Wikipedia (10.12.2018). Eintrag »Schöpferische Zerstörung«. Siehe: https://de.wikipedia.org/wiki/Sch%C3%B6pferische_Zerst%C3%B6rung

www.impulse.de (o. J.). 9 überraschende Fakten rund um Urlaub. Siehe: https://www.impulse.de/management/selbstmanagement-erfolg/erholung-urlaub/4002724.html

Zeug, K. (13.02.2013). Mach es anders! Siehe: https://www.zeit.de/zeit-wissen/2013/02/Psychologie-Gewohnheiten/seite-4

Zulley, J. (08.07.2018). Regeneration: Wir brauchen den Schlaf, um kreativ zu sein. (Interview von Vera Müller mit Jürgen Zulley). Siehe: https://www.forschung-und-lehre.de/zeitfragen/wir-brauchen-den-schlaf-um-kreativ-zu-sein-798/

Zwicky, F. (28.03.1959). Morphologische Forschung. (Bd. Neuauflage 1989). Winterthur: Glarus: Baeschlin.

Abbildungsverzeichnis

Die Illustrationen und Grafiken zum Buch stammen von Katharina Netolitzky, soweit nicht anders angegeben.

Stichwortverzeichnis

Die Autorin

Sarah Remmel steht für Kreativimpulse im Business und ist als Trainerin-, Speakerin- und Coach-Mama eine Pionierin. Sie integriert ihr Kind ganz selbstverständlich in ihren Beruf – aus Liebe zu ihrer Tochter und Leidenschaft für ihren Beruf.

Durch ihre jahrelangen Marketing-Erfahrungen unter anderem als Kundenberaterin sowie Projektmanagerin weiß sie um die Anforderungen und Herausforderungen im Marketingalltag. Und genauso auch um die Techniken und Tricks, um in der alltäglichen Praxis wirklich kreativ und entspannt zu arbeiten und zu sein.

In ihren Autorentätigkeiten, praxisnahen und lebendigen Präsenz- sowie Online-Seminaren, Coachings und Vorträgen unter anderem für die Haufe Akademie verbindet sie ihr vielseitiges Marketingwissen mit der Expertise aus den Fachgebieten Emotions- und Mental-Coaching sowie Moderation und Training. Und die »Out of the box-Impulsgeberin« begeistert dabei mit ihrer wertschätzenden und humorvollen Art.

Mehr erfahren Sie unter www.sarah-remmel.de

Danke!
Die kreative Kraft liegt im Team – auch bei der Kreation dieses Buchs.

Ich bedanke mich an dieser Stelle bei ganz besonderen Menschen, die durch ihre Unterstützung, Inspiration, Zeit, Kreativität und Begleitung dieses Werk erst ermöglicht haben.

Danke Björn für deine einmalige Unterstützung, Motivation und deinen Glauben an mich. Ohne dich wäre ich längst nicht da, wo ich bin.

Danke Maili, dass du so wundervoll bist, wie du bist, uns jeden Tag unfassbare Freude bescherst und als Inside- und Outside-Baby die ganze Zeit mit mir dieses Werk geschrieben hast.

Ein besonderer Dank geht nach Düsseldorf zu Dr. med. Mehdi Djalali. Danke, dass Sie durch Ihre haptonomische, achtsame und so warmherzige Begleitung unser Leben im positivsten Sinne bereichert haben. Sie haben uns unter anderem gezeigt und bestärken uns, unsere Tochter in unser Leben vollumfänglich zu integrieren und damit nichts »trennen zu müssen«. Dadurch konnte ich mit einer großen Leichtigkeit und Selbstverständlichkeit dieses Buch bis zum letzten Tag der Schwangerschaft schreiben und kurz nach der Geburt unserer Tochter Maila dieses Werk auch vollenden.

Meinem Lektor Peter Böke gilt ein großer Dank: Danke für Ihre angenehme, kompetente und geduldige Begleitung in diesem Buchprojekt und Ihre wertvollen Impulse und Anregungen.

Danke dem Haufe Verlag und insbesondere danke Ihnen, Judith Banse, für die vertrauensvolle und tolle Zusammenarbeit.

Danke dir, Katharina Netolitzky, für den genialen kreativen Austausch und deine wunderschönen Illustrationen der Ms Creativity und von zahlreichen bunten Infografiken.

Danke dir, Markus Müller, für dein inspirierendes Interview, deine Expertise zu Innovationsräumen und Einblicken in dein Schweizer Denkdach.

Danke dir, Walter Friedrich, für dein beflügelndes Interview und deine musikalischen Meisterwerke, mit denen du Menschen Kraft, Ruhe und Kreativität bescherst.

Ein großes Dankeschön geht nach Österreich: Danke dir, Andreas K. Giermaier, für das so spannende und geniale Interview mit dir, deine wertvollen Impulse und dein wertschätzendes und umfassendes Geleitwort.

Danke Tanja Klein für dein Mentoring und deine liebevolle und warmherzige Begleitung, mit der ich mich erst entfalten konnte.

Danke Jutta Bender-Burdack für deine wundervolle Unterstützung, mit der ich meinen kreativen Weg mit Leichtigkeit gehen kann.

Und ich danke allen Leserinnen und Lesern für ihre kreative Neugier!

Inklusive Arbeitshilfen online

Exklusiv für Buchkäufer!

Ihre Arbeitshilfen zum Download:

- **http://mybook.haufe.de/**
- **Buchcode:** EVD-7034
